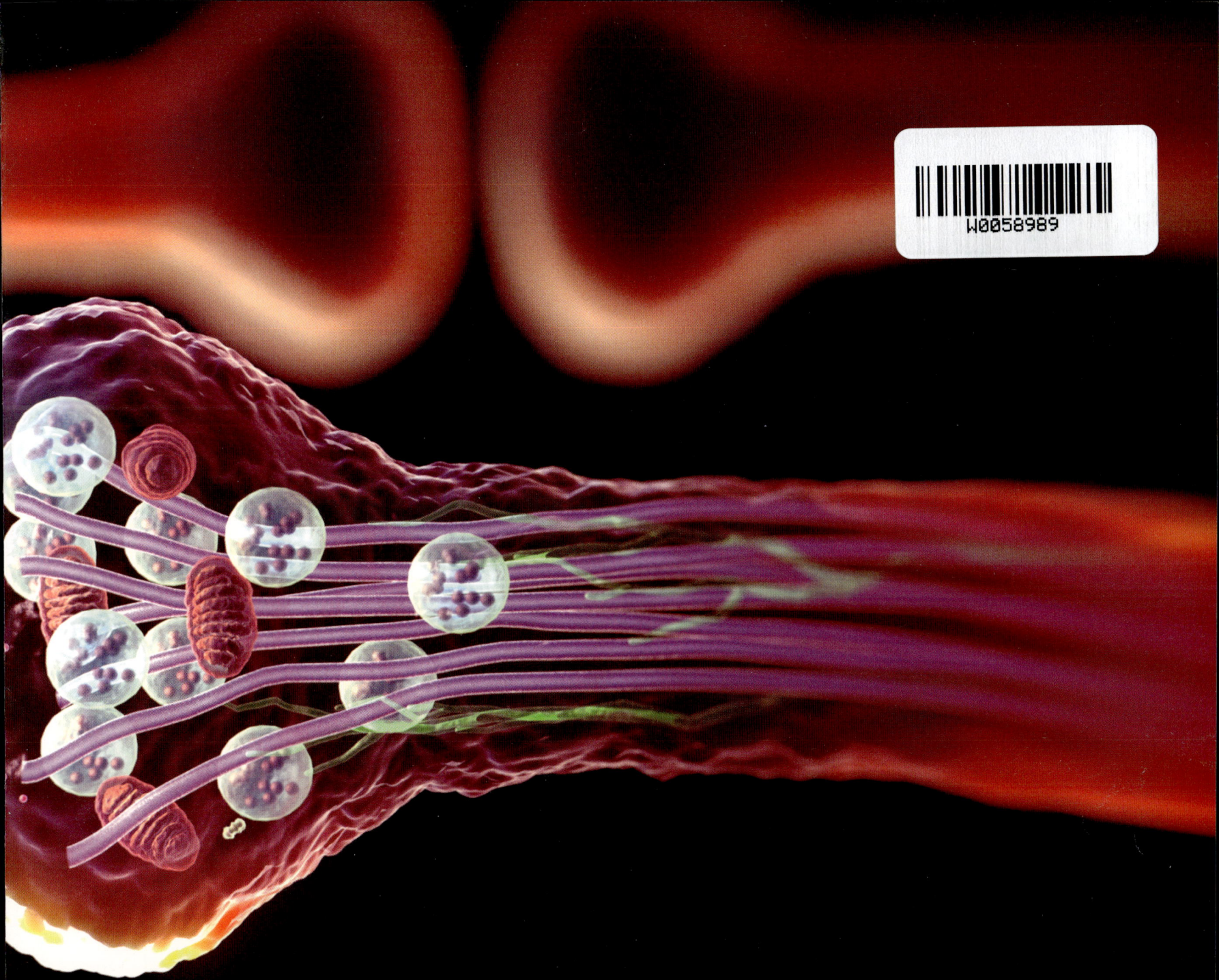

$$1) \quad (\ln x)' = \frac{1}{x}$$

$$2) \quad (\log_a x)' = \frac{1}{x \cdot \ln a}$$

$$3) \quad (a^x)' = a^x \cdot \ln a$$

$$4) \quad (e^x)' = e^x$$

$$\left(\ln(3x)\right)' = \frac{1}{3x} \cdot 3$$

$$\left(\ln(1+x)\right)' = \frac{1}{1+x} \cdot 1$$

$$\left(x \cdot \ln x\right)' = \ln x + x \cdot \frac{1}{x}$$

$$\left(\frac{e^x}{e^x+1}\right)' = \frac{e^x \cdot (e^x+1)}{(e^x+1)}$$

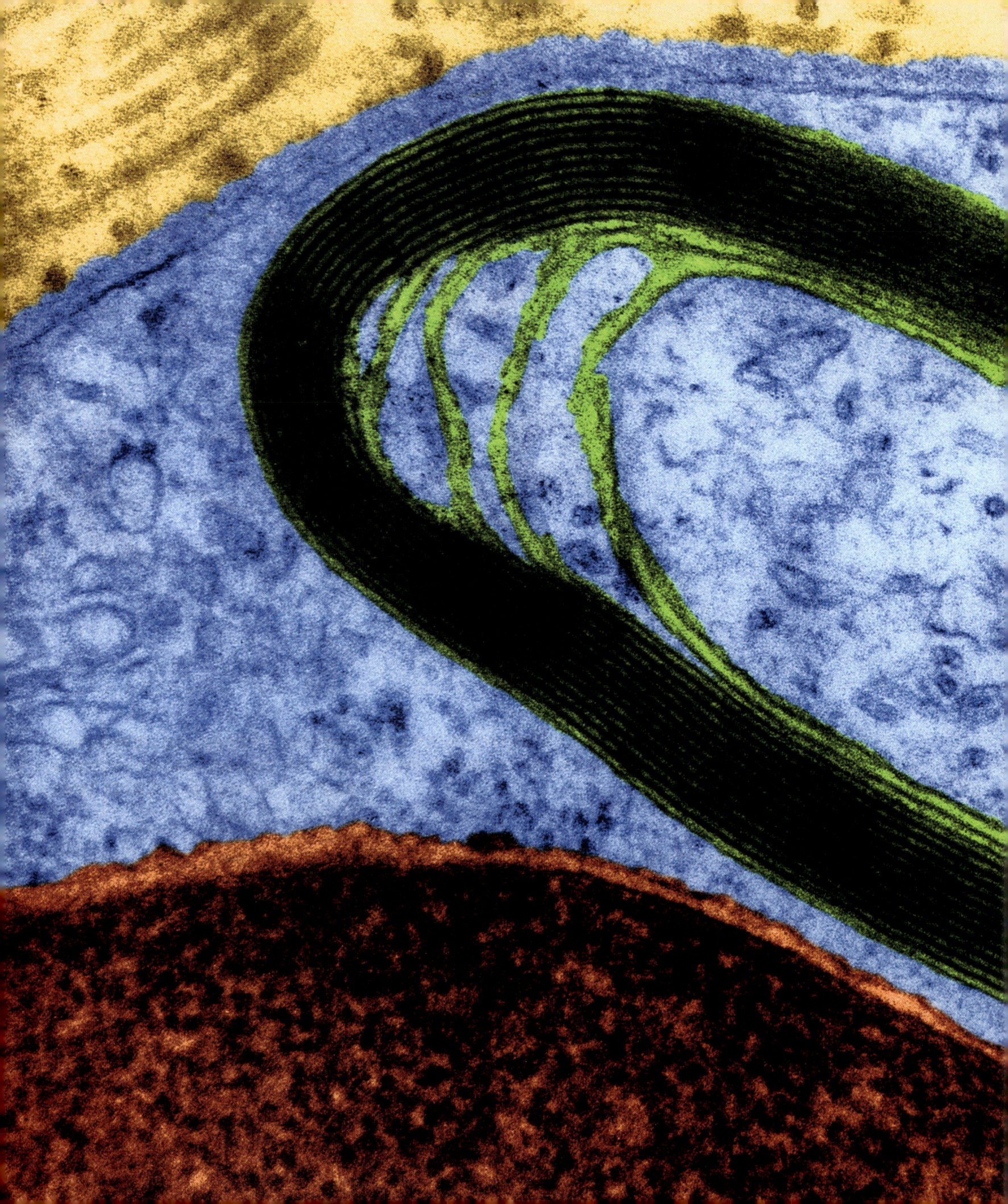

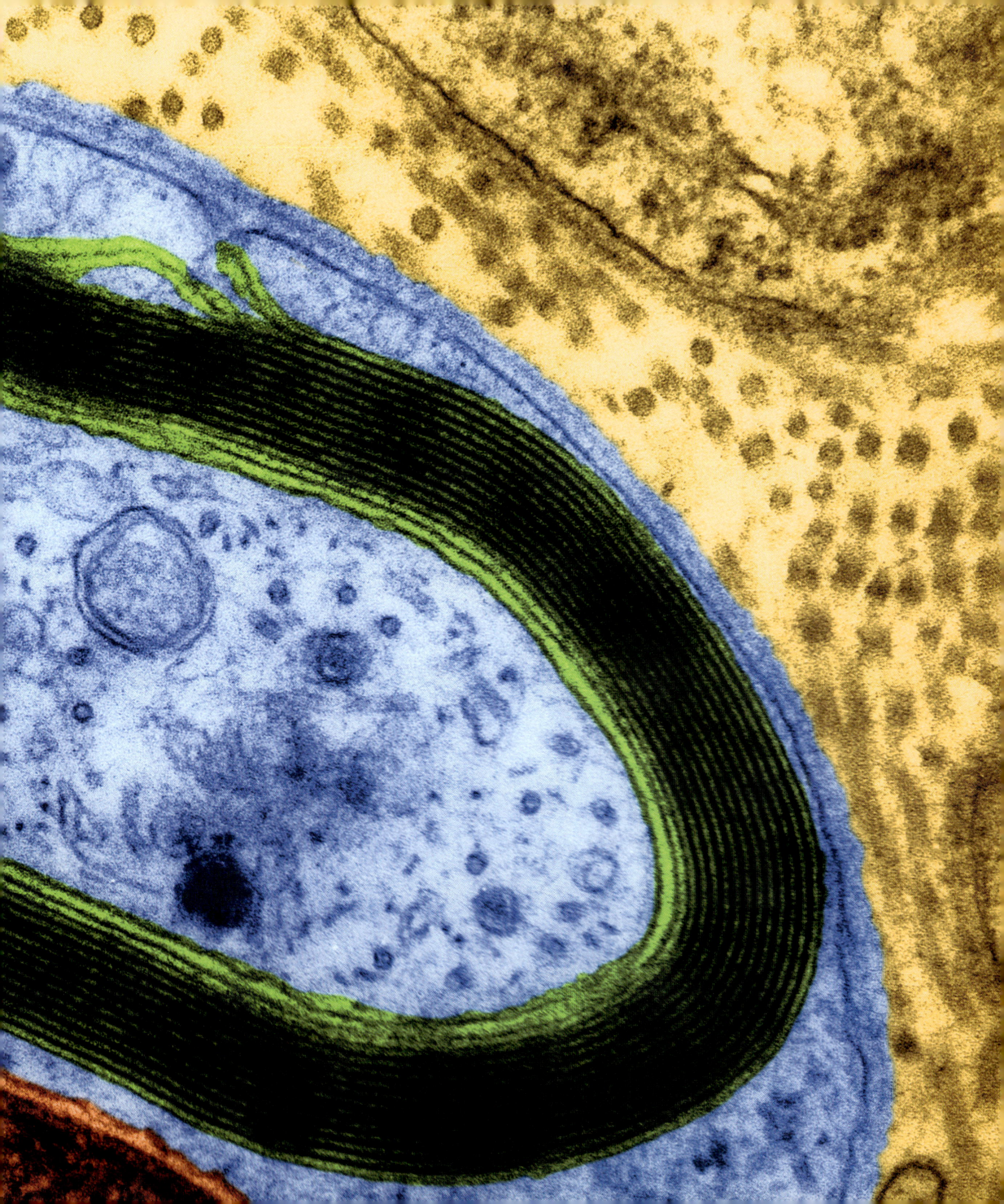

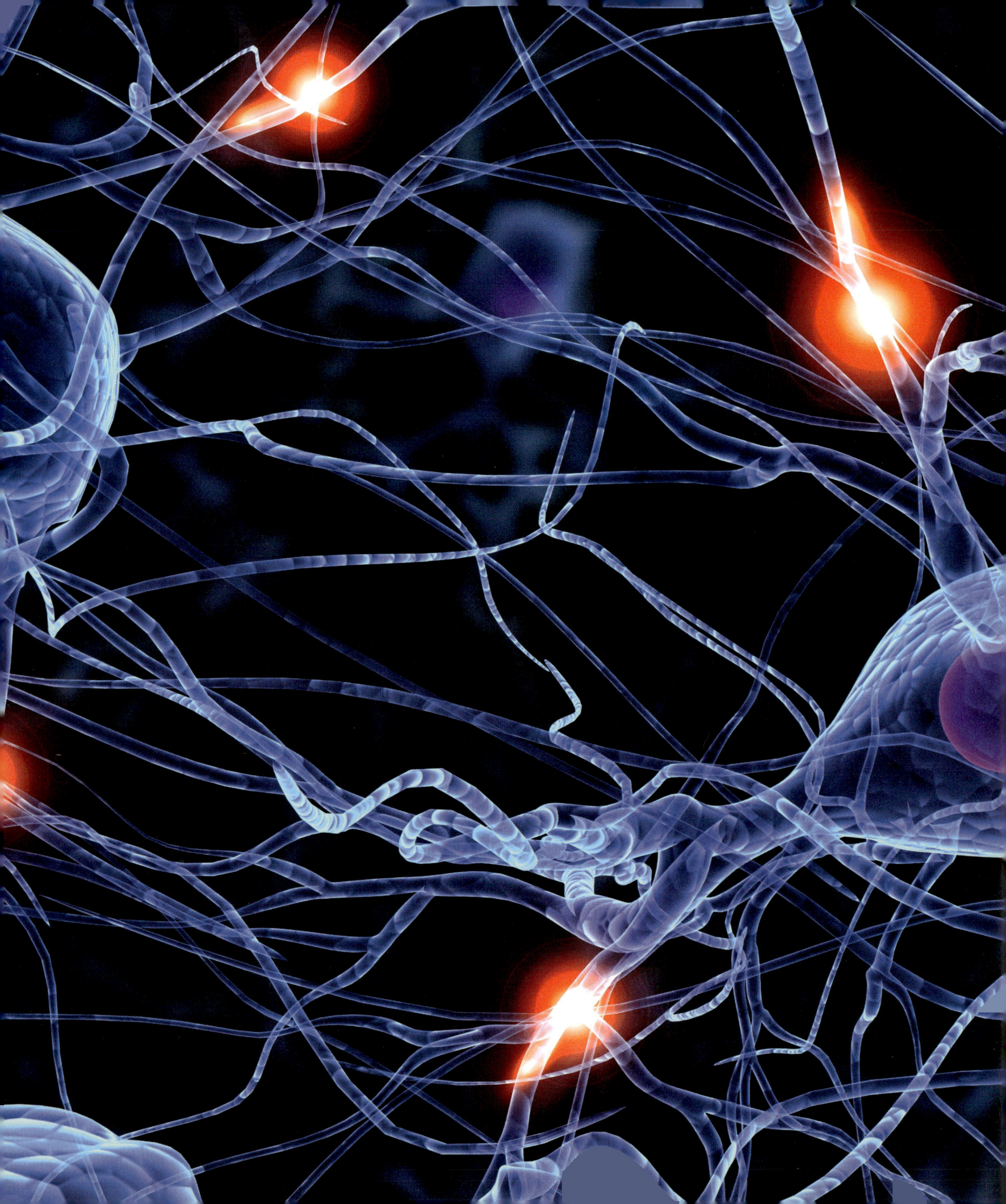

Das
Gehirn

© 2015 Fackelträger Verlag GmbH, Köln
Emil-Hoffmann-Straße 1
D-50996 Köln

Autorin: Christine Pauli
Redaktion: Guido Huß, red.sign, Stuttgart
Bildredaktion: Anja Schlatterer, red.sign, Stuttgart
Satz und Gestaltung: Anette Vogt, red.sign, Stuttgart
Gesamtherstellung: Fackelträger Verlag GmbH, Köln

ISBN 978-3-7716-4604-2
Printed in Poland

www.fackeltraeger-verlag.de

Christine Pauli

Das Gehirn

Wie wir denken,
fühlen, handeln

Edition
Fackelträger

Inhalt

Vorwort

Das Kostbarste, was wir besitzen, ist unser Gehirn.

Ein hochkomplexes Gebilde, Zentrum unserer Empfindungen und Handlungen, Sitz von Bewusstsein und Gedächtnis, die Schaltzentrale unseres Körpers. Es ermöglicht uns zu denken und zu fühlen, zu erinnern und zu handeln – es macht jeden von uns einzigartig.

Aber wie entsteht Bewusstsein? Wie funktionieren Sprache und logisches Denken? Wie entsteht Kreativität? Wie orientieren wir uns in einer fremden Stadt? Wie nehmen wir etwas wahr, wie denken wir – und wie leiten wir aus all dem Handlungen ab? Bei der Beantwortung dieser und vieler anderer Fragen hat die Wissenschaft in den letzten Jahrzehnten enorme Fortschritte gemacht. Die folgenden fünf Kapitel dieses Buches bringen Ihnen die Ergebnisse dieser Forschungen nahe – mit eingängigen, lebensnahen Texten und einer aufwändigen Bebilderung. Zahlreiche Beispiele aus dem Alltagsleben helfen Ihnen, die Zusammenhänge richtig einzuordnen.

Tauchen Sie ein in die spannende Welt der Gehirnforschung. Lernen Sie die unterschiedlichen Gehirnareale und ihre Aufgaben kennen. Verstehen Sie, warum in Stress-Situationen der Puls ansteigt, Sie abends müde werden oder wie Informationen im Körper die Nervenbahnen entlang rasen. Gehen Sie mit auf eine spannende Reise: Erfahren Sie, wie sich das menschliche Gehirn im Mutterleib entwickelt, warum Kinder beim Memory-Spiel gewinnen, wie sich das Gehirn im Lauf der Evolution verändert hat – und warum wir im Tierreich so einzigartig sind.

Leicht verständlich erklärt Ihnen dieses Buch, auf welch komplexe Art und Weise das Gehirn all unsere Bewegungen steuert. Warum wir Kälte oder

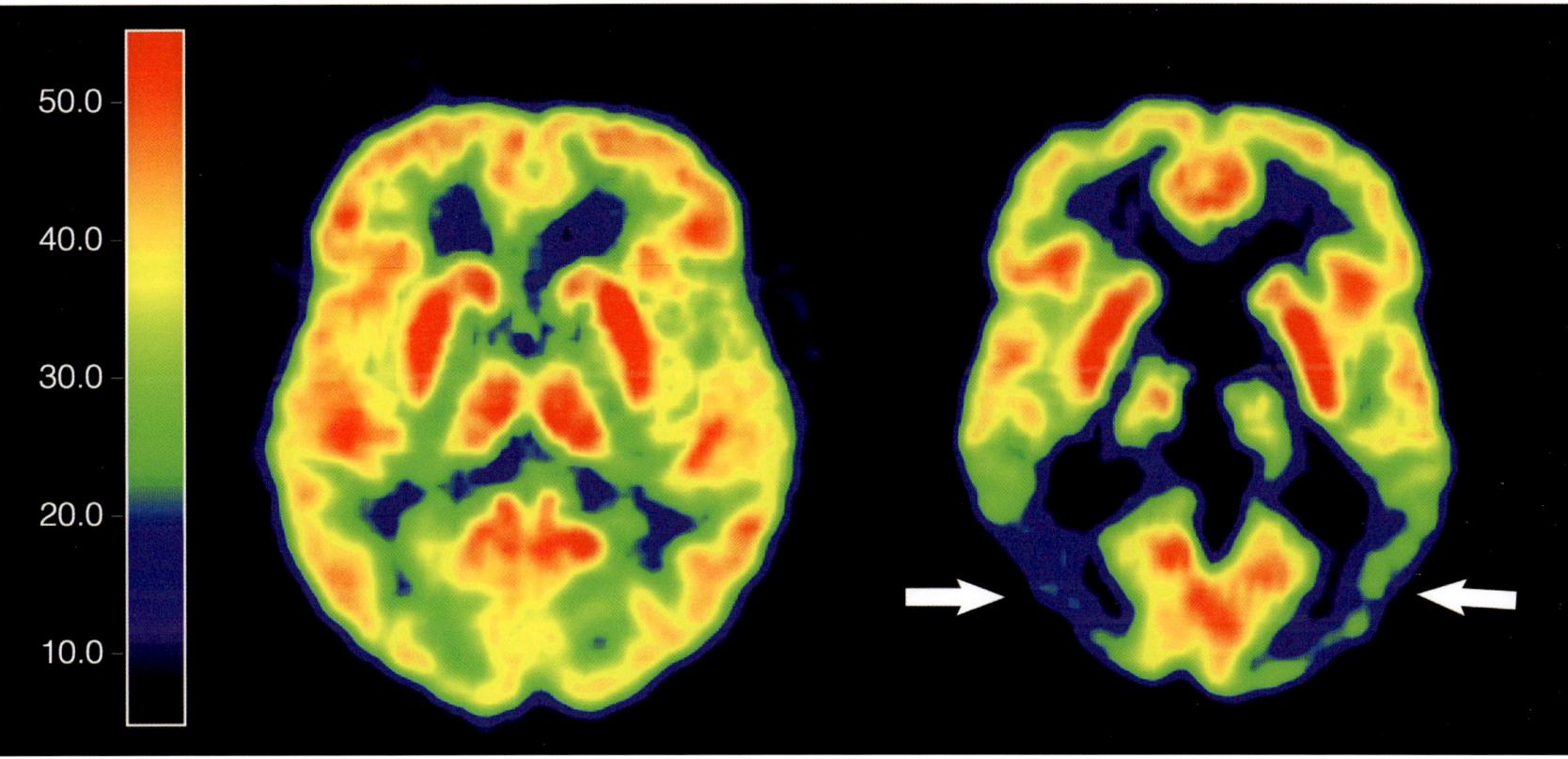

Wärme empfinden. Oder wie Bilder, Töne und Gerüche im Gehirn ankommen. Erfahren Sie, wie Bilder auf uns wirken und wie es zu optischen Täuschungen kommen kann. Staunen Sie darüber, wie es dem Gehirn gelingt, unser gesamtes Leben zu steuern: Wie das Hungergefühl entsteht, was beim Schlafen passiert. Warum wir uns an Dinge, die wir als Baby erlebt haben, nicht mehr erinnern können. Und wie das Gehirn Emotionen produziert: Wir verlieben uns, haben Angst oder sind in der Lage, die Gesichtsausdrücke unserer Mitmenschen richtig zu interpretieren.

Es passiert aber auch, dass sich das Gehirn verändert. Diese Aspekte werden ebenfalls angesprochen: Warum entsteht eine Sucht? Wie kommt es zu Demenz-Erkrankungen? Kann man etwas dagegen tun? Was ist Multiple Sklerose? Was ist ADHS? Wie kommt es zu Depressionen? Was ist Schizophrenie? Oder was kennzeichnet eigentlich einen Psychopathen?

Das „komplizierteste Stück Materie im Universum" wird unser Gehirn mitunter genannt. Dieses Buch hilft Ihnen, vieles besser zu verstehen. Freuen Sie sich darauf, Ihr Gehirn näher kennenzulernen.

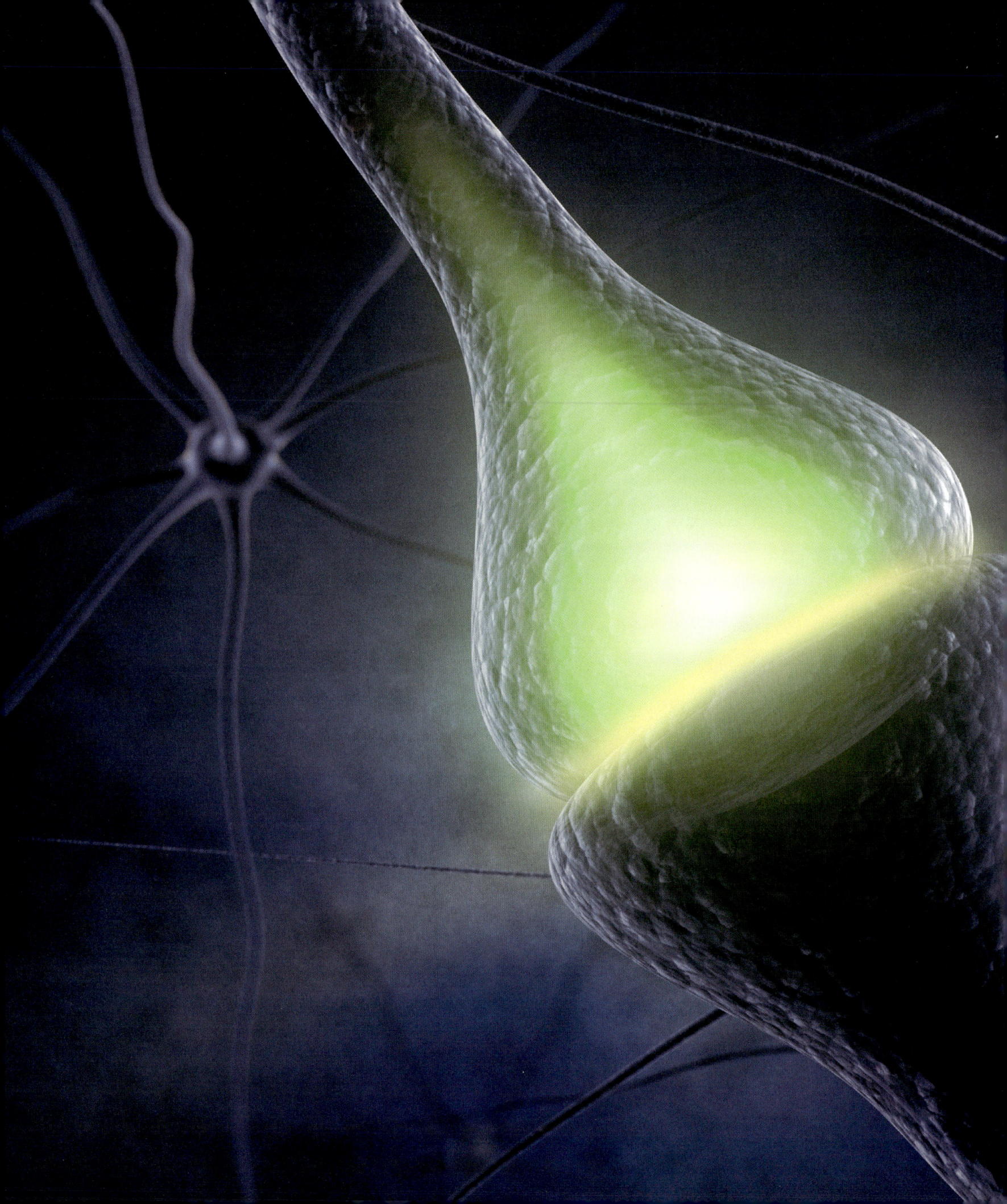

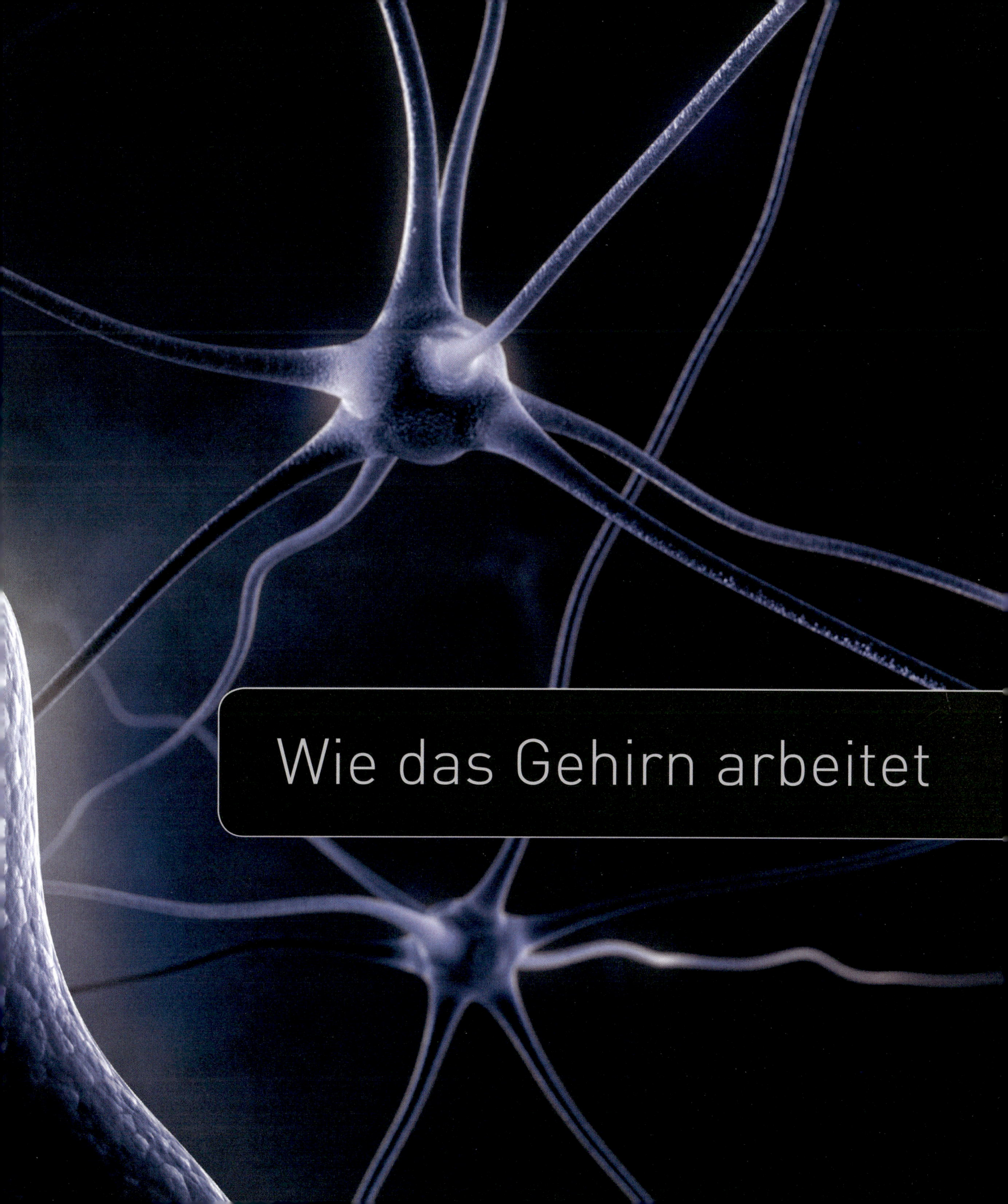

Wie das Gehirn arbeitet

Ob dynamische oder ruhige Aktionen – die grauen Zellen steuern und entscheiden.

Komplexes Gebilde

Auf den ersten Blick ist das Gehirn nicht gerade beeindruckend: eine schrumpelige graue Masse, deren Form an eine Walnuss erinnert. Auf den zweiten, genauen Blick zeigt es sich als ein geradezu fantastischer Kosmos.

In einem Raum mit 100 Menschen fallen uns sofort die Gesichter auf, die wir kennen. In stressigen Lebenssituationen erhöht sich der Herzschlag, wir sind hochkonzentriert – bereit zu handeln. Wir nehmen Schmerzen genauso wahr wie zärtliche Berührungen. Können Dinge sehen, schmecken, riechen oder hören, nach Gegenständen greifen. Liegen wir entspannt auf dem Sofa, so arbeitet unsere Verdauung. Wir klettern eine steile Felswand empor, treffen beim Fußballspielen das Tor. Oder bauen die

filigranen Teile eines Modellbauautos zusammen. Abends werden wir müde und morgens mit den ersten Sonnenstunden wach und hungrig. Das sind nur einige der Vorgänge, die uns so alltäglich und selbstverständlich erscheinen, die dennoch gesteuert und aufeinander abgestimmt sein müssen. Dafür sorgt eines der faszinierendsten Organe überhaupt: unser Gehirn – ein komplexes Gebilde, bestehend aus etwa 100 Milliarden Nervenzellen mit einem Gewicht von lediglich 1500 Gramm.

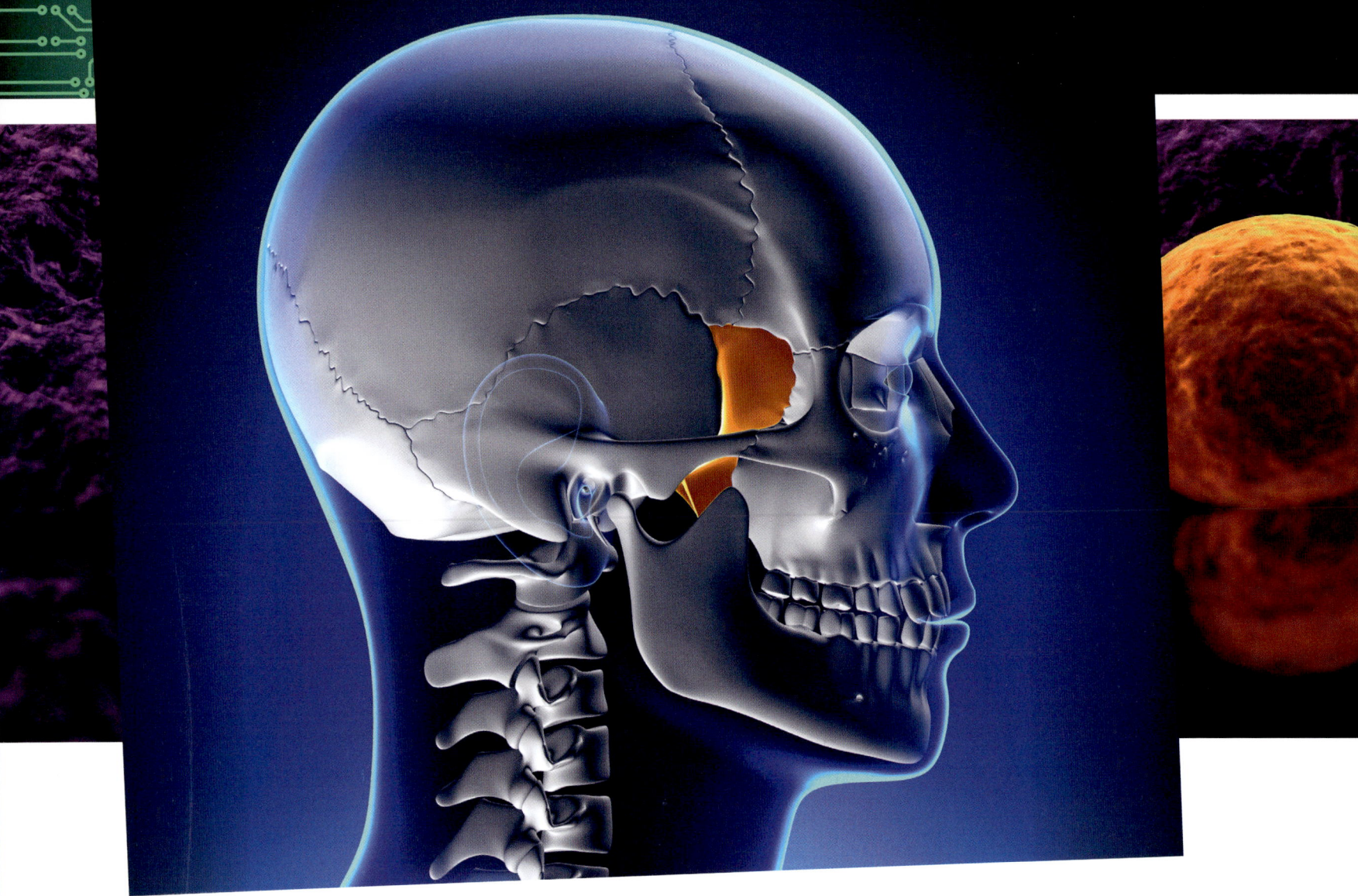

Elastischer Kokon

So gut wie nichts geschieht im Körper, ohne dass das Gehirn ein Wörtchen mitzureden hätte. Kein Wunder also, dass sich die Natur einiges hat einfallen lassen, um die zentrale Schaltstelle des Körpers zu schützen.

Schädelknochen und Hirnhäute

Wie eine Art natürlicher Helm umhüllt der Schädelknochen das Gehirn von außen. Zwischen Schädelknochen und Gehirn liegen zusätzliche Gewebeschichten: die **Hirnhäute**. Flüssigkeit befindet sich zwischen diesen Häuten – so entsteht ein elastischer Kokon, der Stöße abdämpft: Bei ruckartigen Bewegungen oder beim Laufen stößt das Gehirn so nicht gegen den Schädelknochen. Im Inneren des Gehirns befinden sich weitere Puffer: sie heißen Ventrikel – Hohlräume, die ebenfalls mit Flüssigkeit gefüllt sind.

Fachleute unterscheiden drei verschiedene Hirnhautschichten: Außen liegt die

Ursache für eine **Meningitis** ist meist eine Tröpfchen- oder Schmierinfektion, es kann aber auch ein Zeckenbiss sein. Bei einer solchen Hirnhautentzündung lagern sich Meningokokken paarweise z. B. in Gehirn- und Rückenmarksflüssigkeit ab.

sogenannte Dura mater encephali, die harte Hirnhaut. Darunter befindet sich die Arachnoidea encephali, die Spinnwebenhaut. Die innerste Schicht heißt Pia mater encephali, zarte Hirnhaut. Zwischen der Arachnoidea und der Pia mater liegt der Subarachnoidalraum (Spatium subarachnoideum). Diese beiden inneren Hirnhäute werden auch als Leptomeninx encephali (weiche Hirnhaut) zusammengefasst.

Erkrankungen der Hirnhaut

Die Schutzschicht des Gehirns ist selbst auch Gefahren ausgesetzt: Schläge auf den Kopf verursachen mitunter Einblutungen in die Hirnhautzwischenräume.

Nicht ungefährlich ist auch eine Hirnhautentzündung, Meningitis genannt, die unter anderem durch Viren, Bakterien, Pilze oder Parasiten ausgelöst wird – und schwere Hirnschäden zur Folge haben kann: Je nachdem, welche Gehirnregion betroffen ist, können Erkrankte beispielsweise nicht mehr laufen oder werden taub. Häufig kommt diese Erkrankung in nichtindustrialisierten Staaten bei kleinen Kindern vor. Dennoch gibt es auch hierzulande immer wieder Meningitispatienten.

Und selbst ein Tumor kann sich in der Hirnhaut entwickeln: Entartete Zellen der Arachnoidea bilden ein sogenanntes Meningeom.

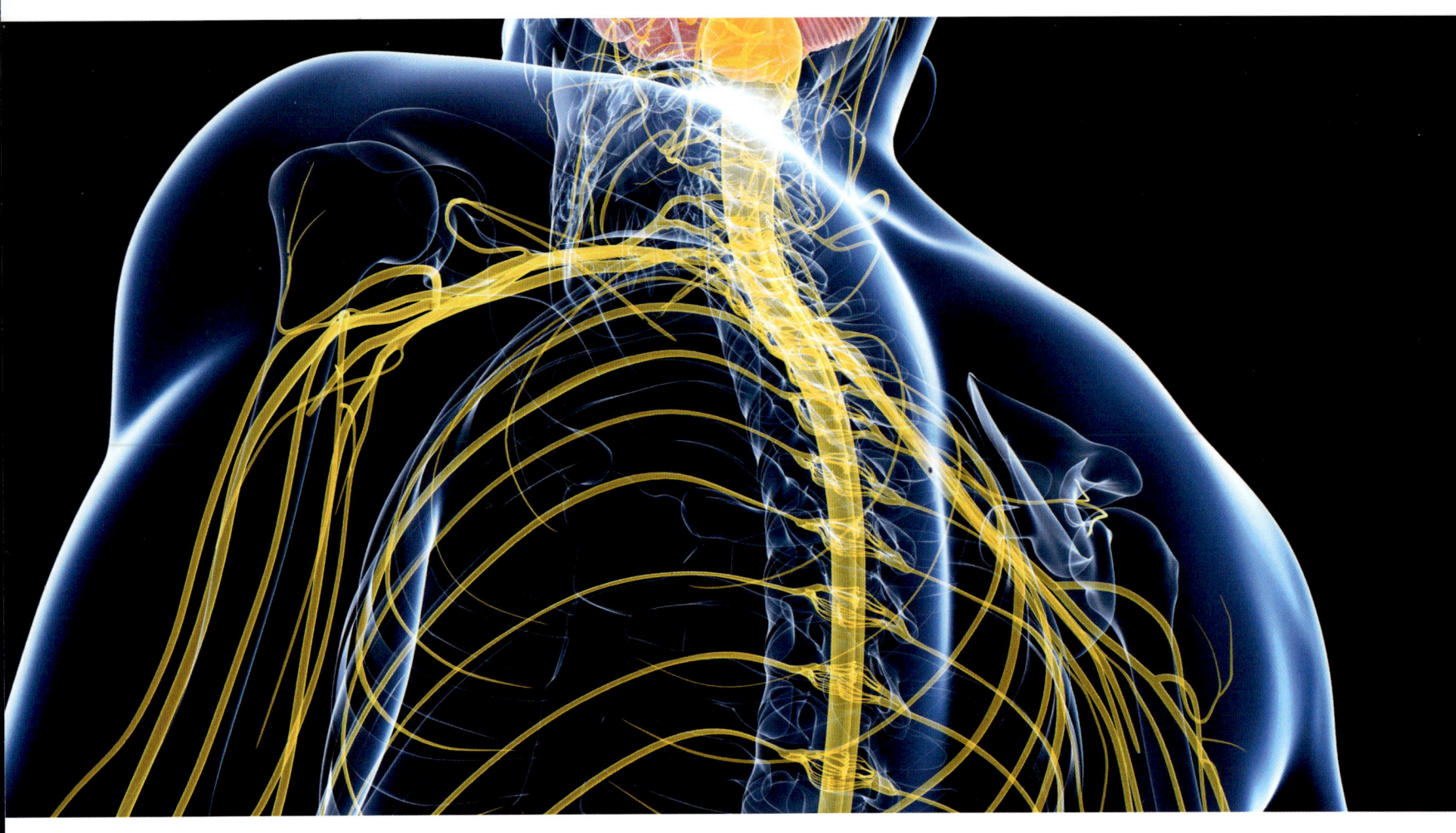

Das Rückenmark

Wichtigster „Komplize" des Gehirns ist das Rückenmark. Es ist so etwas wie die Telefonleitung des Gehirns, verläuft in der Wirbelsäule und besteht ebenfalls aus vielen Milliarden Nervenzellen. Hauptaufgabe: Das Rückenmark vermittelt Informationen vom und zum Gehirn.

Das Zentralnervensystem

Gehirn und Rückenmark bilden gemeinsam das Zentralnervensystem (ZNS). Nervenzellen außerhalb des ZNS gehören zum PNS – dem peripheren Nervensystem. Das sind Nervenzellen, die beispielsweise die Information, dass sie berührt wurden, von der Haut an das Rückenmark weiterleiten, von wo aus die Information dann an das Gehirn übermittelt wird. Nervenzellen, die Informationen vom PNS ins ZNS senden, werden **afferent** genannt (lat. affere = hintragen). Nachdem die Informationen im ZNS verarbeitet wurden, kann es sein, dass – als Antwort – Handlungsbefehle über

Gliazellen

Mitte des 19. Jahrhunderts bemerkte der deutsche Arzt Rudolf Virchow, dass es im Nervensystem – neben Nervenzellen – eine weitere sehr spezialisierte Zellenart gibt, die eine helfende, stützende Funktion übernimmt. Virchow gab ihr den Namen Gliazellen – abgeleitet von dem griechischen Wort glia für „Leim". Heute weiß man, dass Gliazellen sehr vielfältige Aufgaben haben: Sie beteiligen sich an der Sauerstoff- und Nährstoffversorgung der Nervenzellen und sogar an der Immunabwehr.

Bei dem Physiker **Stephen Hawking** (* 1942) wurde 1963 **Amyotrophe Lateralsklerose (ALS)** diagnostiziert, eine Erkrankung, bei der Nervenzellen Schaden genommen haben, die für Muskelbewegungen zuständig sind. Seiner Genialität tat das jedoch keinen Abbruch.

sogenannte **efferente Nervenfasern** (lat. *effere* = wegtragen) beispielsweise an die Muskeln der Hände weitergegeben werden – vielleicht mit dem Befehl „Berühre den anderen ebenfalls!"

So nutzen Ärzte die Rückenmarksflüssigkeit

Auch das Rückenmark ist von Hirnhäuten umgeben und durch flüssigkeitsgefüllte Hohlräume gepuffert. Es kommt vor, dass Ärzte diese Flüssigkeit für medizinische Untersuchungen nutzen: Bei einer sogenannten Liquorpunktion – oder auch Lumbalpunktion – wird Rückenmarksflüssigkeit im Bereich der Lendenwirbel angestochen, entnommen und anschließend im Labor untersucht. Das geschieht etwa, wenn Mediziner herausfinden wollen, ob ein Patient an einer Hirnhautentzündung erkrankt ist. Denn dies lässt sich auch an der Rückenmarksflüssigkeit erkennen – Keime sind nachweisbar. Daneben nutzen Ärzte einen Einstich in Rückenmarksflüssigkeit aber auch für Behandlungen. Sie spritzen beispielsweise Medikamente oder, wie bei einer Spinalanästhesie, auch Betäubungsmittel. Letzteres ist oft bei Kaiserschnittgeburten der Fall. Die werdende Mutter bleibt bei Bewusstsein – die Information „Schmerz" gelangt aber nicht mehr über das Rückenmark in ihr Gehirn.

Das Großhirn

Das eigentliche Gehirn gliedert sich in verschiedene Teile mit ganz unterschiedlichen und sehr spezialisierten Aufgaben. Eine der bedeutendsten Regionen des menschlichen Gehirns ist das Großhirn, auch Vorderhirn genannt.

Das Großhirn besteht aus zwei Hälften – der linken und der rechten Großhirnhemisphäre. Die wichtigste Verbindung der beiden Gehirnhälften ist der sogenannte **Balken**, *Corpus callosium* – ein dicker Strang Nervenzellfortsätze, der für einen regen Informationsaustausch sorgt.

Graue und weiße Substanz

Wie auch andere Teile unseres Nervensystems besteht das Großhirn aus grauer und weißer Substanz. In der grauen Substanz befindet sich eine Vielzahl von Nervenzellkörpern – mehrere Milliarden. Die Nervenzellfortsätze ziehen von der Oberfläche, also der grauen Substanz, in das Innere des Großhirns. Umgeben sind sie dabei von der sogenannten **Myelinscheide** – einer fettreichen Schutzschicht. Diese erscheint weiß, weshalb von der weißen Substanz die Rede ist. Die Myelinschicht ist wichtig für eine schnelle Informationsübertragung – dazu später mehr (Seite 58).

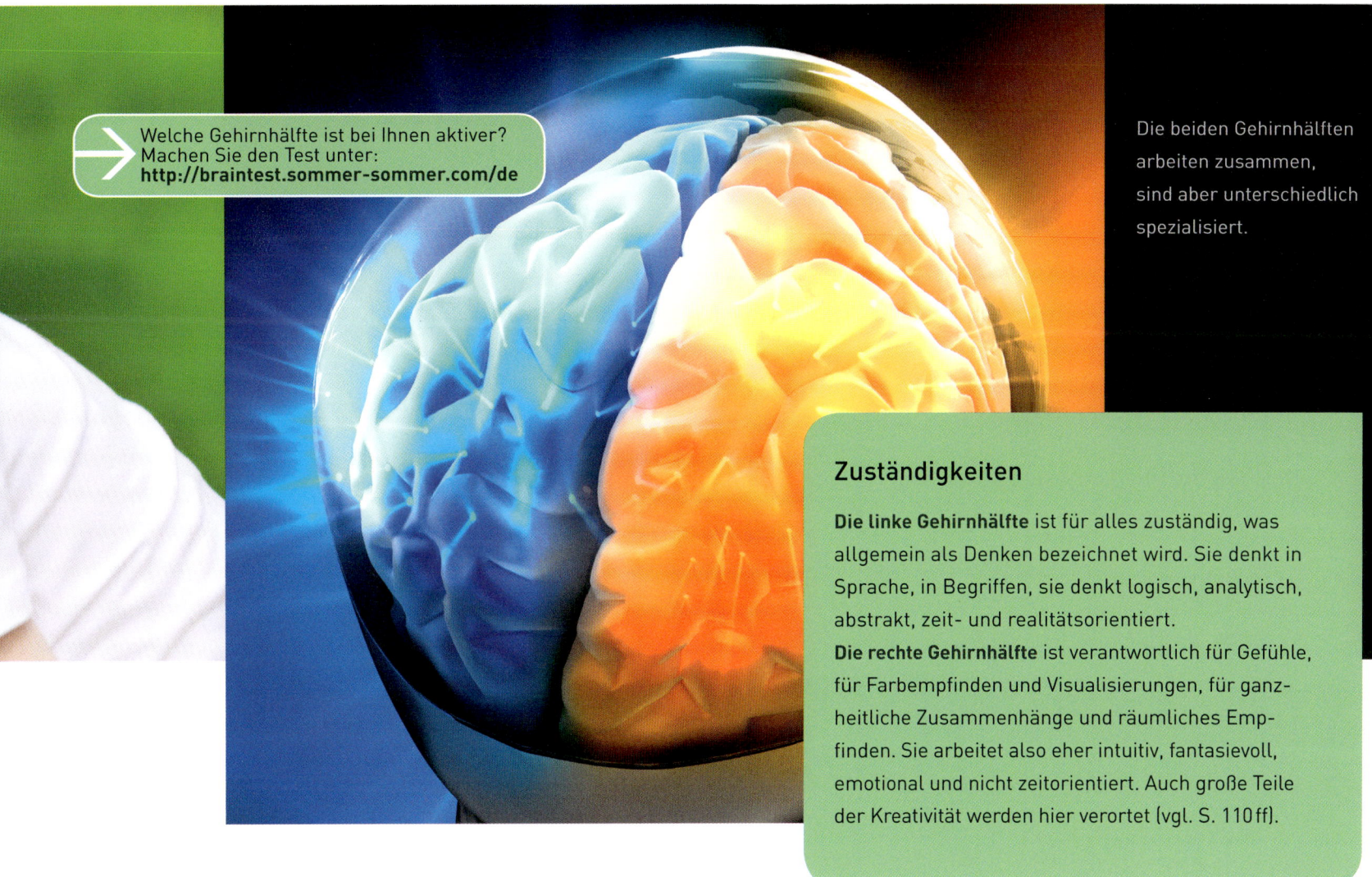

Welche Gehirnhälfte ist bei Ihnen aktiver?
Machen Sie den Test unter:
http://braintest.sommer-sommer.com/de

Die beiden Gehirnhälften arbeiten zusammen, sind aber unterschiedlich spezialisiert.

Zuständigkeiten

Die linke Gehirnhälfte ist für alles zuständig, was allgemein als Denken bezeichnet wird. Sie denkt in Sprache, in Begriffen, sie denkt logisch, analytisch, abstrakt, zeit- und realitätsorientiert.
Die rechte Gehirnhälfte ist verantwortlich für Gefühle, für Farbempfinden und Visualisierungen, für ganzheitliche Zusammenhänge und räumliches Empfinden. Sie arbeitet also eher intuitiv, fantasievoll, emotional und nicht zeitorientiert. Auch große Teile der Kreativität werden hier verortet (vgl. S. 110 ff).

Tief im Inneren der weißen Substanz des Großhirns liegen sogenannte Neuronencluster oder **Basalganglien**. Sie sind bedeutsam, um Bewegungsabläufe zu erlernen – auch dazu später mehr (Seite 145 ff.).

Großhirnrinde

Die Oberfläche unseres Großhirns, also die graue Substanz, bezeichnet man als Großhirnrinde. Sie ist etwa 5 mm dick. Fachleute nennen sie **Cortex cerebri.** Sie verarbeitet Sinneseindrücke und Informationen, die vom PNS kommen – also vielleicht eine Mitteilung der Nase wie „Diese Blume duftet sehr gut." Die Großhirnrinde ist an Denkprozessen beteiligt – sie

entscheidet, wie auf eingehende Informationen zu reagieren ist – und sorgt dafür, dass unser Körper Bewegungen zielgerichtet ausführt.

In unserem Gehirn übernimmt die Großhirnrinde also wichtige Aufgaben. Kein Wunder, dass sie besonders groß ist: Sie macht etwa 80 Prozent der gesamten Gehirnmasse aus – und hat eine Oberfläche von durchschnittlich 2500 cm^2. Doch wie passt sie mit diesen Ausmaßen in unseren Schädel? Die Natur hat sich auch hier etwas Schlaues einfallen lassen: Die Großhirnrinde ist stark gefaltet – und passt dadurch auf kleinsten Raum.

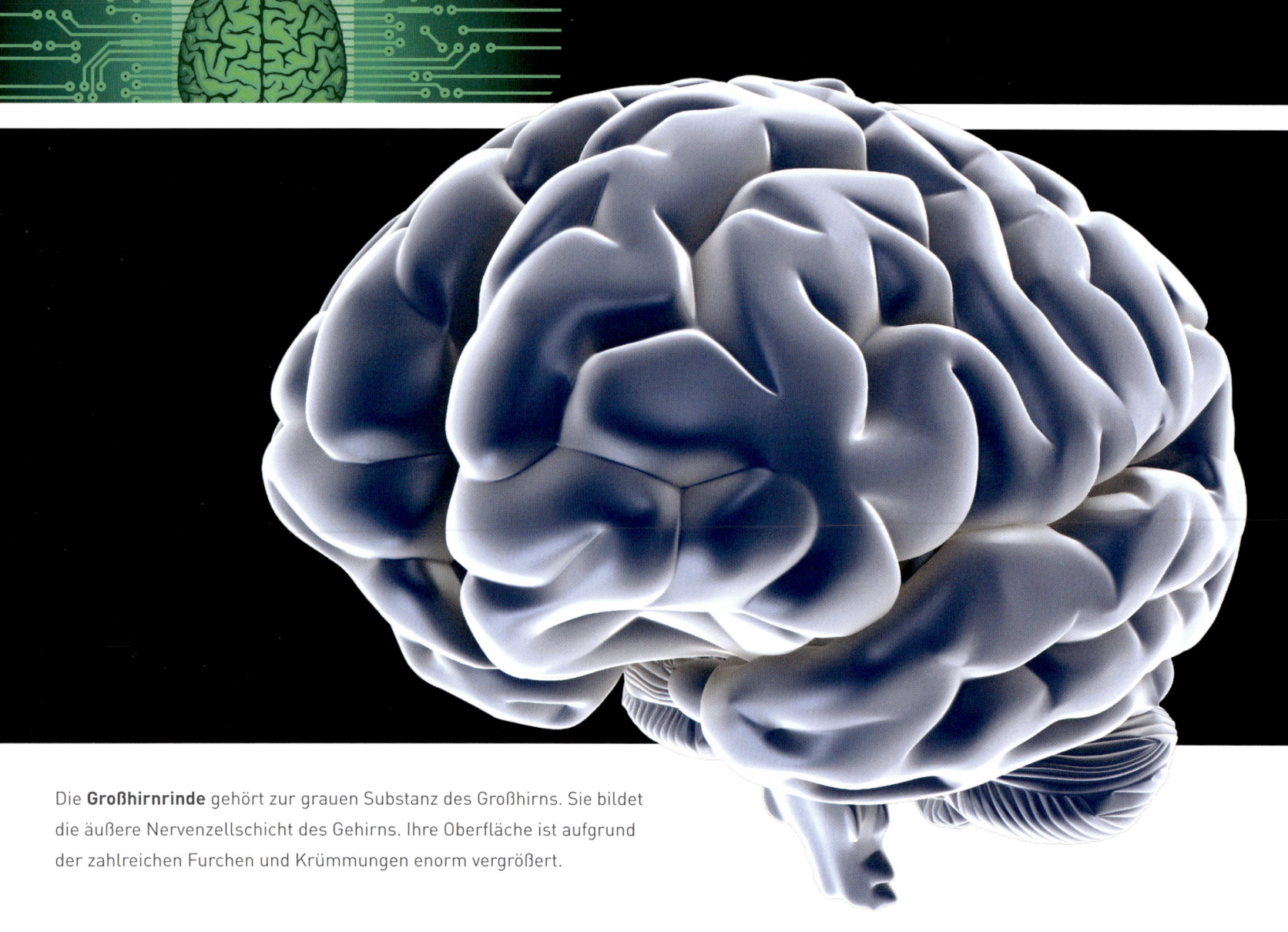

Die **Großhirnrinde** gehört zur grauen Substanz des Großhirns. Sie bildet die äußere Nervenzellschicht des Gehirns. Ihre Oberfläche ist aufgrund der zahlreichen Furchen und Krümmungen enorm vergrößert.

Übrigens: Den Trick „Große Fläche passt dank enormer Faltung in einen kleinen Raum" nutzt die Natur nicht nur im Zusammenhang mit dem Gehirn. Auch unser Darm verdankt ihm seine sehr große Oberfläche – die ihm genügend Platz lässt für die vielen Schritte, die unser Verdauungsprozess umfasst. Dennoch nimmt der Darm in unserem Körper einen relativ kleinen Raum ein – auch er hat eine stark gefaltete Oberfläche.

Die Spezialisten: Lappen der Großhirnrinde

Ständig prasselt eine Flut von ganz unterschiedlichen Informationen auf uns ein: vielleicht ein lautes Autohupen, ein Windhauch, der über die Haut streift, ein unangenehmer Geruch oder ein Prickeln auf der Zunge. Viele dieser Informationen verarbeitet die Großhirnrinde. Übrigens: Auch weitere wichtige Vorgänge wie die Verarbeitung von Sprache, das räumliche Vorstellungsvermögen oder das Erinnern spielen sich in der Großhirnrinde ab – dazu aber später mehr (Seite 30).

Aufgrund unterschiedlicher Lage und Funktion lässt sich die Großhirnrinde beider Großhirnhälften nochmals in sogenannte **Loben** oder **Lappen** unterteilen (siehe rechts):

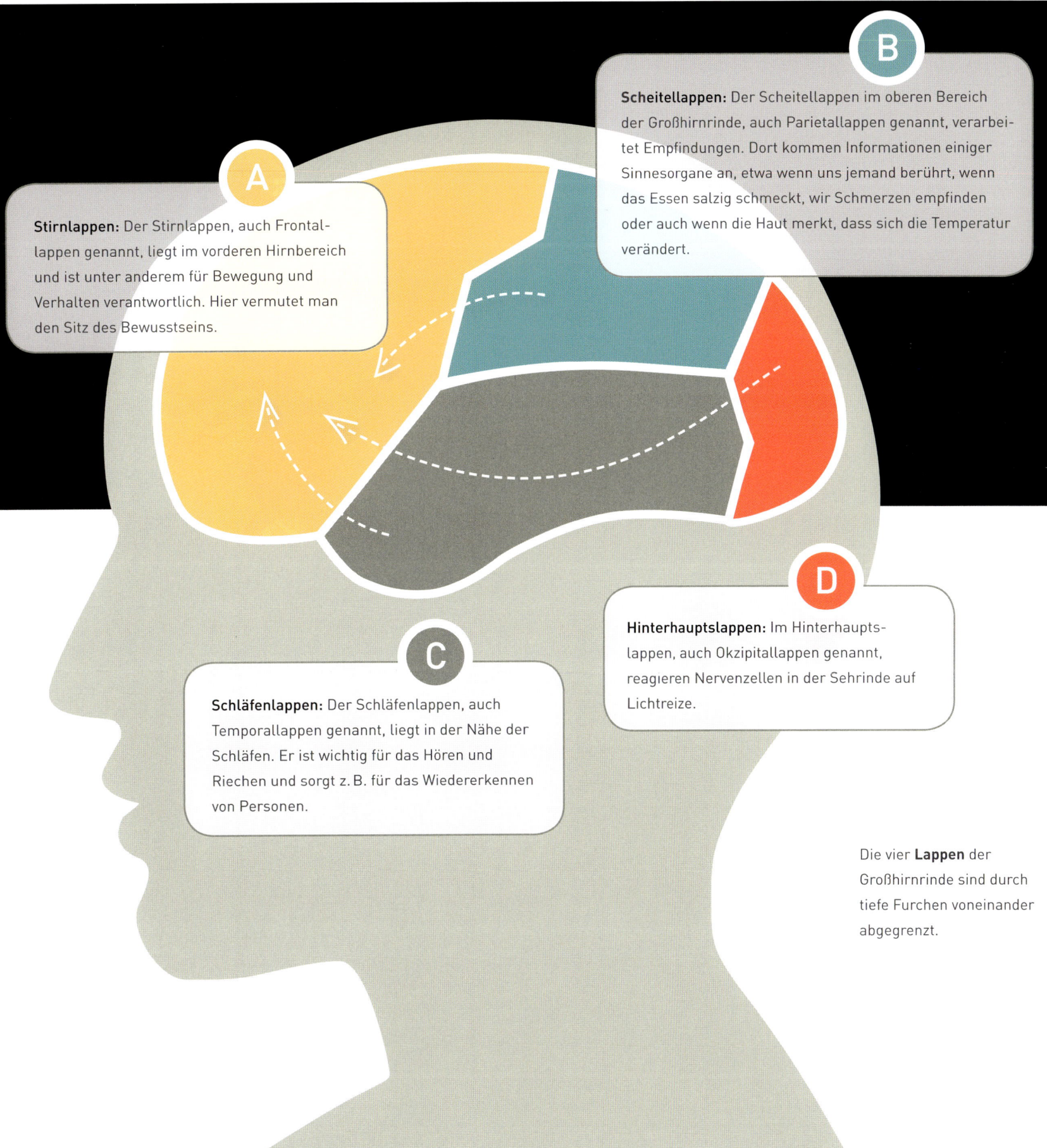

A

Stirnlappen: Der Stirnlappen, auch Frontallappen genannt, liegt im vorderen Hirnbereich und ist unter anderem für Bewegung und Verhalten verantwortlich. Hier vermutet man den Sitz des Bewusstseins.

B

Scheitellappen: Der Scheitellappen im oberen Bereich der Großhirnrinde, auch Parietallappen genannt, verarbeitet Empfindungen. Dort kommen Informationen einiger Sinnesorgane an, etwa wenn uns jemand berührt, wenn das Essen salzig schmeckt, wir Schmerzen empfinden oder auch wenn die Haut merkt, dass sich die Temperatur verändert.

C

Schläfenlappen: Der Schläfenlappen, auch Temporallappen genannt, liegt in der Nähe der Schläfen. Er ist wichtig für das Hören und Riechen und sorgt z. B. für das Wiedererkennen von Personen.

D

Hinterhauptslappen: Im Hinterhauptslappen, auch Okzipitallappen genannt, reagieren Nervenzellen in der Sehrinde auf Lichtreize.

Die vier **Lappen** der Großhirnrinde sind durch tiefe Furchen voneinander abgegrenzt.

Finden Sie die Micky Maus? Das Gehirn ist in der Lage, aus einer Vielzahl von Informationen schnell die aktuell relevante herauszufiltern.

Alltagsszene mit komplexem Hintergrund: Einen Kaffeebecher balancierend winkt diese Frau jemandem zu, mit der anderen Hand bedient sie ihr Handy. Daran sind mehrere **Lappen der Großhirnrinde** und das **frontale Assoziationsareal** sowie der **motorische Cortex im Frontallappen** beteiligt.

Ort der Entscheidung

Informationen darüber, ob und was wir sehen, schmecken, fühlen, riechen oder hören, kommen also in verschiedenen Lappen der Großhirnrinde an. Die Lappen wiederum leiten die Information weiter an das sogenannte **frontale Assoziationsareal** im **Frontallappen**. In dieser Region entscheidet die Großhirnrinde, wie auf diese Information zu reagieren ist. Hier werden Handlungen und Bewegungen geplant. Der benachbarte **motorische Cortex,** ebenfalls im Frontallappen, setzt diesen Plan um.

Vereinfacht gesagt spielt sich im Alltag beispielsweise Folgendes ab: Ihnen kommt auf der Straße eine Person entgegen. Über Ihre Augen gelangt diese Information in die Großhirnrinde. Dort sorgt Ihr **Schläfenlappen** dafür, dass Sie die Person – es ist ein alter Bekannter – wiedererkennen. Diese Information wiederum wird an den Frontallappen weitergegeben. Dort wird die Entscheidung getroffen – und in die Wege geleitet – ihrem Gegenüber ein „Hallo" zuzurufen und die Hand zur Begrüßung zu heben.

„Unser Entscheiden reicht weiter als unser Erkennen."

Immanuel Kant (1724–1804)

Der Homunculus

Der sogenannte Homunculus ist eine Abbildung der Großhirnrinde, die zeigt, wie groß – im Verhältnis – die einzelnen Teilbereiche sind, die jeweils Sinneseindrücke aufnehmen oder die für die Motorik zuständig sind. Interessant: Die Fläche des motorischen Cortex, die Bewegungen im Gesicht verantwortet, ist wesentlich größer als diejenige, die dem übrigen Körper gewidmet ist.
Das zeigt, wie bedeutsam die Gesichtsmuskulatur für unsere Kommunikation mit der Außenwelt ist.

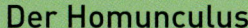

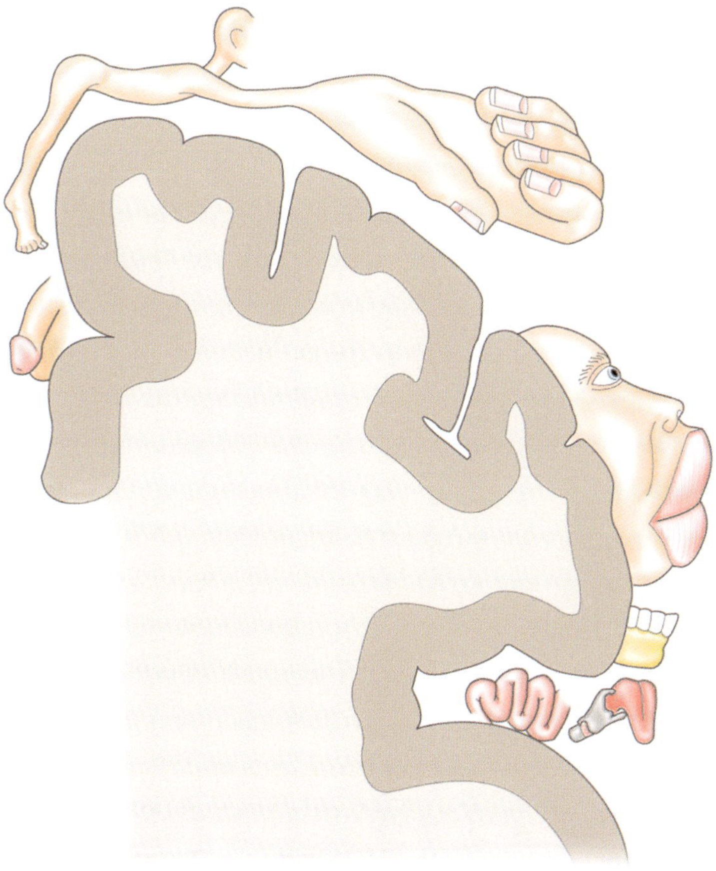

Beim Menschen sind in der motorischen Großhirnrinde die Bereiche für Lippen und Zunge sowie für die Finger am stärksten ausgeprägt. Die sogenannten **somatotopen Karten** sind jedoch flexibel und lassen sich verändern, durch regelmäßiges Klavierspielen kann man beispielsweise den Bereich für die Finger noch vergrößern.

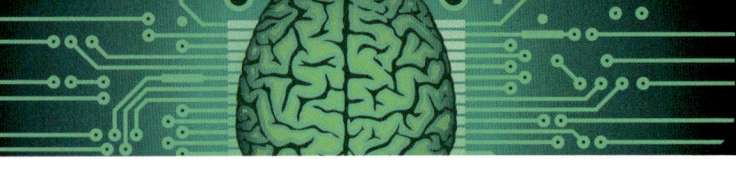

Das Gehirn speichert **Bewegungsabläufe** – ohne diese Fähigkeit wäre z. B. das Fußballtraining mit dem Ball relativ sinnlos.

Bewegungskoordination

Im Hinterkopf liegt das Kleinhirn – das Cerebellum. Es koordiniert das Gleichgewicht, stimmt Bewegungen aufeinander ab und erhält die Muskelspannung.

Mit ungefähr 150 Gramm hat das Kleinhirn nur etwa ein Zehntel des Gewichts des Großhirns. Genau wie dieses besitzt es eine Rinde mit grauer Substanz: Hier liegen die Nervenzellkörper. Im Inneren des Kleinhirns liegen die Nervenzellfortsätze, die weiße Substanz.

Das Kleinhirn arbeitet unbewusst, lässt sich also nicht direkt beeinflussen. Es sorgt beispielsweise dafür, dass sich unser Oberkörper beim Sitzen aufrecht

hält und nicht in sich zusammenfällt. Allerdings steuert das Kleinhirn alle bewussten und unbewussten Bewegungen nur auf Befehl des Großhirns.

Zusammenarbeit von Großhirn und Kleinhirn

Das Großhirn informiert das Kleinhirn darüber, dass eine Körperbewegung ansteht, beispielsweise, dass die Hand nach einem Gegenstand greifen soll. Das Kleinhirn legt daraufhin die konkrete

Ein großer Teil der Bewegungen beim Skaten geschieht unbewusst. Für diese **Bewegungskoordination** ist das Kleinhirn zuständig.

Abfolge der Muskelkontraktionen fest. Wenn vorhanden, wird ein bereits gespeichertes Bewegungsprogramm aktiviert.

Das Kleinhirn veranlasst nun die Großhirnrinde, die notwendigen Bewegungsbefehle an die Muskelfasern weiterzuleiten. Hat ein Bewegungsablauf begonnen, kontrolliert das Kleinhirn, ob dieser auch tatsächlich mit dem geplanten Ablauf übereinstimmt. Das Kleinhirn bekommt dazu beispielsweise von den Augen die Informationen, wo sich Arme und Hände befinden.

Diese Kontrollfunktion des Kleinhirns zeigt sich etwa auch dann, wenn dieses

verletzt oder von einem Tumor befallen ist: Grundsätzlich laufen Bewegungen zwar trotzdem ab, wirken aber weniger gut koordiniert.

Selbsttest

Die Funktion des Kleinhirns lässt sich leicht testen: Versuchen Sie, nach einem Gegenstand zu greifen, vielleicht einem Tennisball, der vor Ihnen auf dem Tisch liegt. Ihr Arm streckt sich nach dem Ball aus, alles unter dem wachsamen Blick Ihrer Augen. Sicherlich wird es kein Problem sein, schnell nach dem Gegenstand zu greifen. In einem zweiten Schritt schalten Sie die Kontrolle des Kleinhirns aus: Schließen Sie die Augen – und versuchen Sie erneut den Ball mit den Händen zu umfassen. Die gesamte Bewegung wird nun etwas tollpatschiger aussehen: Ihre Hand wird vermutlich zunächst etwas umherwedeln, bis sie mehr oder weniger zufällig auf ihr Ziel trifft.

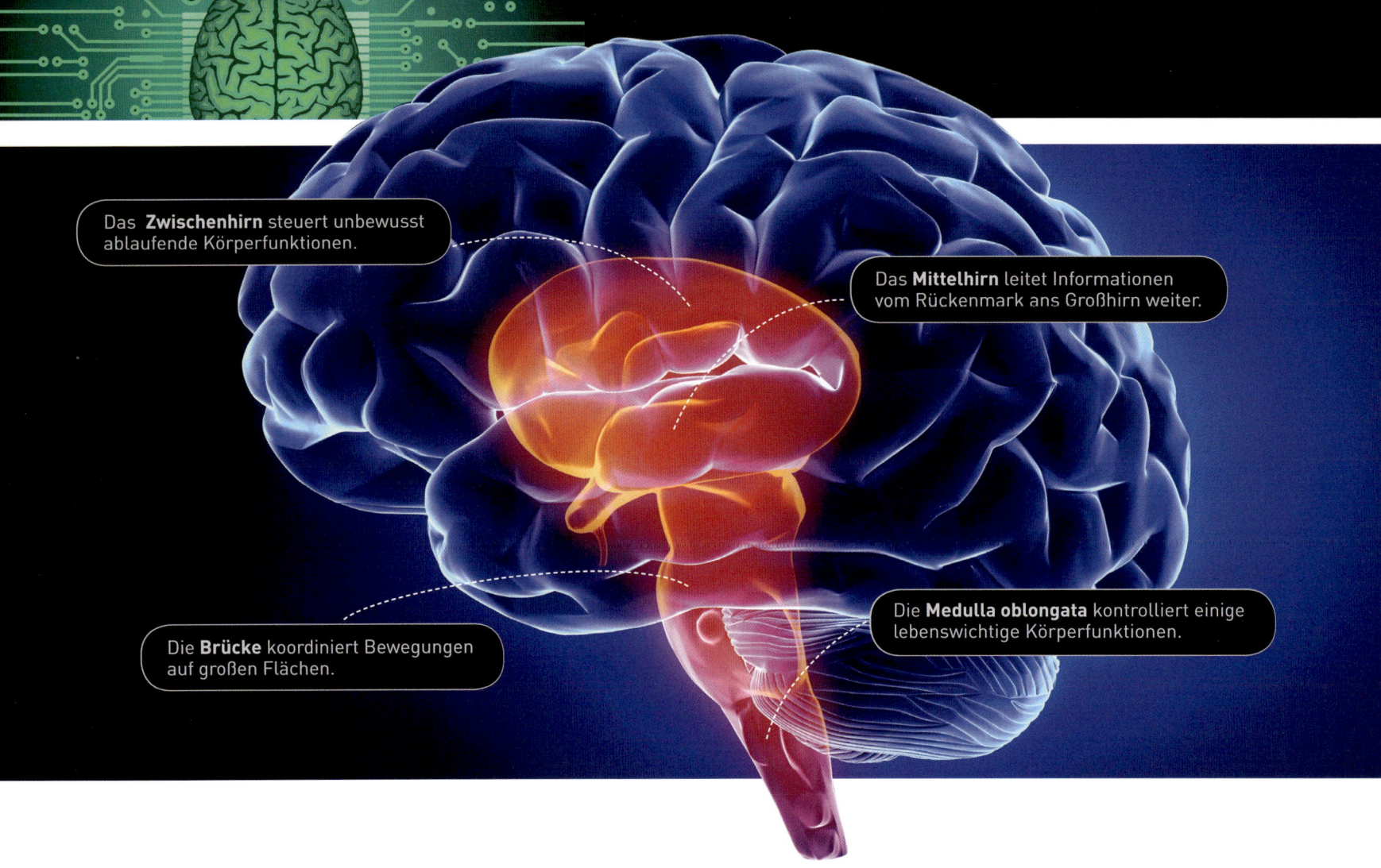

Das **Zwischenhirn** steuert unbewusst ablaufende Körperfunktionen.

Das **Mittelhirn** leitet Informationen vom Rückenmark ans Großhirn weiter.

Die **Brücke** koordiniert Bewegungen auf großen Flächen.

Die **Medulla oblongata** kontrolliert einige lebenswichtige Körperfunktionen.

Hirnstamm und Zwischenhirn

Nahe am Rückenmark liegt der älteste Teil unseres Gehirns – der Hirnstamm. Dieser ist vor allem wichtig für die Übermittlung von Informationen von und zu den höheren Gehirnzentren.

Der Hirnstamm selbst wird nochmals unterteilt in **Mittelhirn**, **Nachhirn**, **Brücke** (Pons) und **verlängertes Rückenmark** (Medulla oblongata). Das Mittelhirn leitet Informationen, die vom Rückenmark kommen, an das Großhirn weiter.

Aufgaben des Hirnstamms

Der Hirnstamm hat unterstützende Aufgaben: Brücke und verlängertes Rückenmark sind dafür mitverantwortlich, Bewegungen zu koordinieren, die einen großen Raum einnehmen. Diese Gehirnregionen sind beispielsweise aktiv, wenn wir uns an einer Kletterwand austoben. Wenn wir also überlegen, welche der vielen Möglichkeiten wir im wahrsten Sinne des Wortes „ergreifen", um an der riesigen Wand ein Stück weiter nach oben zu kommen.

Zudem hilft das verlängerte Rückenmark einer weiteren Gehirnregion, dem **Hypothalamus**, dabei, automatisch ablaufende Körperfunktionen zu kontrollieren. Dazu gehören die Atmung, das Schlucken, die Verdauung und auch die Herz- und Blutgefäßaktivität. Zu dieser Kontrollfunktion später mehr (Seite 39 ff.).

Aufgaben des Zwischenhirns

Dass unbewusst funktionierende Körperfunktionen reibungslos ablaufen – auch dafür ist unser Gehirn verantwortlich, genauer gesagt, verschiedene Bereiche im Zwischenhirn. Tagtäglich laufen in unserem Körper Dinge ab, auf die wir überhaupt keinen Einfluss haben, seien es die Verarbeitung des leckeren Mittagessens oder so lebenswichtige Grundfunktionen wie die Einhaltung der „Betriebstemperatur" unseres Körpers von etwa 37 Grad Celsius, das regelmäßige Schlagen des Herzens und das Ein- und Ausatmen.

Das Zwischenhirn besteht aus Epithalamus, Subthalamus, Metathalamus, Thalamus und Hypothalamus. Im **Epithalamus** befindet sich beispielsweise die sogenannte Zirbeldrüse. Dort wird von speziellen Zellen das Hormon Melatonin produziert – und zwar überwiegend abends und nachts. Melatonin sorgt dafür, dass wir müde werden. Der Epithalamus steuert in unserem Gehirn also den Schlaf-wach-Rhythmus. Auch viele weitere wichtige Körperabläufe werden im Epithalamus koordiniert: Fällt Licht auf die Augen, verengen sich die Pupillen. Der **Metathalamus** wiederum ist Umschaltstation von Informationen, die an die Groß-

hirnrinde weitergeleitet werden. Der **Subthalamus** übernimmt Aufgaben bei der Steuerung der Grobmotorik.

Das „Tor zum Bewusstsein"

Wichtigste Zwischenstation auf dem Informationsweg von den Sinnesorganen – also unserer Haut, den Augen und den Ohren – zum Großhirn ist der **Thalamus** im Zwischenhirn. Hier werden Informationen bewertet, die von Ihren Sinnesorganen kommen – und hier wird entschieden, ob diese wichtig genug sind, um an die Großhirnrinde weitergeleitet zu werden. Es kann also durchaus sein, dass unsere Sinnesorgane Informationen aufnehmen, die nie im Großhirn ankommen – vielleicht das leise, monotone Summen eines Elektrogerätes. Informationen, die uns also nie bewusst werden. Deshalb wird der Thalamus auch „Tor zum Bewusstsein" genannt. Das Zwischenhirn beherbergt außerdem die Gehirnregion, die Einfluss auf all unsere Stoffwechselvorgänge hat: den **Hypothalamus.**

Der Gesichtsausdruck der Informationsempfängerin lässt darauf schließen, dass der **Thalamus** die eingehenden Informationen an die **Großhirnrinde** weitergeleitet hat.

> *„Eine Änderung des Bewusstseins verändert unbewusst auch das Sein."*
>
> Prof. Dr. med. Gerhard Uhlenbruck (*1929)

Brücke und **verlängertes Rückenmark** sind besonders dann gefordert, wenn man sich aus einer Vielzahl von Handlungsmöglichkeiten für eine entscheiden muss.

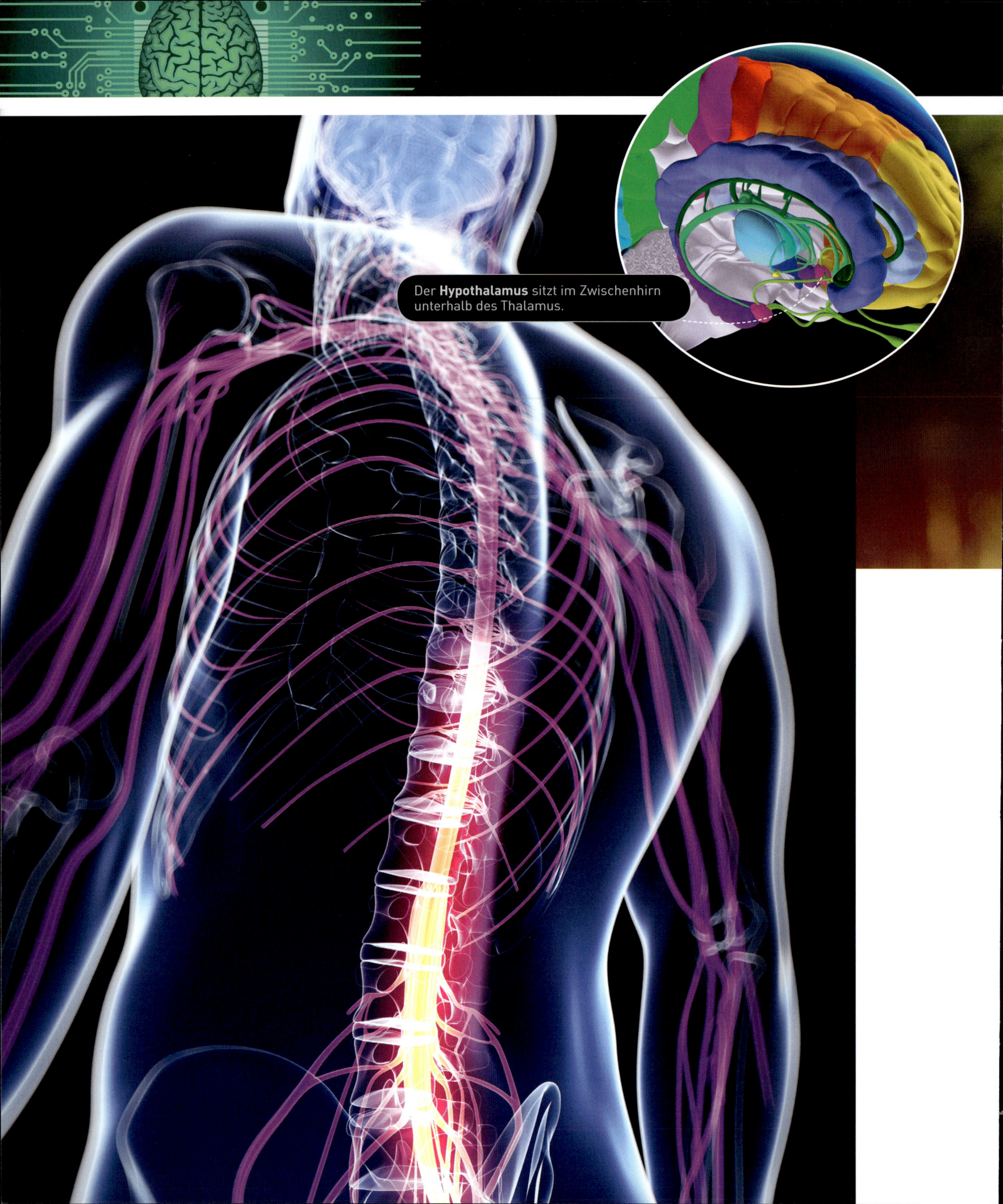

Der **Hypothalamus** sitzt im Zwischenhirn unterhalb des Thalamus.

Die Produktion von Schweiß ist eine direkte Folge der Wahrnehmungen über das **Nervensystem** (Wärme) und der Reaktion des Gehirns auf diese Signale.

Vegetatives Nervensystem

Über den Hypothalamus kontrolliert das Gehirn lebenswichtige Körperfunktionen. Er ist über Nervenverbindungen mit anderen Gehirnzentren verbunden, produziert zahlreiche Hormone und steuert das sogenannte vegetative Nervensystem.

Das **vegetative Nervensystem** kontrolliert unbewusst ablaufende Stoffwechselvorgänge in unserem Körper, deshalb ist oftmals auch von einem autonomen Nervensystem die Rede. Aufgabe des ständig aktiven vegetativen Nervensystems ist es, alle Körperfunktionen an ihren jeweiligen Bedarf anzupassen. Unter Anleitung des **Hypothalamus** kontrolliert es alle Organe, die für unsere Verdauung, den Kreislauf, die Ausscheidung, beispielsweise die Blase, und das Hormonsystem verantwortlich sind. Nehmen wir Nahrung zu uns, so regt das vegetative Nervensystem die Magen-Darm-Tätigkeit an. Und ist uns warm, veranlasst es eine verstärkte Durchblutung der Haut, Schweißdrüsen werden aktiv, um den Körper abzukühlen. So wird für die sogenannte **innere Homöostase** gesorgt, also die Aufrechterhaltung aller lebenswichtigen Funktionen (Vitalfunktionen).

Nervenstränge und ihre Funktionen

Nach dem Verlauf der Nervenstränge und ihrer Funktion unterscheiden Experten drei Teile des vegetativen Nervensystems:

- Sympathikus
- Parasympathikus
- Eingeweidenervensystem (enterisches Nervensystem)

Die Nervenbahnen des Sympathikus und Parasympathikus führen vom zentralen Nervensystem (ZNS = Gehirn und Rückenmark) aus zu den Organen. Sie enden beispielsweise an Muskelzellen der Darmwand, des Herzens, an den Schweißdrüsen oder Muskeln.

Anpassung an unterschiedliche Lebenssituationen

Der **Sympathikus** ist der Teil des vegetativen Nervensystems, der dafür sorgt, dass der Körper in den passenden Momenten leistungsbereit ist. Wir alle haben ihn schon „in Aktion" erlebt: In Stresssituationen erhöht sich die Frequenz der Atmung, das Herz schlägt schneller und kräftiger. Energiereserven werden mobilisiert. Die Leber wandelt Glykogen in Glucose um – also Fettreserven in für den Körper schnell verfügbare Energie.

Diese regelrechte „Mobilmachung" ist ein evolutionsbiologisch wichtiger Prozess, der sich seit Jahrtausenden bewährt hat:

Wurden Höhlenmenschen von einem Säbelzahntiger bedroht, so brauchte der Körper schnell viel Energie, um weglaufen zu können – für Ruhepausen war dann keine Zeit. Und auch noch in unserem heutigen Leben ist es wichtig, dass wir in Stresssituationen hellwach und konzentriert sind, dass Gehirn und Muskeln optimal mit Sauerstoff und Energie versorgt werden – und wir auf alle Eventualitäten reagieren können. Etwa bei einem Streitgespräch, vor einer Prüfung oder beim Zurechtfinden in einer fremden Stadt. Registriert unser Gehirn eine solche Stresssituation, so gelangt diese Information in den Hypothalamus. Dort heißt die Antwort: Der Sympathikus

> *„Der menschliche Körper ist nur ein Zusammenspiel von Energien."*
>
> Dalai Lama (*1935)

Hohe Konzentration und Dynamik, perfekte Koordination – beim Tanzsport muss der Sympathikus zur Hochform auflaufen. Das gilt ganz besonders auch bei Gefahr: Einst war eine Begegnung mit einem gefährlichen Wildtier ein typisches Beispiel, heute gibt es gefährliche **Stresssituationen** vor allem im Straßenverkehr.

muss aktiv werden. Die Nerven des Sympathikus beginnen im Rückenmark, über Umschaltzentralen neben der Wirbelsäule, den Ganglien, erreichen sie die Zielorgane, beispielsweise das Herz – und sorgen unter anderem dafür, dass sich der Herzschlag erhöht. Beschleunigt sich der Herzschlag, dann wird auch das Blut rasch durch den Körper gepumpt, Sauerstoff und Energie gelangen schneller an die Organe – dadurch sind unter anderem die Muskeln und das Gehirn bereit für Höchstleistungen.

Genau die entgegengesetzte Funktion hat der **Parasympathikus**. Dieser Teil des Nervensystems ist in entspannenden Situationen aktiv. Er sorgt dafür, dass der Körper neue Energiereserven aufbaut. Er verlangsamt den Herzschlag und kurbelt verschiedene Stoffwechselvorgänge an.

Das **Eingeweidenervensystem**, auch **enterisches Nervensystem** genannt, besteht aus einem Nervengeflecht in Verdauungstrakt, Pankreas und Gallenblase. Es ist verantwortlich dafür, dass sich kurz nach dem Essen die Bewegung der Darmmuskulatur verstärkt und die Darmwand verstärkt durchblutet wird. Dieses Nervensystem, das auch als „Gehirn des Verdauungstraktes" bezeichnet wird, arbeitet selbstständig, kann aber genauso Informationen von Parasympathikus und

Während des Schlafs ist der Körper im Ruhezustand, für den der **Parasympathikus** sorgt. Mit dem Aufwachen übernimmt der **Sympathikus** wieder das Kommando und erhöht die Leistungsfähigkeit des Körpers.

Sympathikus annehmen: Der Sympathikus hemmt die Verdauung, der Parasympathikus regt sie an.

Woher kommt der Schmerzreiz?

Wissenschaftler waren lange der Ansicht, dass das vegetative Nervensystem nur Informationen vom Rückenmark in den Körper, also zu den Organen, weiterleitet. Neue Untersuchungen zeigen jedoch, dass Informationen auch von den Organen über die Nervenverbindungen von Sympathikus und Parasympathikus in das Zentrale Nervensystem gelangen können. Etwa fünf Prozent aller Schmerzreize, vermuten Wissenschaftler, könnten diesen Weg nehmen. Interessant: Möglicherweise enden die entsprechenden Nervenfasern an derselben Stelle im Rückenmark wie Nervenfasern, die Schmerzreize von der Haut weiterleiten. Das würde bedeuten, dass das Rückenmark – und damit auch das Gehirn – gar nicht unterscheiden könnten, ob die Information „Schmerz" von der Haut oder aber von einem Organ kommt. Dies kann dazu führen, dass man zum Beispiel Schmerzen im Zwerchfell als Schmerzen an der Schulterhaut wahrnimmt. Wissenschaftler haben so jede Hautregion einem bestimmten Organ zugeordnet. Diese Hautzonen heißen **Head-Zonen** – entdeckt wurden sie nämlich von dem englischen Arzt Sir Henry Head.

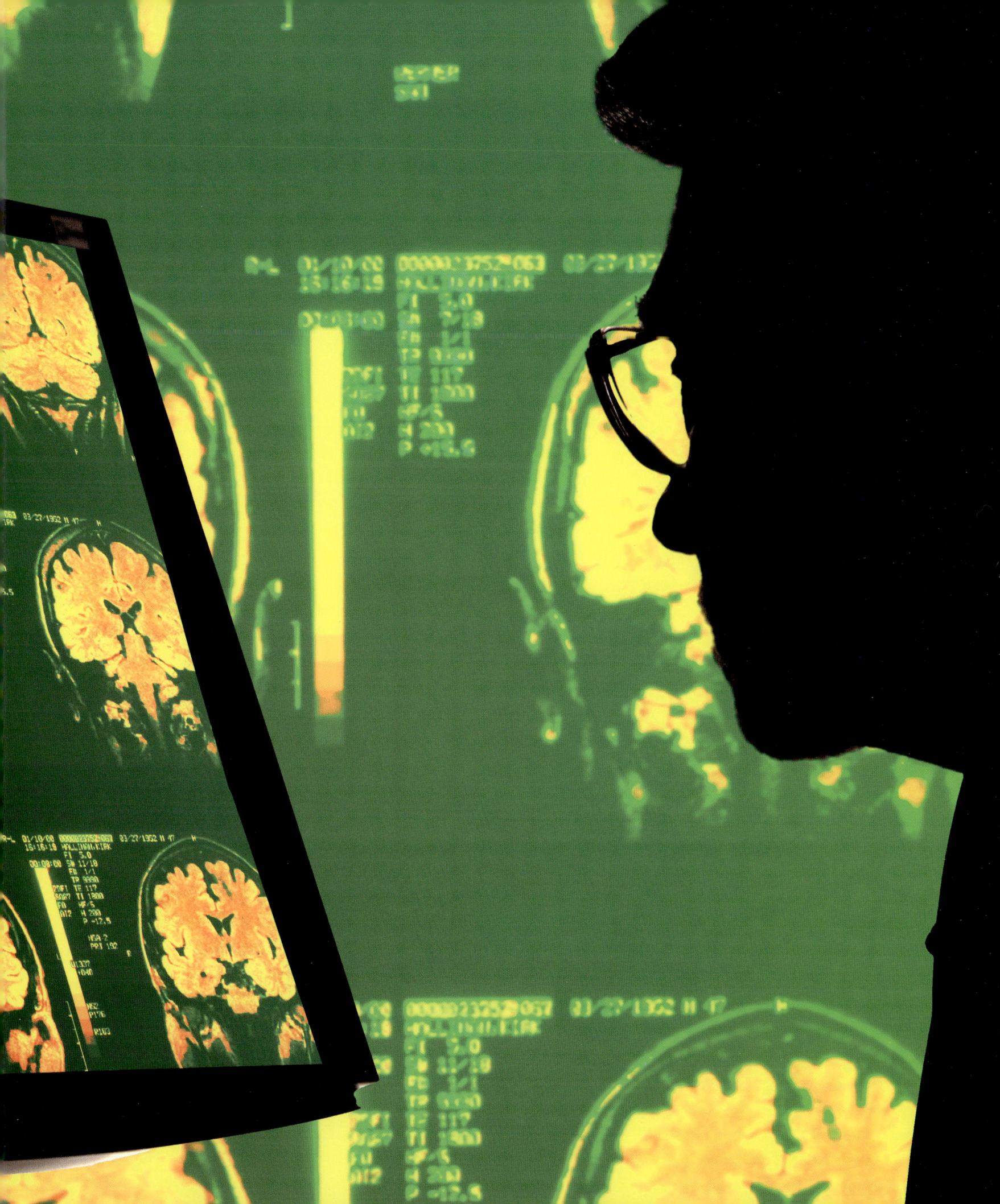

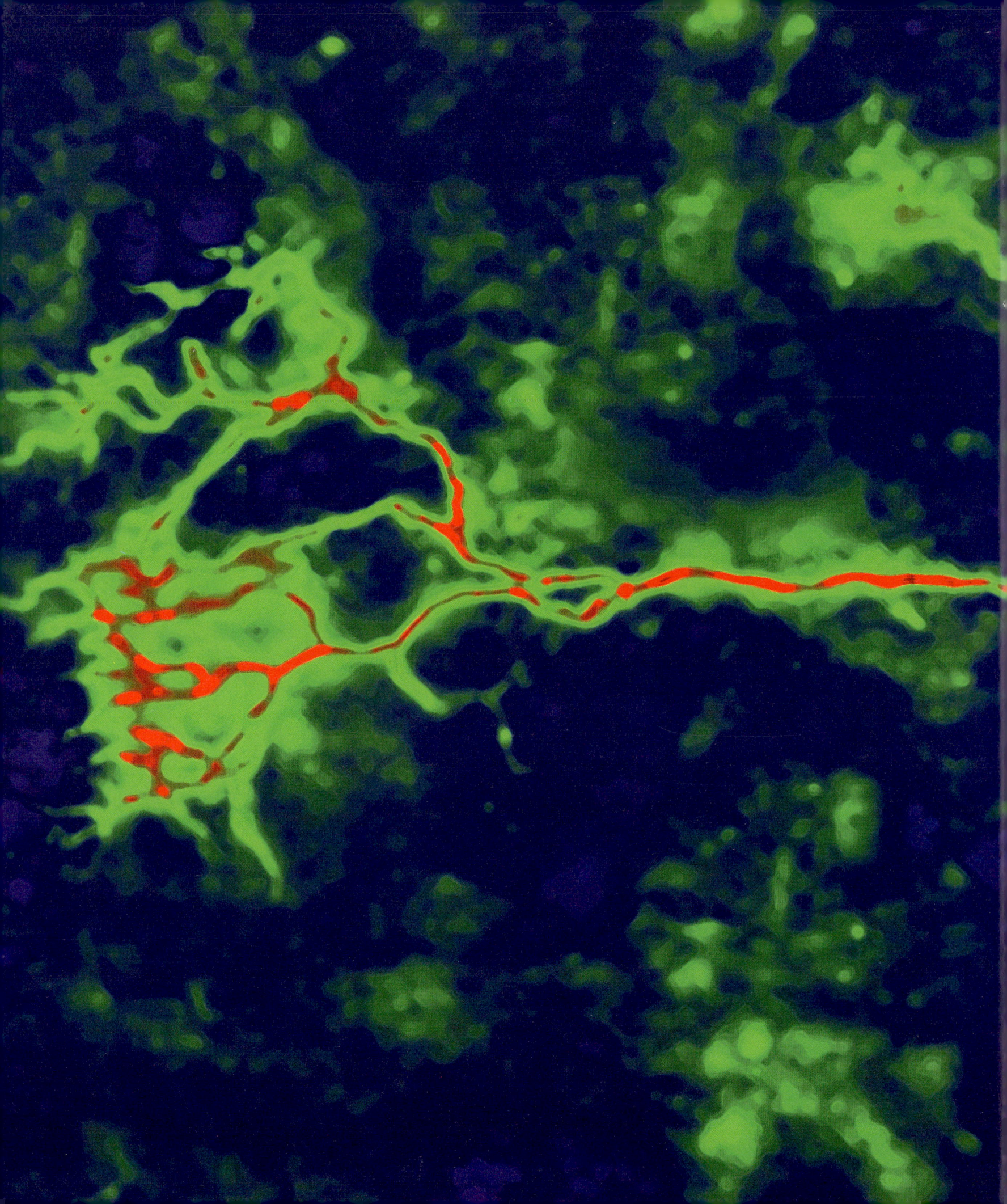

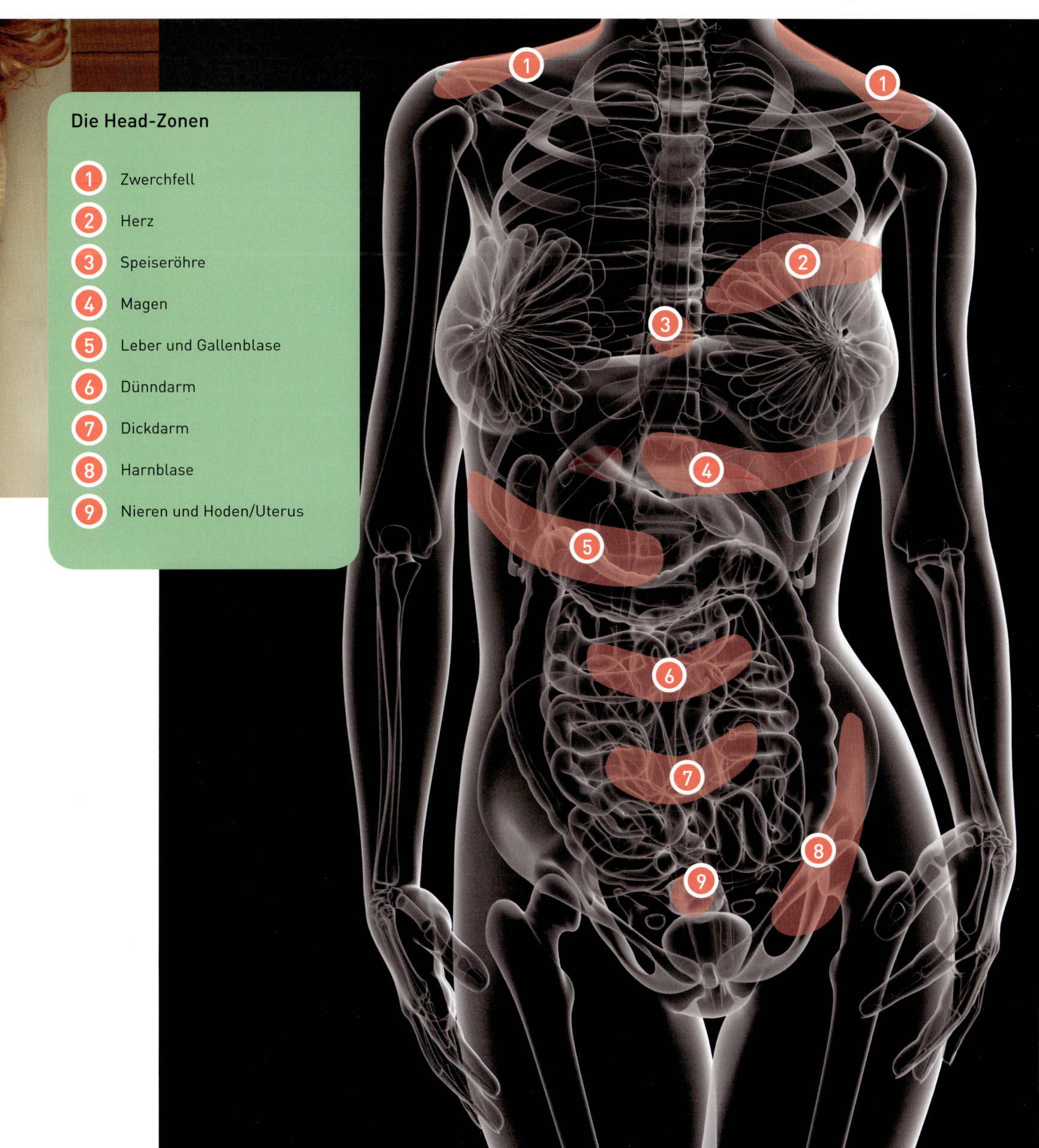

Die Head-Zonen

1　Zwerchfell

2　Herz

3　Speiseröhre

4　Magen

5　Leber und Gallenblase

6　Dünndarm

7　Dickdarm

8　Harnblase

9　Nieren und Hoden/Uterus

Die biologische Uhr

Das ist Ihnen bestimmt auch schon aufgefallen: Die Leistungsfähigkeit des Körpers verändert sich im Lauf des Tages. Vormittags kann man sich besser konzentrieren, nachmittags wird man müde. Der Grund: Spezielle Zellen im Hypothalamus regulieren die sogenannte **circadianen Rhythmen**, also biologische Prozesse im Körper, die tageszeitabhängig sind. Diese Nervenzellen heißen *Nuclei suprachiasmatici* (SCN). Je nach Tageszeit gibt diese Hypothalamus-Region unterschiedliche Signale an den Körper ab und beeinflusst physiologische Prozesse, wie etwa den Blutdruck. So steigt dieser morgens an, damit der Körper nach der langen Nacht wieder in Schwung kommt, und es uns nicht schwindelig wird. Am Nachmittag sinkt der Blutdruck. Justiert wird diese innere Uhr von Lichtsignalen: Abends etwa stimuliert der SCN die Freisetzung von Melatonin aus der Zirbeldrüse – wir werden müde. Die Ausschüttung anregender Hormone wie Kortisol oder Serotonin wird morgens in die Wege geleitet. Weitere Taktgeber der inneren Uhr sind aber auch regelmäßige Mahlzeiten und gezielte Ruhepausen am Abend und in der Nacht.

„Jeder Mensch hat seinen individuellen Rhythmus."

Novalis (1772–1801)

Amerikanische Wissenschaftler machten eine interessante Entdeckung: Sie ließen Probanden mehrere Tage in einem Bunker ohne Tageslicht leben – und auch ohne weitere Taktgeber, die einen Hinweis auf die Tageszeit hätten geben können. Die Probanden lebten also einfach in den Tag hinein. Interessant: Ihr Tagesrhythmus pendelte sich auf einen 25-Stunden-Tag ein. Unsere innere Uhr geht also etwas langsamer als die „normale" Uhr mit ihrem 24-Stunden-Tagesrhythmus. Der biologische Tagesrhythmus heißt deshalb „cirkadian" (von „circum" – etwa, und „dies" – der Tag).

Schlecht ist es, gegen die innere Uhr zu leben. Das geschieht etwa, wenn man sich nur in Innenräumen aufhält und kein Tageslicht an den Körper lässt. Kunstlicht hat nicht die richtige Stärke und Farbe, um die innere Uhr gemäß dem natürlichen Tagesablauf zu beeinflussen. Die Folge: Die innere Uhr verliert an Wirksamkeit. Und auch alle von ihr gesteuerten

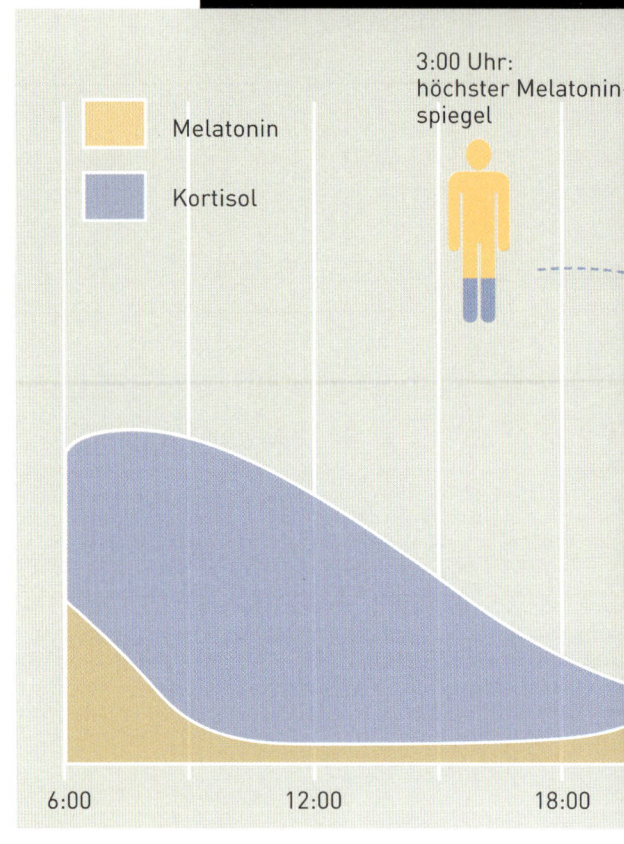

3:00 Uhr: höchster Melatoninspiegel

Melatonin

Kortisol

6:00   12:00   18:00

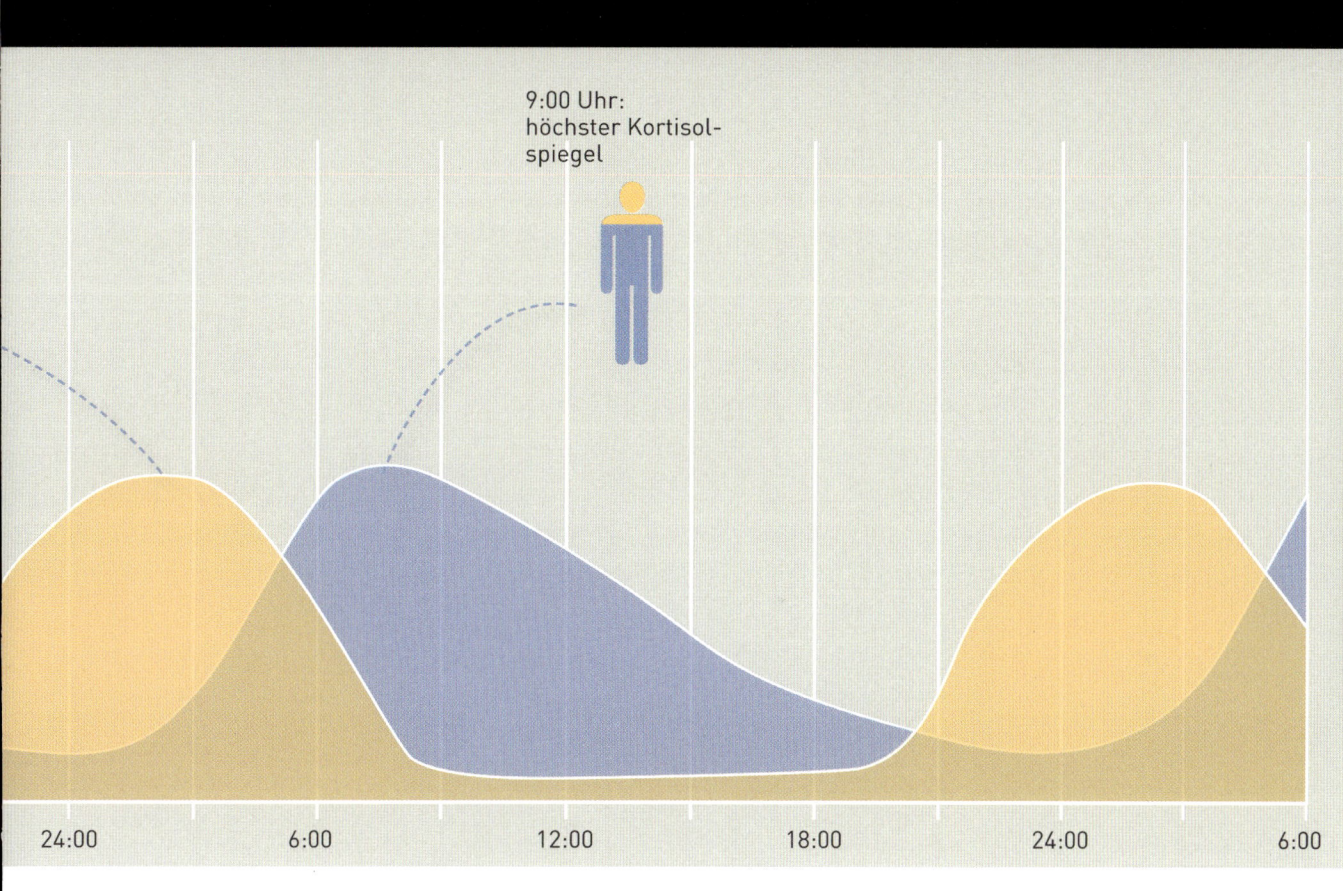

9:00 Uhr:
höchster Kortisol-
spiegel

24:00   6:00   12:00   18:00   24:00   6:00

Die Produktion von **Melatonin** wird durch Licht behindert, bei Dunkelheit steigt sie also. Lässt die Wirkung des Melatonins nach, steigt der Spiegel des Stresshormons **Kortisol**.

physiologischen Prozesse geraten aus dem Lot. Die Folgen sind genauso vielfältig wie dramatisch: Die Konzentrationsfähigkeit sinkt, Depressionen und Herz-Kreislauf-Erkrankungen machen sich bemerkbar, genau wie Verdauungsprobleme oder Magen- und Darmerkrankungen. Das Immunsystem wird geschwächt und die Infektanfälligkeit steigt. Molekularbiologische Untersuchungen haben gezeigt, dass die Tagesrhythmik zu etwa zehn Prozent die Genexpression in unserem Körper beeinflusst. Die Tagesrhythmik entscheidet also mit, aus welchen Genen, also aus welchen DNA-Abschnitten, Proteine hergestellt werden. Proteine, die ihrerseits Stoffwechselvorgänge im Körper steuern. So ist der Spiegel

des Hormons Leptin, das Hunger unterdrückt, während der Nacht am höchsten.

Krankheiten und die innere Uhr

Auch Krankheiten folgen den tageszeitabhängigen Vorgängen im Körper: Die meisten Herzinfarkte und Schlaganfälle ereignen sich vormittags zwischen acht und zwölf Uhr. Nämlich genau dann, wenn die innere Uhr den Blutdruck ansteigen lässt. Rheumatiker leiden morgens am stärksten unter Steifigkeit und Schmerzen. Und einen Zahnarztbesuch sollte man am besten immer nachmittags einplanen. Zum einen ist das Schmerzempfinden gegen 15 Uhr am schwächsten, zum anderen wirken lokale Schmerz- und Betäubungsmittel jetzt am längsten.

Wer bis spät in die Nacht aktiv ist, bricht den natürlichen Rhythmus. **Künstliches Licht** kann helfen, das Ansteigen des Melatoninspiegels zu verlangsamen.

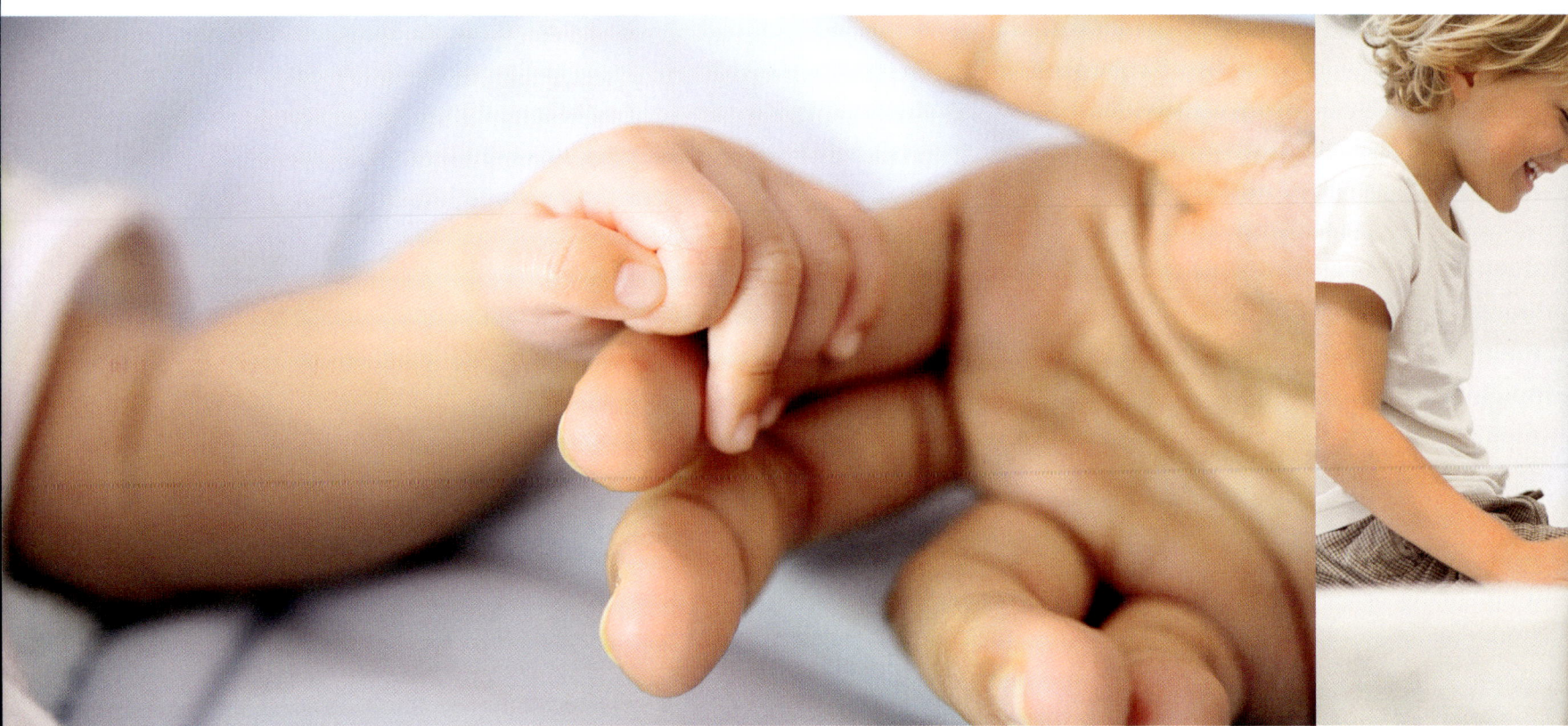

Reflexe

Das Rückenmark kann auch ohne Befehle des Gehirns aktiv werden. So kann der Körper in Gefahrensituationen reagieren, noch bevor eine Schmerzinformation überhaupt ins Gehirn vorgedrungen ist.

Unser Gehirn ist also ein sehr komplexes Gebilde: Es besteht aus unterschiedlichen Teilbereichen, die sehr spezielle Funktionen übernehmen. Es arbeitet eng mit dem Rückenmark zusammen, die Aufgabenteilung ist sehr gut abgestimmt: Das Rückenmark leitet Informationen aus dem Körper ins Gehirn – und sendet wiederum Befehle des Gehirns an verschiedene Körperbereiche weiter, wie etwa an unsere Muskeln oder an die Organe.

Das Rückenmark kann aber auch ohne Befehle des Gehirns aktiv werden. Greifen wir beispielsweise auf eine heiße Herdplatte, so ziehen wir die Hand schnell wieder weg – noch bevor die Schmerzinformation überhaupt ins Gehirn vorgedrungen ist. Eine solche Reaktion heißt Reflex; genauer gesagt: **Schutzreflex** – eine automatische Antwort des Körpers auf einen Reiz, mit dem das Gehirn nicht weiter „belästigt" werden soll. Verantwortlich dafür sind einfache neuronale Schalt-

Der frühkindliche **Greifreflex** verschwindet mit dem Heranwachsen, wenn der **Kniesehnenreflex** nicht funktioniert, ist das ein Warnhinweis.

Die verschiedenen Reflexe

Unbedingte Reflexe sind biologisch angelegte Reaktionen. Sie sind angeboren oder entwickeln sich während des Heranwachsens.
Bedingte Reflexe werden durch Konditionierung erlernt – ein Beispiel ist der im Text erwähnte Luftzug in die Augen bei gleichzeitigem Signalton.
Eigenreflexe wie der Kniesehnenreflex sind nicht beeinflussbar.
Fremdreflexe sind Reflexe, bei denen die auslösende Wahrnehmung nicht vom gleichen Organ kommt wie die Reflexantwort. Beim Kornealreflex wird z. B. die Hornhaut des Auges durch einen Luftzug gereizt und das Augenlid reflektorisch geschlossen.
Frühkindliche Reflexe wie der Hand- und Fußgreifreflex oder der Saugreflex werden beim Heranwachsen des Großhirns mit der Zeit durch die Frontallappen unterdrückt.

kreise, also Nervenverknüpfungen, die lediglich hin zum Rückenmark und weg vom Rückenmark laufen.

Kniesehnenreflex

Sehr bekannt ist der Kniesehnenreflex. Ein Schlag auf die Patellasehne unterhalb der Kniescheibe verursacht eine Streckung des zuvor angewinkelten Beines. Eine sehr sinnvolle Reaktion des Körpers: Stolpert man etwa, wird der Reflex ebenfalls ausgelöst. Noch bevor man merkt, dass man hinzufallen droht, schnellt der Unterschenkel nach vorn und man fällt nicht. Ärzte nutzen diesen Reflex manchmal, um zu überprüfen, ob mit dem Rückenmark alles in Ordnung ist. Der Kniesehnenreflex gehört zu den unbedingten Reflexen. **Unbedingte Reflexe** werden von bestimmten Reizen ausgelöst – und laufen immer nach dem glei-

chen Schema ab: Trifft beispielsweise ein Luftstrom auf die Augen, so schließen wir die Augenlider. Der Ablauf ist in den Genen, also im Erbgut, festgelegt. Daneben gibt es auch **bedingte Reflexe**. Sie sind die Folge einer Verknüpfung von Ererbtem und einem Zusatzreiz. Ein Beispiel: Ihnen wird mehrmals hintereinander ein Luftstrom in die Augen geblasen. Sie schließen die Augenlider. Allerdings ertönt jeweils vor dem Luftstrom ein Signalton, beispielsweise ein Hupen. Mit der Zeit löst allein der Signalton das Schließen der Augenlider aus – der Reflex funktioniert also nur unter der Bedingung des Signaltons.

„Lachen ist insofern ein einzigartiger Reflex, als er keinen augenscheinlichen biologischen Nutzen hat."

Arthur Koestler (1905–1983)

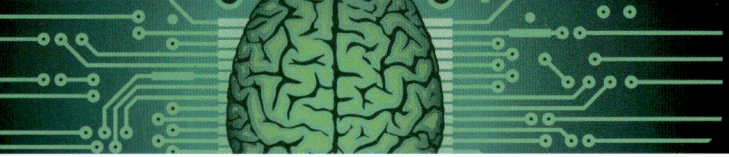

Jedes Detail unseres Handelns wird exakt vom Gehirn gesteuert – Basis dafür ist eine unfassbar schnelle und umfassende **Informationsübermittlung**,

So kommuniziert das Gehirn

Um Signale senden und empfangen zu können, braucht das Gehirn Kommunikationswege – das Nervensystem. Es setzt sich aus vielen Milliarden Nervenzellen (Neuronen) zusammen.

Unser Nervensystem ist stark verästelt – ein regelrechtes Nervennetz, das sich im gesamten Körper aufspannt – von den Zehen über den Rumpf bis in die Fingerspitzen. Schaltzentrale dieses Nervennetzes ist unser Gehirn.

Hier kommen Informationen an, unter anderem von unserer Haut, den Augen oder den Ohren. Auch werden Handlungsbefehle ausgegeben, etwa an die Muskeln. Dabei können wir durchaus von

Hochgeschwindigkeitsstrecken sprechen: Denn die Informationsübermittlung zwischen Gehirn und dem übrigen Körper dauert nur wenige Millisekunden.

Aufgebaut ist das Nervennetz aus sehr vielen Nervenzellen, die untereinander, also von einer Nervenzelle auf die nächste, Informationen weitergeben. Auch innerhalb des Gehirns werden Informationen von einer auf die andere Nervenzelle übertragen. Beispielsweise

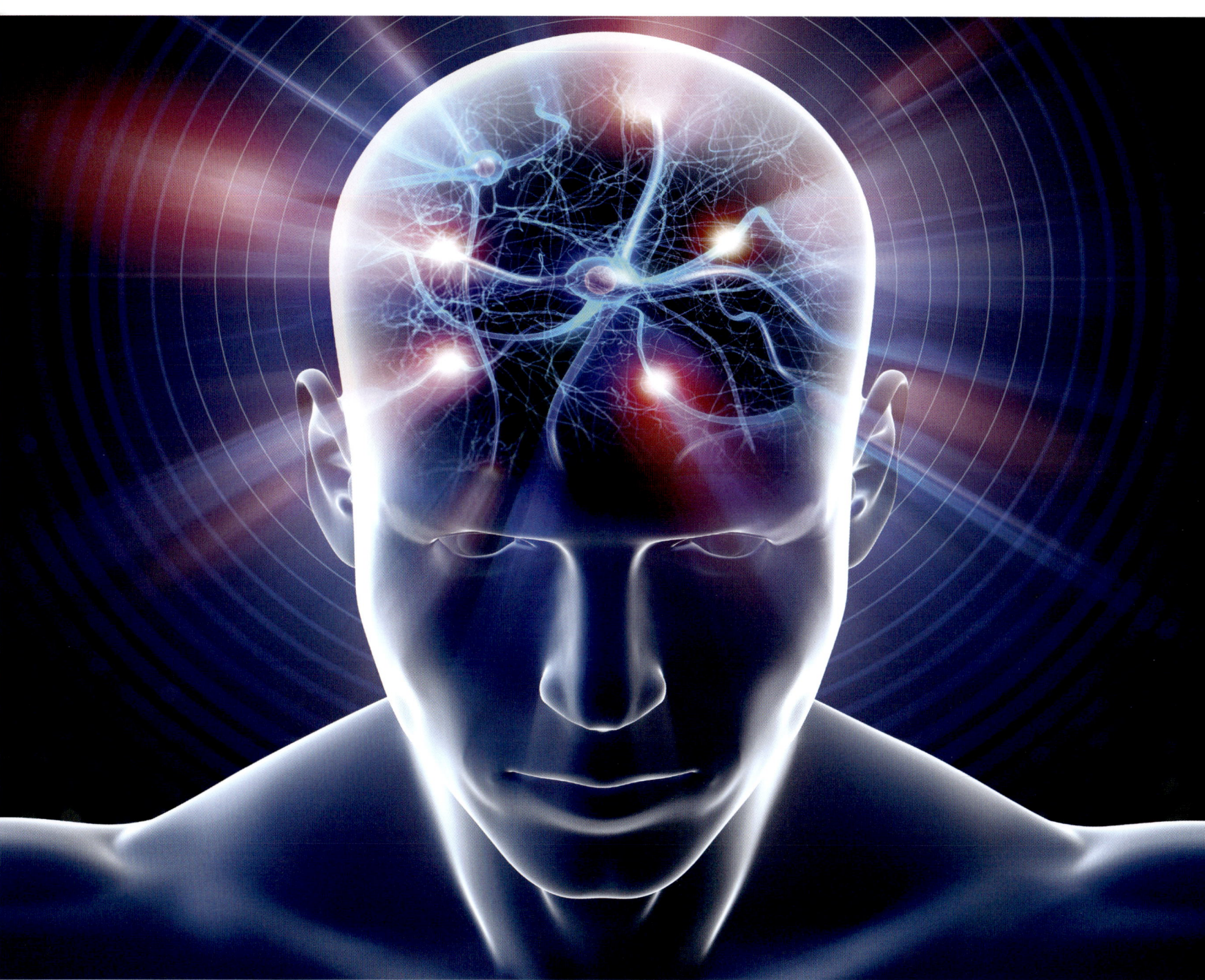

vom Großhirn ins Kleinhirn oder innerhalb des Großhirns.

Übrigens: Das Nervensystem als „Informationsautobahn" hat sich evolutionsbiologisch bewährt. Bereits sehr einfach gebaute Tiere wie die Hohltiere (Nesseltiere und Rippenquallen) haben ein über den gesamten Körper verteiltes Nervennetz. Regenwürmer besitzen das für sie typische Strickleiternervensystem: In jedem Körpersegment liegen Ganglien mit den Zellkörpern der Nervenzellen, die über Querverbindungen miteinander verbunden sind.

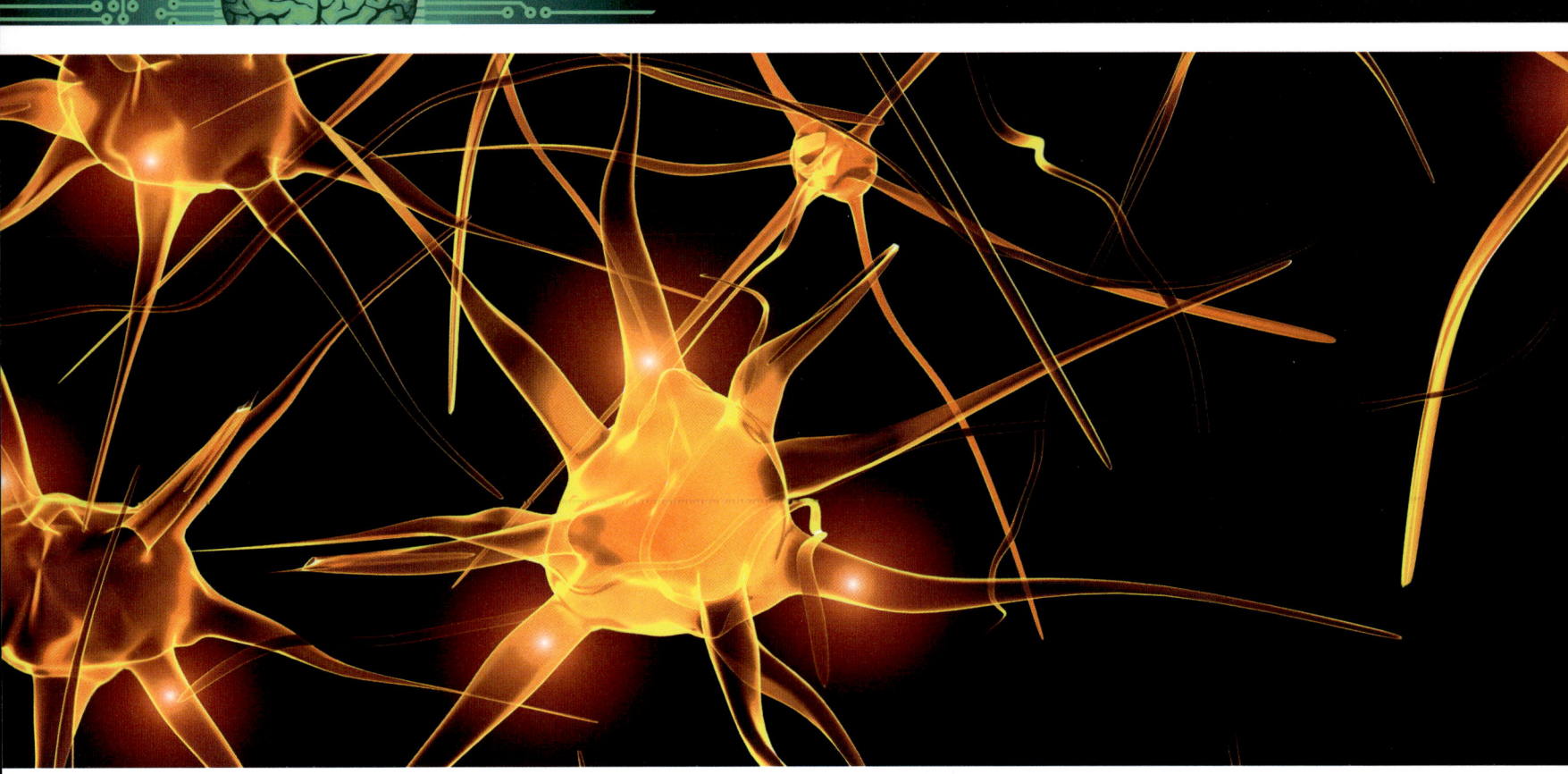

Einzelne Übermittlungsschritte

Vom Gehirn aus wandern Informationen von Nervenzelle zu Nervenzelle – beispielsweise bis zu den Muskeln. An sogenannten Synapsen werden die Informationen von einer Zelle auf die andere übertragen.

Aufbau einer Nervenzelle

Eine Nervenzelle besteht aus einem Zellkörper, der den Zellkern und weitere Zellbestandteile enthält. Zellkörper haben zwei Arten von Fortsätzen: Die kürzeren werden **Dendriten** genannt. Dort kommen Informationen von benachbarten Nervenzellen an. Der auffälligere Fortsatz, auch **Nervenfaser** oder **Axon** genannt, kann bis zu einem Meter lang sein, er überträgt Informationen auf eine benachbarte Nervenzelle. Im PNS – dem **peripheren Nervensystem** – bilden viele gebündelte Nervenfasern einen „Nerv".

Zur Veranschaulichung eine Situation aus dem alltäglichen Leben: Trifft ein Lichtstrahl in Ihr Auge, so ist dies ein Reiz. Es entsteht die Information „Licht trifft aufs Auge". Fachleute nennen eine Information, die im Nervensystem weitergeleitet wird, **Erregung**. Diese Erregung wandert nun von Nervenzelle zu Nervenzelle – bis in das Gehirnzentrum, das

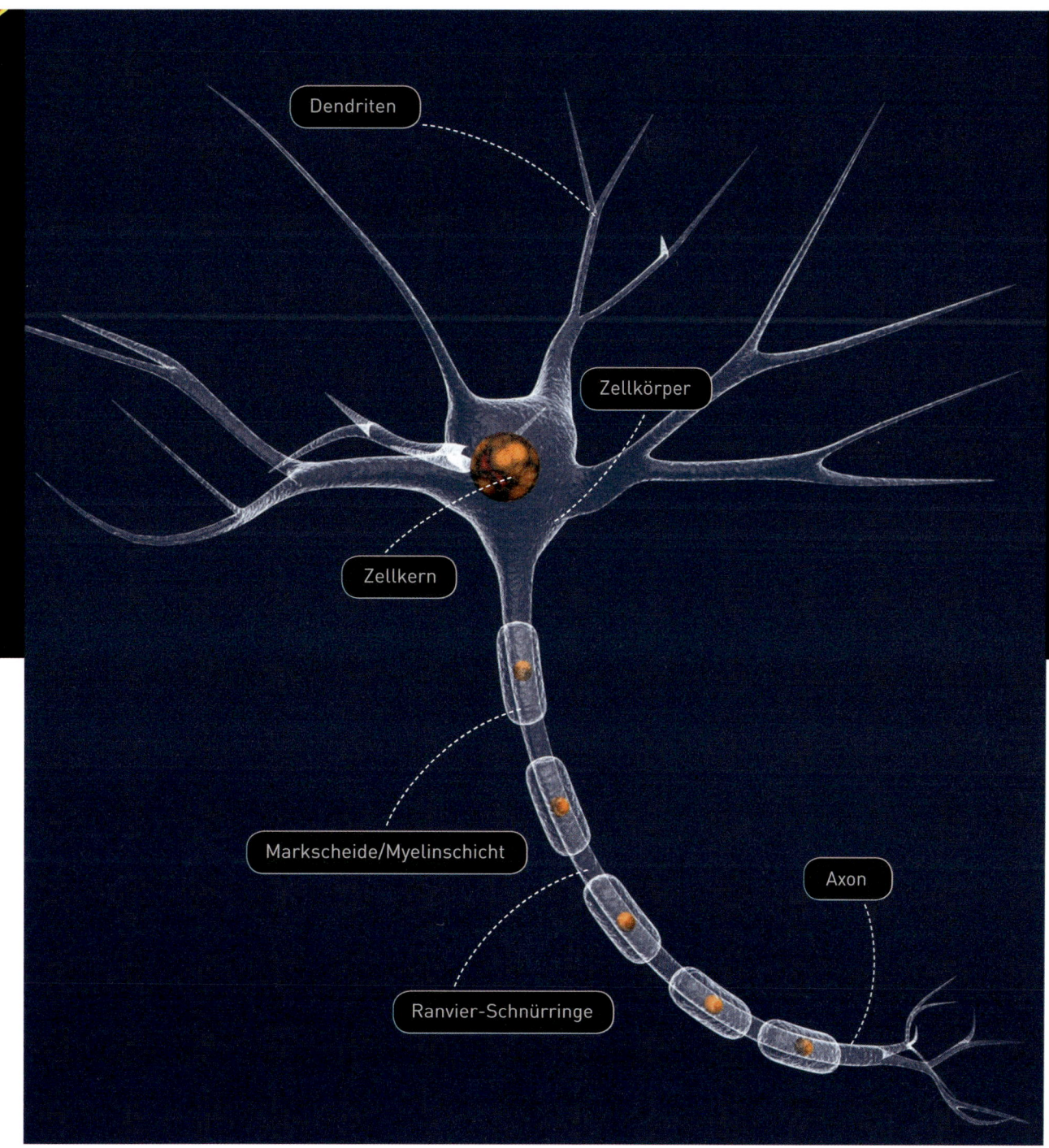

Dendriten

Zellkörper

Zellkern

Markscheide/Myelinschicht

Axon

Ranvier-Schnürringe

Nervenimpulse werden mit einer Geschwindigkeit von etwa 400 km/h entlang von Nervenfasern geleitet.

für die Verarbeitung von Lichtreizen zuständig ist.

Informationsübertragung

Bei der Informationsvermittlung innerhalb des Nervennetzes gibt es zwei entscheidende Schritte: Zum einen müssen die Informationen von einer Nervenzelle auf die nächste übertragen werden. Zum anderen muss die Information, ist sie an einer Nervenzelle angekommen, entlang dieser Nervenzelle, insbesondere entlang des langen Nervenzellfortsatzes, weitervermittelt werden.

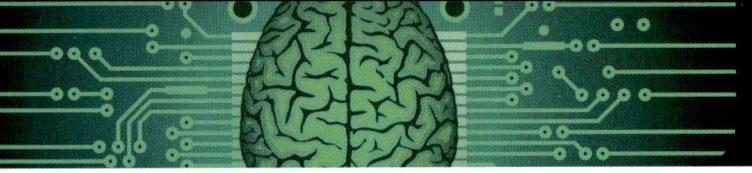

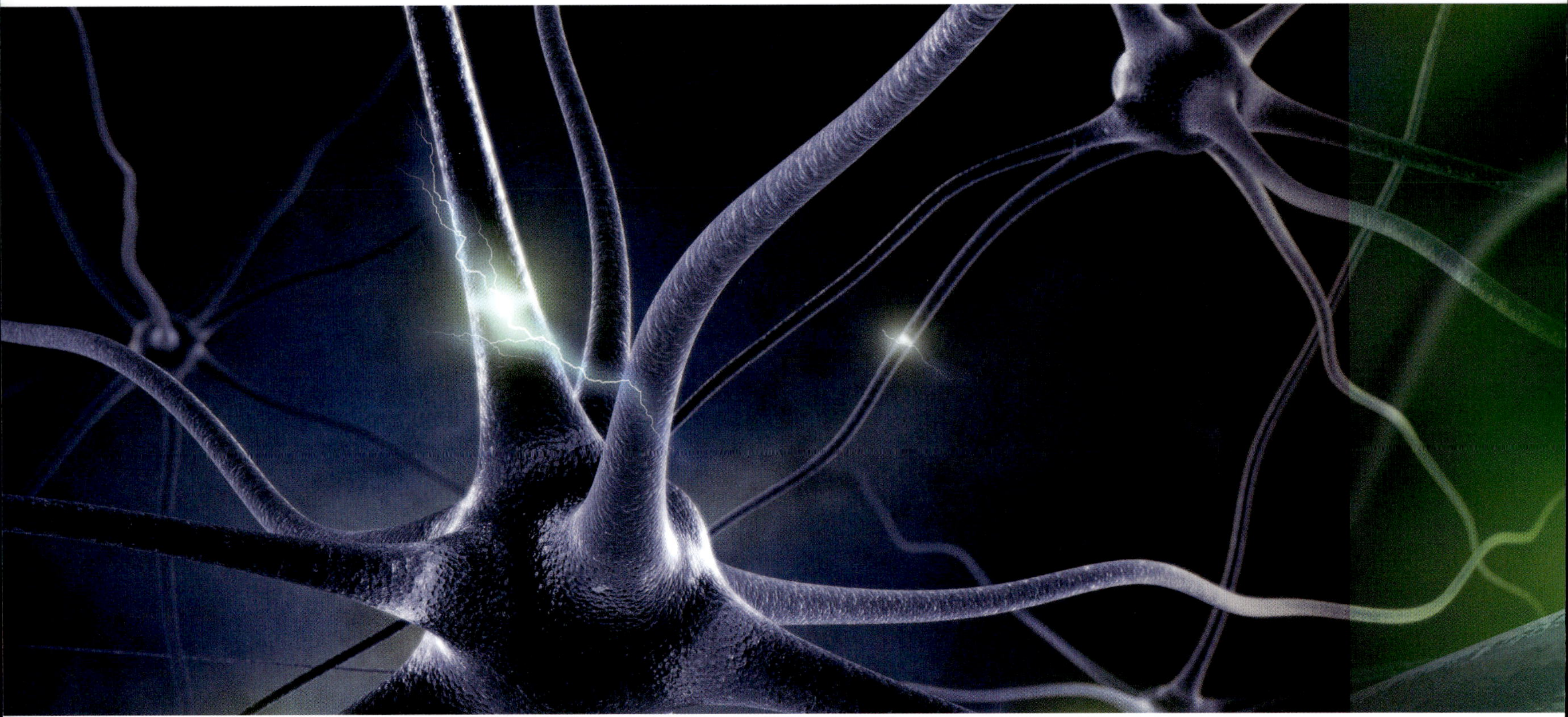

Informationen wandern vom **Nervenzellfortsatz** zur **Synapse** (rechts).

Synapsen

Die Informationsübertragung von einer Nervenzelle auf eine benachbarte Nervenzelle spielt sich meist an einer sogenannten chemischen Synapse ab: Die Enden eines Nervenzellfortsatzes sind etwas dicker als der übrige Teil der langen Faser. Diese „Endknöpfchen" liegen dicht an den Dendriten einer benachbarten Nervenzelle. Der Raum zwischen den beiden Zellen ist der **synaptische**

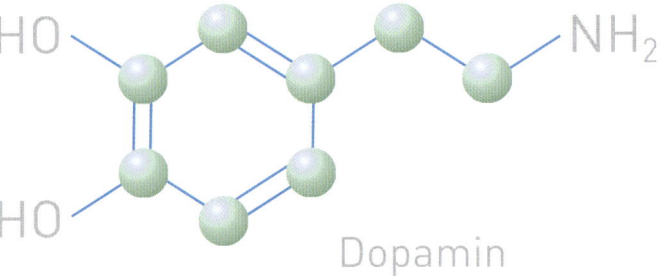

Spalt. Kommt dort eine Erregung an, dann werden sogenannte **Neurotransmitter** aktiv: Chemische Stoffe, die vom Nervenzellfortsatz der einen Nervenzelle zu einem Dendriten der benachbarten wandern. Acetylcholin, Noradrenalin, Serotonin, Glutamat und Dopamin sind beispielsweise einigen solcher „Informationsübermittler".

Informationsübertragung

Ist die Information an einer Nervenzelle angekommen, muss sie sich dort, entlang dem Nervenzellfortsatz, ihren Weg bahnen. Das gelingt, indem sie als Spannungsveränderung den Nervenzellfortsatz entlang wandert: Im Ruhezustand sind Nervenzellen nämlich außen positiv und innen negativ geladen. Kommt im

GABA

Nervenzellfortsatz nun eine Information an – Fachleute sagen, die Zelle wird erregt –, so kehrt sich diese Spannung für eine tausendstel Sekunde um. Genauer gesagt: Die Innenseite der Nervenzellwand ist im Ruhezustand negativ geladen, die Außenseite positiv. Dieser Zustand unterschiedlicher Ladung verändert sich für einen kurzen Moment. Eine solche Veränderung nennt man Aktionspotenzial.

Verantwortlich für die kurzzeitige Veränderung der Ladung am Zellfortsatz sind Ionen, also positiv oder negativ geladene Teilchen, die sich inner- oder außerhalb der Zelle befinden. Sie wechseln während der Erregung kurzzeitig die Seite, wandern vom Zellinnern nach außen – und

umgekehrt. Denn in der **Nervenzellwand** befinden sich spezifische Kanäle, durch die nur bestimmte Ionen hindurch können. Kommt es zu einer Erregung, öffnen sich die sogenannten **Natriumkanäle.** Positiv geladene Natriumionen strömen in das Innere des Nervenzellfortsatzes. Die negative Ladung im Zellinneren nimmt dadurch ab. Im Zellinneren breitet sich ein Überschuss an positiver Ladung aus. Es ist nun 30 bis 50 mV positiver geladen als das Zelläußere. Ein Natriumkanal bleibt für etwa 1 bis 2 Millisekunden geöffnet. Dann schließt er sich wieder. Kurz darauf öffnen sich **Kaliumkanäle** der Nervenzellwand. Jetzt wandert die positive Ladung von außen nach innen. Positiv geladene Kaliumionen strömen aus der Zelle hinaus. Die positive Ladung im

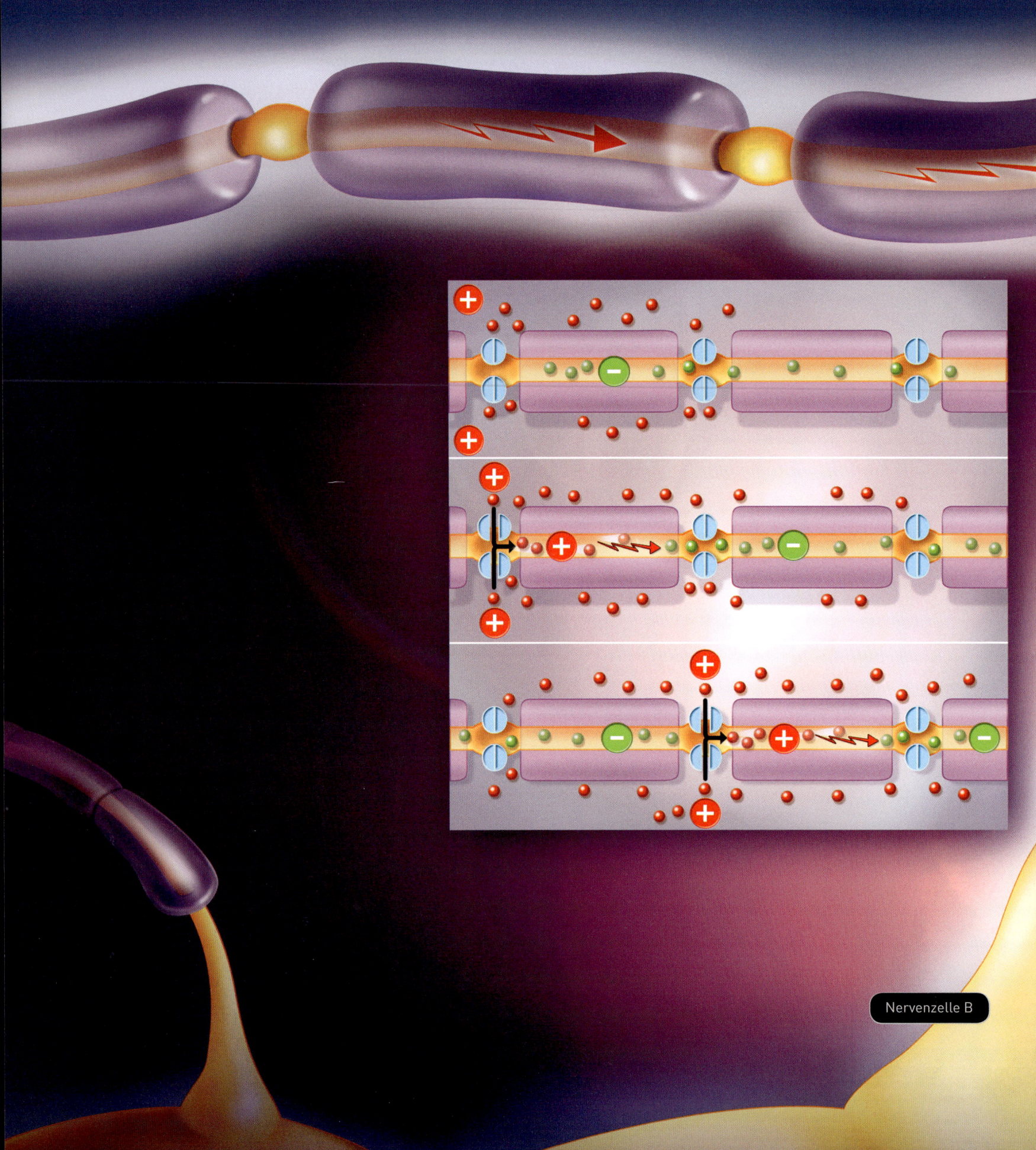

Nervenzelle B

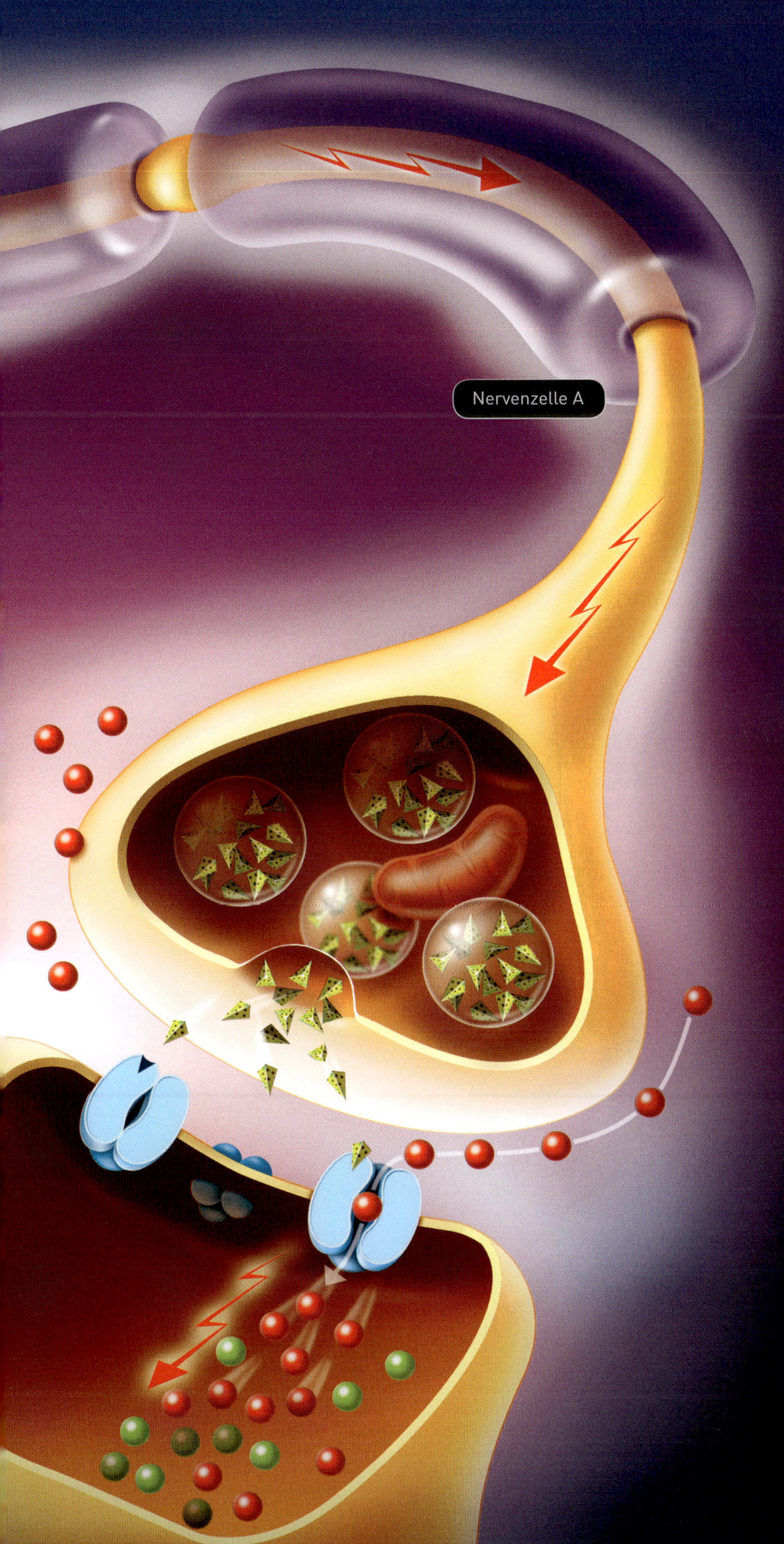

Nervenzelle A

Illustration eines Nervenimpulses, der hier von links nach rechts wandert – sich von Nervenzelle A auf Nervenzelle B überträgt: Ein **Nervenimpuls**, auch Erregung oder Aktionspotenzial genannt, läuft entlang des Axons von Nervenzelle A in Richtung synaptischer Spalt, dem Raum zwischen Nervenzelle A und Nervenzelle B. Der gezoomte Bereich zeigt den Impuls auf seiner Reise: Positive Natriumionen (rot) treffen das Axon an den Ranvier-Schnürringen. Über Natriumkanäle (hellblau) gelangen diese in das Innere des Nervenzellfortsatzes. Dort breitet sich daraufhin ein Überschuss an positiver Ladung aus. Die normalerweise im Inneren des Axons vorherrschende negative Ladung wird für einen kurzen Augenblick aufgehoben.

Am synaptischen Spalt angekommen, wird der Impuls von Nervenzelle A auf Nervenzelle B übertragen: Dabei werden am „Endknöpfchen" von Nervenzelle A sogenannte Neurotransmitter (grüne Dreiecke) in den synaptischen Spalt freigesetzt. Diese Neurotransmitter erreichen die Dendriten von Nervenzelle B. Dort sorgen sie dafür, dass positive Natriumionen in das Innere von Nervenzelle B strömen und somit auch dafür, dass die Reise des Nervenimpulses entlang Nervenzelle B weitergeht.

● negativ geladene Natriumionen

● positiv geladene Natriumionen

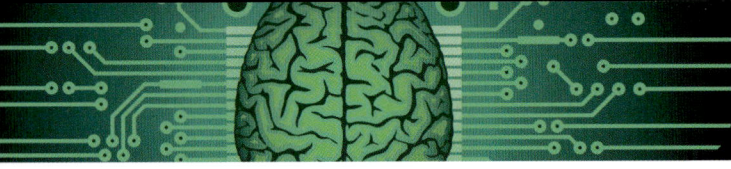

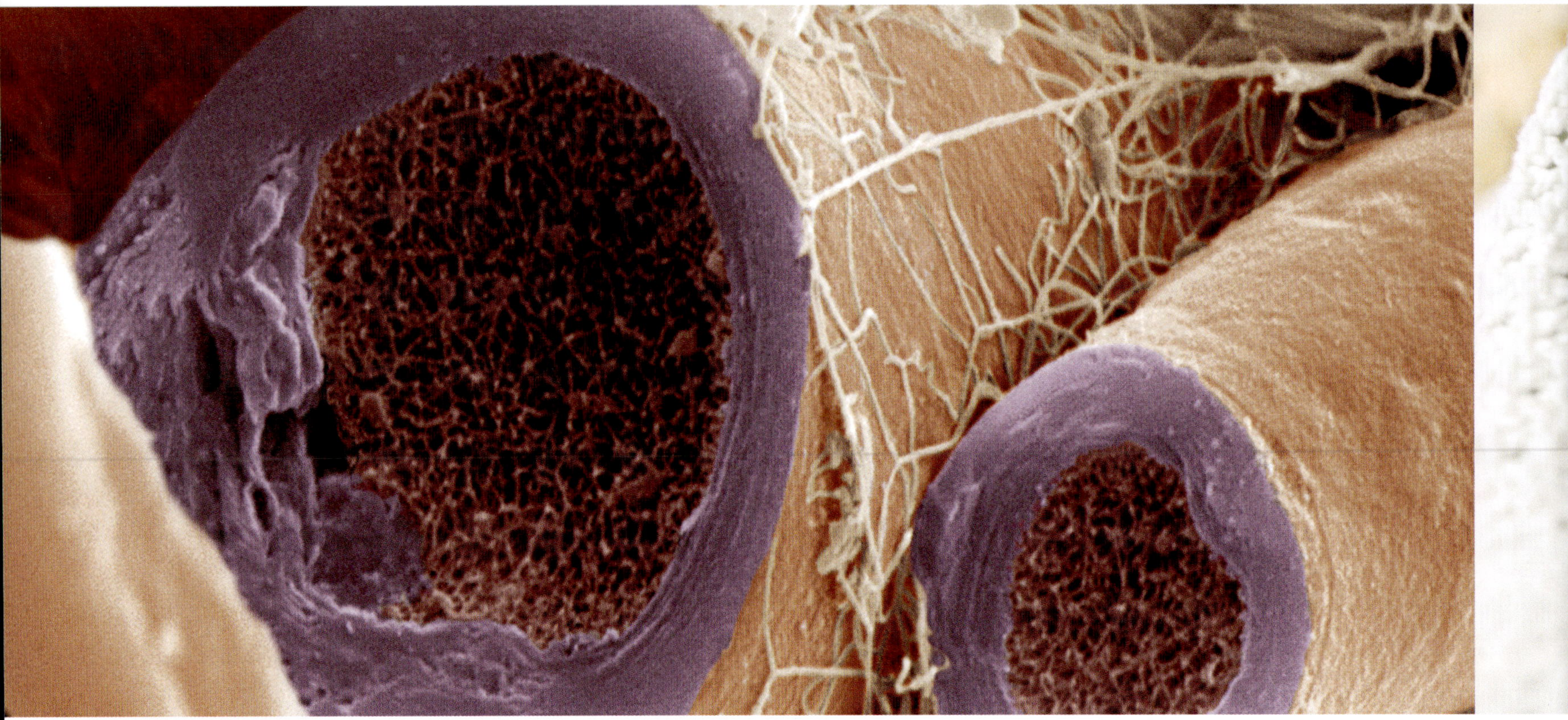

3300-fach vergrößert zeigt diese kolorierte Aufnahme eines Elektronenmikroskops markhaltige Nervenfasern. Die **Myelinschicht** ist violett und das Bindegewebe hellbraun.

Inneren der Zelle wird dadurch aufgehoben. Kurzzeitig führt dies zu einer sogenannten **Hyperpolarisation**, bei der die Zelle negativer geladen ist als im Ruhezustand. Dann allerdings kehrt die Ladung entlang dem Nervenzellfortsatz in den Ruhezustand zurück. Erst im Ruhezustand ist die Zelle erneut erregbar.

Abkürzungen bei der Datenübertragung

Viele Nervenzellfortsätze haben eine sogenannte Markscheide: Sie ist von einer **Myelinschicht** umgeben – gebildet von Gliazellen. Die dabei entstehenden Zwischenräume, also Bereiche des Nervenzellfortsatzes, die nicht umhüllt sind,

nennt man Ranvier-Schnürringe. Diese Zwischenräume bieten unserem Nervensystem einen enormen Vorteil: Die Erregung muss nicht den gesamten Zellfortsatz entlanglaufen, sondern springt von Schnürring zu Schnürring. Deshalb nennt man diese Art der Weiterleitung **Saltatorische Erregungsleitung.** Die Informationsvermittlung entlang dem Nervenzellfortsatz verläuft mit Myelinschicht wesentlich schneller. Eine enorme Zeitersparnis: Informationen können mit Leitungsgeschwindigkeiten von 120 m/s weitergegeben werden. Ohne die Myelinschicht wären es nur etwa 1–3 m/s. Die Myelinschicht beschleunigt die Weiterleitung also um das 40-Fache. Stellen Sie

Mangelnde Markscheide

Menschen fehlt bei der Geburt zunächst noch an einigen Nervenzellen die Markscheide. Das ist, vermuten Wissenschaftler, der Grund für bestimmte Reaktionen, die nur bei kleinen Kindern auftreten: Streicht man beispielsweise einem Baby über die Fußsohle, so beobachtet man eine Greifbewegung der Zehen – bei Erwachsenen gibt es eine solche Reaktion nicht mehr.

sich eine solche Zeitersparnis im Alltag vor: Sie fahren mit dem Auto zum Supermarkt – brauchen etwa 40 Minuten. Plötzlich gibt es eine Abkürzung, bei der Sie nur noch eine Minute benötigen.

Beschädigte Myelinschicht

Welche dramatischen Folgen es haben kann, wenn sich bei einem Menschen die Myelinschicht der Nervenzellen wieder abbaut, zeigt die Erkrankung **Multiple Sklerose.** Zellen des Immunsystems greifen das körpereigene Myelin an. Es kommt zu Entzündungen. Das umliegende Bindegewebe dringt in die betroffenen Bereiche ein, Narben entstehen. Diese Narben verhindern, dass Informationen entlang der Nervenzellen weitergeleitet werden können. Die Folge: Informationen gelangen, wenn überhaupt, nur verzögert zum Gehirn. Und auch Befehle

vom Gehirn können nur teilweise weitergeleitet und ausgeführt werden. Je nachdem, welche Bereiche des Nervensystems betroffen sind, kann es bei Menschen mit Multiple Sklerose deshalb zu Sehstörungen oder Bewegungseinschränkungen kommen.

Schäden an der Myelinschicht (oben) können **Multiple Sklerose** verursachen.

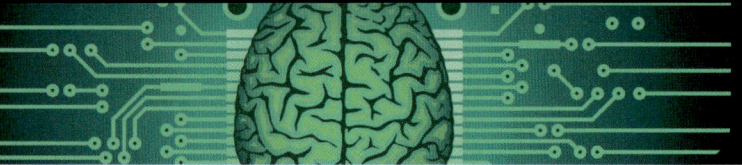

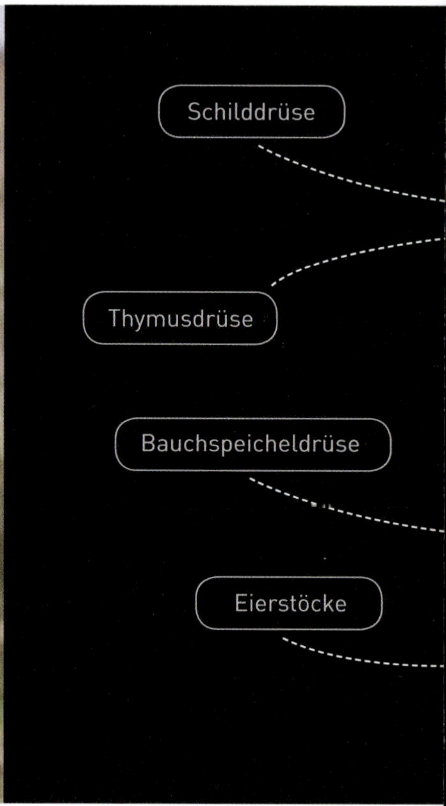

Schilddrüse

Thymusdrüse

Bauchspeicheldrüse

Eierstöcke

Hormone

Neben der Nutzung des weit verästelten Nervensystems hat unser Gehirn eine weitere Möglichkeit, Informationen und Handlungsbefehle weiterzugeben – über Hormone.

Hormone sind chemische Signal- bzw. Botenstoffe. Sie haben also die Funktion, Informationen zu übermitteln. Diese Signalstoffe werden ins Blut oder in Zellzwischenräume abgegeben. Signalübermittlungen per Hormon sind generell wesentlich langsamer als die bei einer Nervenübertragung: Hormone breiten sich im Körper mit einer Geschwindigkeit von etwa 0,5 Metern pro Sekunde aus. Am Zielort angekommen, hält ihre Wirkung mehrere Minuten an.

So steuert das Gehirn die Hormonausschüttung

Allerdings arbeiten die beiden Informationssysteme „Hormone" und „Nerven" in unserem Körper nicht unabhängig voneinander. Ganz im Gegenteil: Nervensystem und Hormonsystem sind eng aufeinander abgestimmt. Eine wichtige Rolle spielt dabei der **Hypothalamus**, eine Gehirnregion, die wir bereits als wichtigen Regulator des vegetativen Nervensystems kennengelernt haben. Er nimmt Infor-

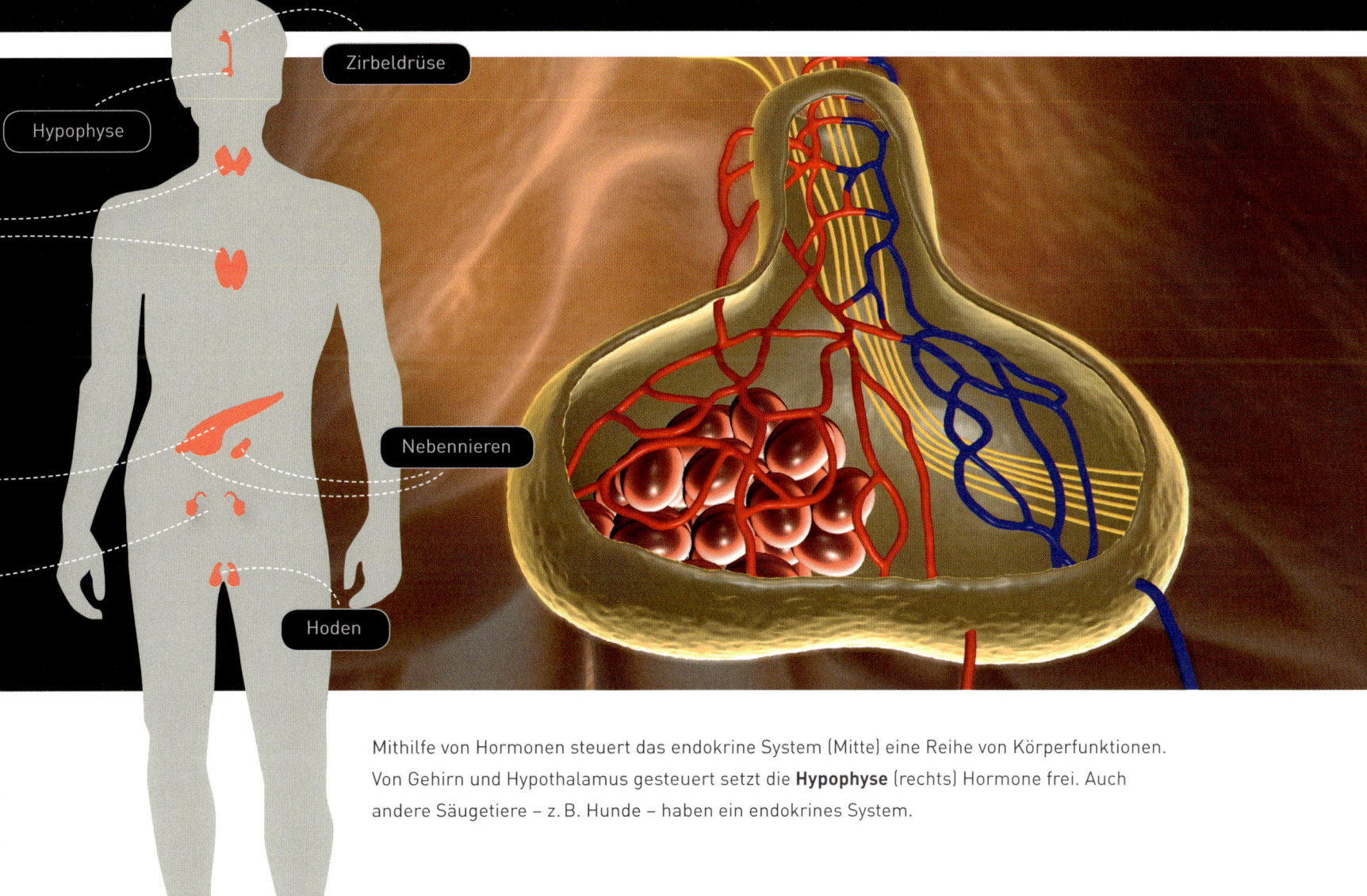

Hypophyse

Zirbeldrüse

Nebennieren

Hoden

Mithilfe von Hormonen steuert das endokrine System (Mitte) eine Reihe von Körperfunktionen. Von Gehirn und Hypothalamus gesteuert setzt die **Hypophyse** (rechts) Hormone frei. Auch andere Säugetiere – z. B. Hunde – haben ein endokrines System.

mationen von Nerven aus dem gesamten Körper und von anderen Gehirnregionen auf und kann daraufhin die Ausschüttung von Hormonen veranlassen.

Tagtäglich spielt sich etwa Folgendes in der Natur ab: Ein Wirbeltier, vielleicht ein Hund, entdeckt eine interessante Hündin. Nervensignale aus anderen Gehirnregionen übermitteln seinem Hypothalamus, dass dies eine mögliche Paarungspartnerin ist. Der Hypothala-

mus steuert dann die Ausschüttung von Fortpflanzungshormonen – der Körper ist bereit für die Paarung.

Nerven- und Hormonsystem

Eine wichtige Rolle bei der Hormonausschüttung spielt die Hirnanhangsdrüse, die **Hypophyse,** an der Unterseite des Hypothalamus. Sie nimmt Befehle vom Hypothalamus entgegen. Die Hypophyse ist so groß wie eine Bohne. Sie unterteilt sich nochmals in einen Hinterlappen und einen Vorderlappen. Der Hinterlappen schüttet beispielsweise das Hormon **Oxytocin** aus. Junge Eltern kennen dessen Wirkung sehr genau: Saugt das Baby an der Brustwarze seiner Mutter, so übermit-

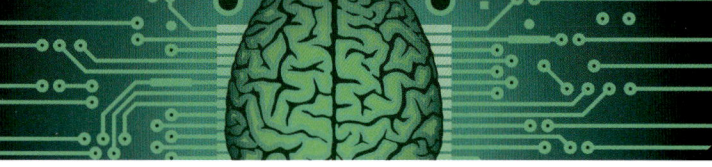

teln Nervenzellen diese Information an ihren Hypothalamus. Dieser veranlasst daraufhin den Hypophysenhinterlappen zur Oxytocin-Ausschüttung ins Blut. Und ein erhöhter Oxytocin-Spiegel im Blut sorgt dafür, dass die Brustdrüsen der Mutter Milch freisetzen.

Das von der Hypophyse abgegebene **Oxytocin** kann aber noch viel mehr: Es unterstützt den Geburtsvorgang – wirkt zugleich aber auch sexuell stimulierend. Ganz allgemein gehen Wissenschaftler derzeit davon aus, dass uns Oxytocin dabei hilft, soziale Bindungen aufzubauen. Es steigert die Bereitschaft, sich auf einen anderen Menschen einzulassen: sei es die Beziehung, die eine Mutter zu ihrem Baby aufbaut, oder die Beziehung, die zwei Liebende zueinander haben.

Hormone sind vielfältig aktiv – bei einer stillenden Mutter stößt das Saugen an der Brustwarze eine **Oxytocin-Ausschüttung** an, die wiederum die Abgabe von Milch veranlasst. Und bei Kälte kann der Körper den Organismus über Hormonausschüttungen zur Produktion von Wärme anregen.

Nerven und Hormone halten zusammen

Auch der Hypophysenvorderlappen gibt Hormone ab. Dabei wird er von Hormonen des Hypothalamus kontrolliert: Der Hypothalamus produziert die sogenannten **Releasing-Hormone** oder **Inhibiting-Hormone**. Sie hemmen oder begünstigen die Ausschüttung eines oder mehrerer Hormone durch den Hypophysenvorderlappen. Wie komplex, aber dennoch zielgerichtet, die Zusammenarbeit von Nerven- und Hormonsystem ist, zeigt auch dieses Beispiel: Sinkt die Körpertemperatur, so erreicht die entsprechende Information über Nervenbahnen den Hypothalamus. Dieser schüttet daraufhin TRH (Thyreotropin Releasing Hormon) aus. Es sorgt dafür, dass der Hypophysenvorderlappen das Hormon TSH (Thyreoidea-stimulierendes Hormon) abgibt. TSH wiederum wirkt auf die Schilddrüse und veranlasst dort die Ausschüttung des Schilddrüsenhormons. Die Folge: Der Stoffwechsel beschleunigt sich, es entsteht Wärme und die Körpertemperatur steigt wieder an. Nerven- und Hormonsystem sind in unserem Körper also perfekt aufeinander abgestimmt – und reagieren gemeinsam auf die unterschiedlichsten Lebenssituationen.

„Der Mensch ist eine in der Knechtschaft seiner Organe lebende Intelligenz.“

Aldous Huxley (1894–1963)

Bewusstsein und Intelligenz

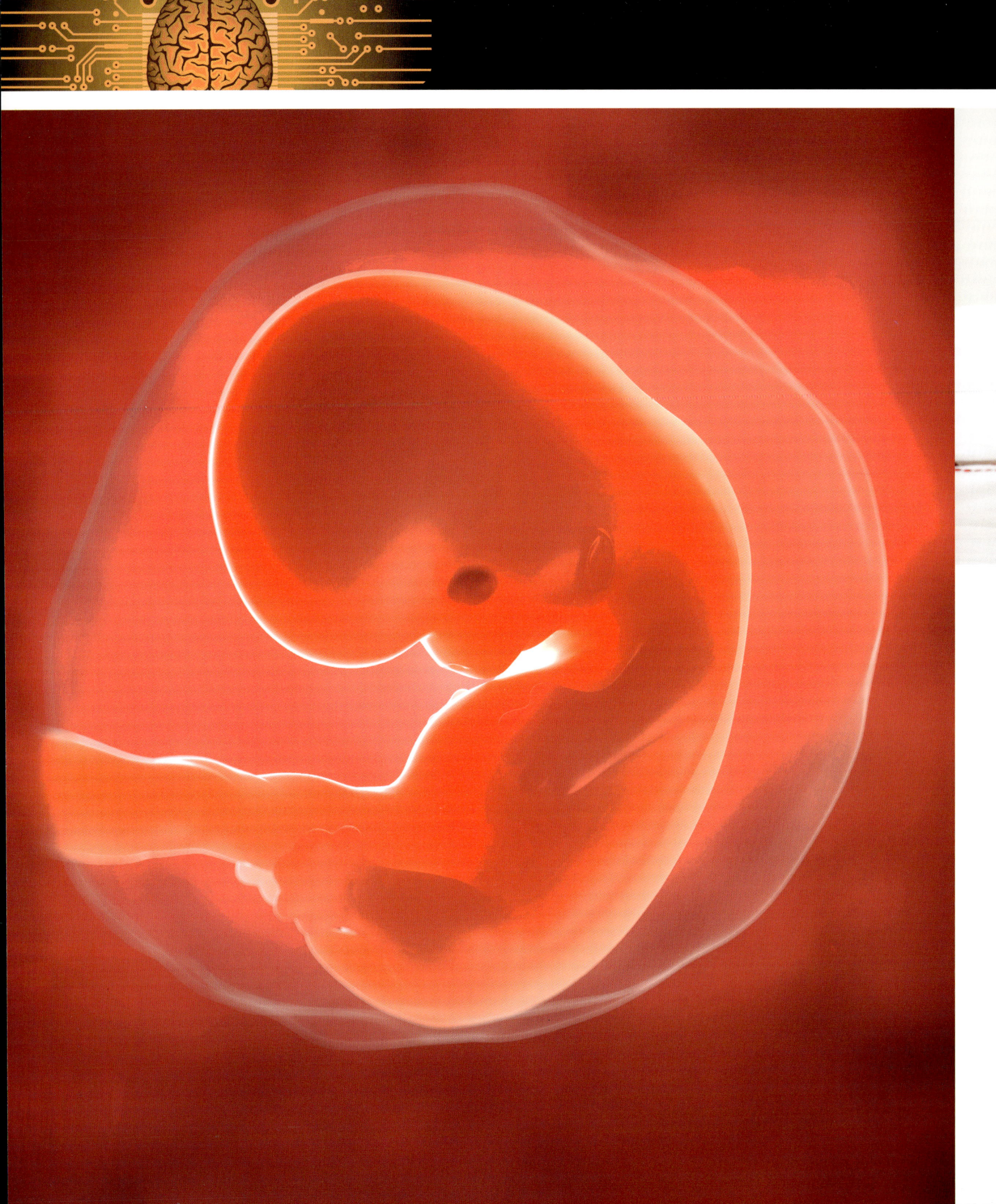

Bei einem sieben Wochen alten Fetus sind die wichtigsten Gehirnregionen bereits angelegt. Damit ein Baby krabbeln kann, müssen **Gehirn und Nervensystem** noch einige Entwicklungsschritte absolvieren.

Entwicklung des Gehirns

Schon sehr früh in der Schwangerschaft beginnt die Entwicklung des Gehirns und erreicht bald ein rasantes Tempo – pro Minute entstehen bis zu 250 000 Gehirnzellen. Ab dem 20. Lebensjahr verliert das Gehirn dagegen wieder an Masse.

Es ist interessant zu beobachten, wie bei einer werdenden Mutter der Bauchumfang immer größer wird. Es scheint, als spiele sich in ihrem Körper ein Wunder ab: Ein kleiner Mensch entsteht aus einer befruchteten Eizelle. Die Zelle teilt sich immer und immer wieder. Jeder Teil dieses Zellhaufens scheint genau zu wissen, was aus ihm werden soll, die Information ist genetisch festgelegt. So entwickeln sich im Embryo verschiedene Zellgruppen – über Zwischenstufen – zu einem Organ. Und

genau so entwickelt sich im Mutterleib auch unser Gehirn.

In den ersten drei bis vier Wochen der Schwangerschaft bildet sich bei einem Embryo im Rückenbereich das sogenannte **Neuralrohr** – die erste Entwicklungsstufe des zentralen Nervensystems. Aus dem hinteren Bereich des Neuralrohrs wird später das Rückenmark. Im vorderen Bereich des Neuralrohrs bilden sich drei Bläschen: Vorderhirn, Mittelhirn und Rautenhirn. Ist der Embryo fünf

Wochen alt, entwickeln sich aus diesen drei Bläschen fünf Gehirnregionen: Das embryonale Mittelhirn wird zum **Mesencephalon**, später beim ausgewachsenen Gehirn zum Mittelhirn. Aus dem Rautenhirn werden **Metencephalon** und **Myelencephalon**. Das Metencephalon wird zum Kleinhirn und zur Brücke im Hirnstamm. Das Myelencephalon entwickelt sich zur Medulla oblongata im Hirnstamm. Aus dem Vorderhirn wird das **Diencephalon**. Daraus entwickeln sich Thalamus, Hypothalamus und Epithalamus. Aus dem Vorderhirn entsteht das **Telencephalon**, was beim Erwachsenen zum Großhirn wird.

Im zweiten und dritten Monat der Embryonalentwicklung wächst das Großhirn extrem schnell – es braucht viel Platz. Das ist der Grund, weshalb sich die Außenschicht des Großhirns, die Großhirnrinde, zu diesem Zeitpunkt über das restliche Gehirn wölbt.

Bereits im Mutterleib nimmt das Gehirn des ungeborenen Kindes Informationen auf – so auch die Sprache seiner Eltern. Wissenschaftler glauben, dass nun bereits das Erlernen der Muttersprache beginnt. Viele Ungeborene reagieren zudem auf Musik: Ertönen Klänge, dann kann es sein, dass die werdende Mutter ein Strampeln spürt. Während der gesamten Schwangerschaft ist das neu entstehende Nervensystem sehr empfindlich: Alkohol, Tabakkonsum und Jodmangel können ihm schaden. Später auftretende Sprachstörungen können u.a. die Folgen für das Kind sein.

Mit der Geburt ist die Entwicklung des Gehirns nicht beendet. Die Mehrheit der Nervenzellen ist zwar bereits vorhanden, aber das Gehirn eines Neugeborenen wiegt nur etwa ein Viertel von dem eines Erwachsenen. Erst im weiteren Verlauf der Entwicklung, nämlich dann, wenn die Myelinummantelung der Nervenzellfortsätze zunimmt und sich Verbindungen zwischen den Nervenzellen aufbauen, nimmt das Gehirn an Gewicht zu. Mit etwa sechs Monaten ist das Nervensystem des Babys soweit, dass es Oberkörper und Arme bewegen kann. Ein paar Monate später kontrolliert das Baby seine Beine – und beginnt zu krabbeln.

Deshalb gewinnen Kinder jedes Memory-Spiel

Auch danach muss sich das Gehirn von Kindern weiterentwickeln, also Informationen aufnehmen und neue Nervenverbindungen knüpfen. Informationswege, also Denkabläufe, sind, vereinfacht gesagt, im jungen Gehirn noch nicht so fest ausgebaut wie bei einem Erwachsenen. Das Gehirn von Kindern reagiert daher stärker auf Reize – etwa auf optische. Das ist auch der Grund, weshalb Kinder bei einem Memory-Spiel immer überlegen sind: Sie brauchen eine Memory-Karte nur kurz aufgedeckt zu sehen und haben das Bild sowie die Information, wo auf dem Spielfeld sich die Karte befindet, sofort abgespeichert. Das fällt dem erwachsenen Gehirn wesentlich schwerer.

„Der Nachteil der Intelligenz besteht darin, dass man ununterbrochen gezwungen ist, dazuzulernen."

George Bernard Shaw (1856-1950)

Kinder reagieren stärker auf **optische Reize** als Erwachsene – ein Vorteil beim Memory-Spiel.

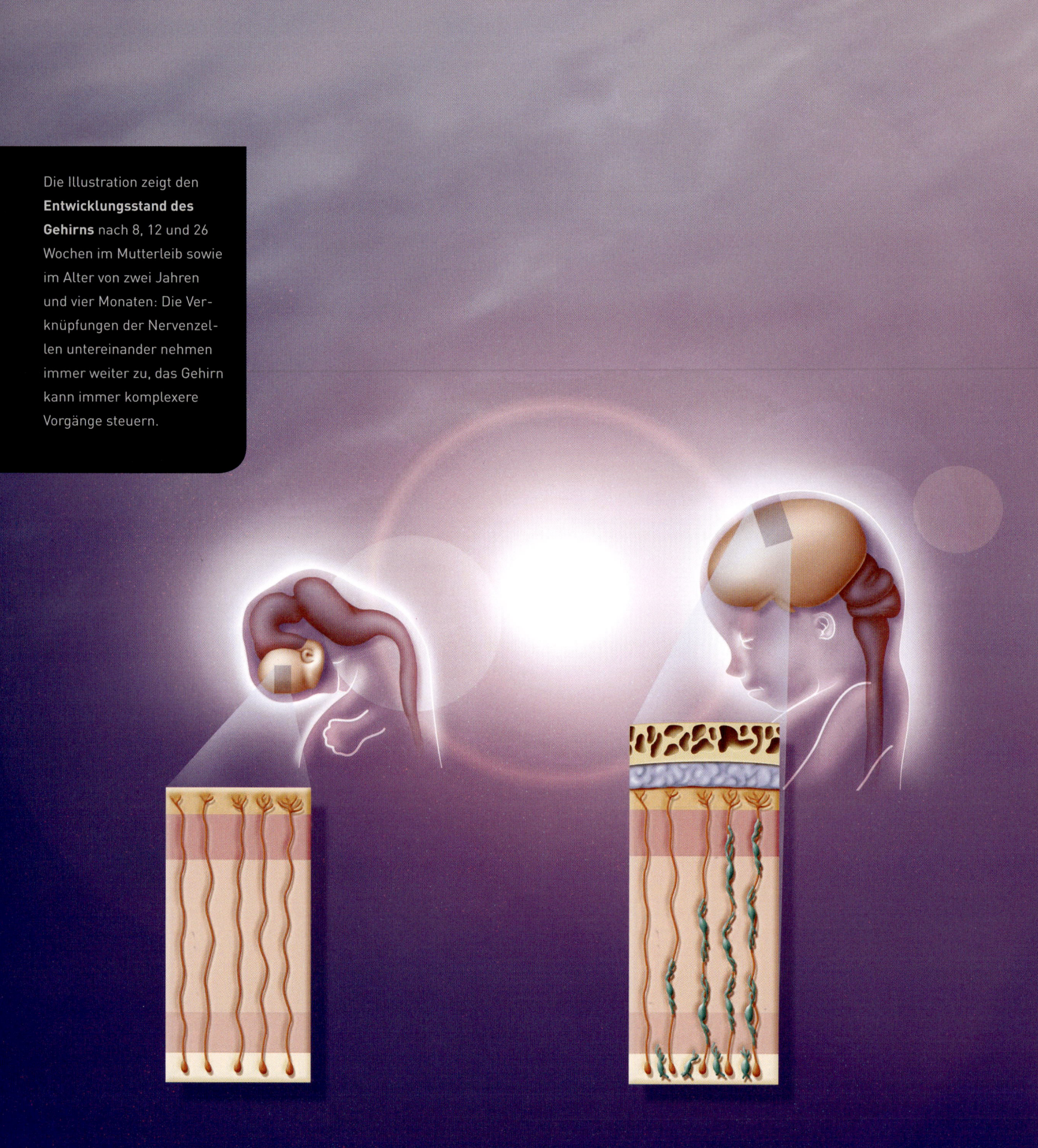

Die Illustration zeigt den **Entwicklungsstand des Gehirns** nach 8, 12 und 26 Wochen im Mutterleib sowie im Alter von zwei Jahren und vier Monaten: Die Verknüpfungen der Nervenzellen untereinander nehmen immer weiter zu, das Gehirn kann immer komplexere Vorgänge steuern.

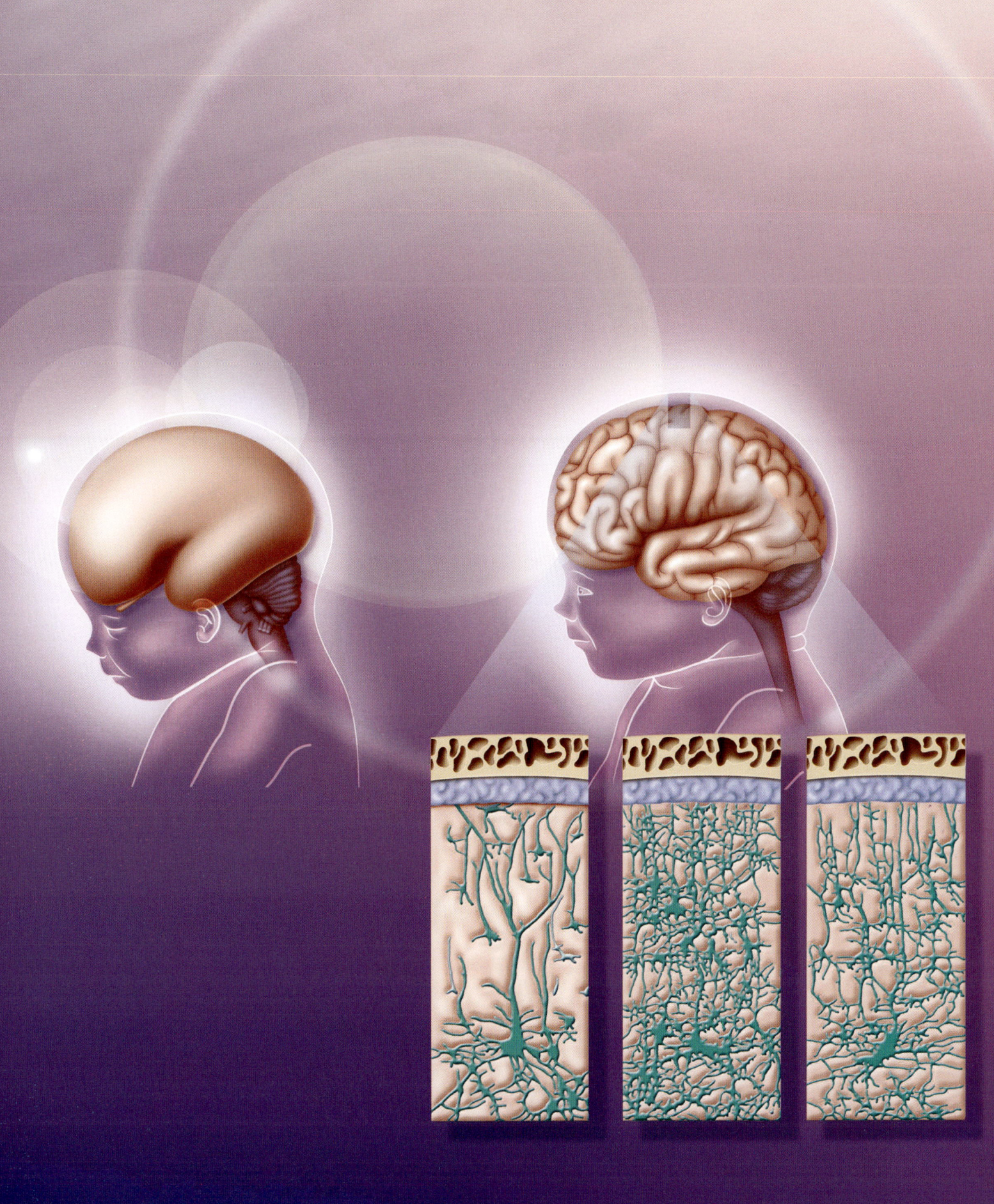

Gehirne im Tierreich

Die Evolution von Nervensystemen ist ein Prozess, der bereits seit vielen Millionen Jahren abläuft. Die Natur hat immer komplexere Gehirne hervorgebracht, bis hin zu den hochentwickelten Organen der Wirbeltiere.

Die Entwicklung der ersten Nervensysteme

Es hat lange gedauert, bis die Natur etwas so komplexes wie das menschliche Gehirn hervorgebracht hat. Vergleicht man das Gehirn mit einer Maschine, einer ingenieurswissenschaftlichen Meisterleistung, dann beruht die Entwicklung auf Erfahrungswerten zahlreicher Vorgängermodelle. Biologen nennen einen solchen Fortschritt Evolution. Seit vielen Millionen Jahren experimentiert die Natur beim Bau von Nervensystemen. Bei Tieren, die – aus evolutionsbiologischer Sicht – sehr alt sind, also bereits wesentlich länger auf der Erde leben als der Mensch – lassen sich sehr einfach gebaute Nervensysteme ausmachen. So wie bei den Quallen, die es bereits vor 670 Millionen Jahren gab und die zu den ältesten heute noch lebenden Tieren mit Nervensystem gehören. Bei ihnen zieht sich ein Netz aus Nervenzellen über den gesamten Körper. Quallen können damit Reize empfangen,

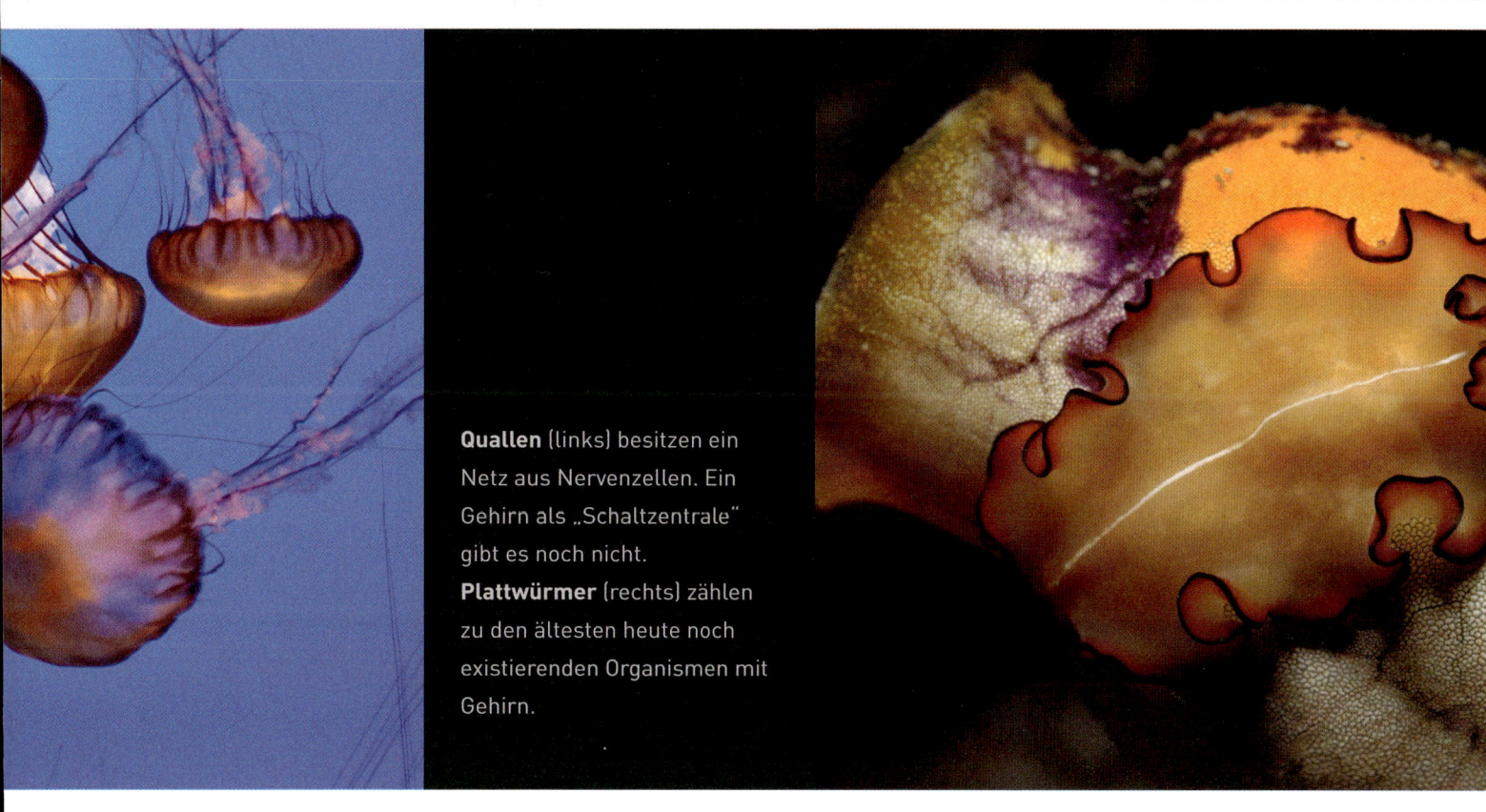

Quallen (links) besitzen ein Netz aus Nervenzellen. Ein Gehirn als „Schaltzentrale" gibt es noch nicht. **Plattwürmer** (rechts) zählen zu den ältesten heute noch existierenden Organismen mit Gehirn.

> „Ihr habt den Weg vom Wurme zum Menschen gemacht und vieles ist in euch noch Wurm."
>
> Friedrich Nietzsche (1844–1900)

sie verarbeiten und weiterleiten. Sie registrieren beispielsweise Lichtveränderungen. Die räuberisch lebenden Tiere bemerken Beute in ihrer Nähe, vielleicht kleine Krebstierchen, und leiten Schritte ein, um die Beute zu fangen. Ein Gehirn als „Schaltzentrale" für die Informationen besitzen Quallen allerdings nicht.

Vom Wurm zum Tintenfisch

Einen „Prototyp mit Gehirn" brachte die Natur erstmals mit den Würmern hervor. Anders als bei den Quallen lässt sich bei Würmern ausmachen, wo vorn und hinten ist – genau das war für die Evolution des Gehirns ein Meilenstein. Bewegt sich nämlich ein Wurm, so geschieht dies meist mit seiner vorderen Seite, der Kopfseite voran. Dieser Körperteil kommt als erster mit möglichen Nahrungsquellen, Gefahren oder Paarungspartnern in Kontakt. Evolutionsbiologisch macht es also Sinn, diesen Körperabschnitt besonders intensiv mit Nervenzellen auszurüsten, um schnell reagieren zu können. So lässt sich bereits bei den einfach gebauten Plattwürmern im vorderen Körperabschnitt ein Kopf erkennen, darin eine Ansammlung von Nervenzellen, das Gehirn. Das übrige Nervensystem verteilt sich diffus über den Körper. Bei höheren Plattwürmern, evolutionsbiologisch also weiter entwickelten Tieren, nimmt das Nervensystem eine etwas stärker organi-

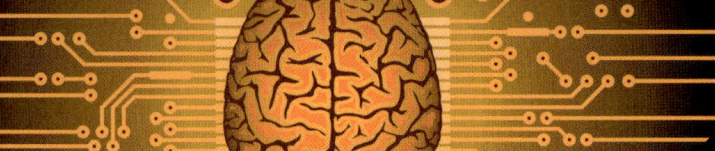

Einer der Nervenknoten der **Regenwürner,** das Oberschlundganglion, übernimmt zentrale
Steuerungsfunktionen, z . B. bei den Bewegungen des Wurms.

sierte Form an: Mehrere Längssträge, die
durch Querstränge miteinander verbunden sind, ziehen sich durch den Körper.
Ähnlich aufgebaut ist auch das Nervensystem von vielen Weichtieren, etwa den
Schnecken.

Strickleiternervensysteme

Der Körper von Ringelwürmern – deren
prominenteste Vertreter sind die Regenwürmer – ist in Segmente geteilt. In jedem
dieser Abschnitte liegen zwei Nervenknoten. Sie heißen Ganglien – und sind eine
Ansammlung von Nervenzellkörpern. Die
Ganglien aller Segmente sind wie eine
Strickleiter miteinander verbunden: innerhalb eines Segments über Querverbindungen, entlang des Körpers über Längsver-

bindungen. Dieses typische Strickleiternervensystem (ein Segment – ein Gang-
lienpaar) gilt prinzipiell auch für das
Nervensystem der Gliederfüßer, zu denen
unter anderem Spinnen, Krebstiere und
Insekten gehören. Allerdings sind bei
ihnen oftmals mehrere Ganglienpaare
verschmolzen: Ganglien des Brustab-
schnitts und des Hinterleibs bilden mitunter große Nervenknoten – vermutlich, um
vom Brustabschnitt die Flügelpaare und
vom Hinterleib die Beine besser steuern
zu können. So beginnt die Natur, spezialisierte Nervenzentren zu etablieren. Je
höher ein Tier entwickelt ist, umso mehr
Nervenzellen besitzt sein Körper. Das
Insektengehirn besteht aus fast einer
Million Nervenzellen.

Lange Leitung

Die Nervenzellen von wirbellosen Tieren haben keinen myelinumhüllten Fortsatz. Informationen werden daher nur sehr langsam weitergegeben – durchschnittlich mit Leitungsgeschwindigkeiten von höchstens 16 m/s. Besonderheit: Die Riesenaxone der Tintenfische erreichen Leitungsgeschwindigkeiten von 30 m/s. Zum Vergleich: Beim Menschen erreichen die Nervenimpulse eine Geschwindigkeit von 400 km/s!

Bei **Insekten** – im Bild der Kopf einer Fliege in extremer Vergrößerung – sitzt das Oberschlundganglion, also das Gehirn, im Kopf.

Das Wirbeltiergehirn

Die Entwicklung des Wirbeltiergehirns markiert einen großen Fortschritt der Evolution: Anders als Gliederfüßer können sich Wirbeltiere an veränderte äußere Bedingungen anpassen.

Der Unterschied zwischen Gliederfüßer- und Wirbeltiergehirn wird deutlich, wenn man das Verhalten einer Fliege mit dem eines Vogels – also eines Insekts mit dem eines Wirbeltiers –, in folgender Situation vergleicht: Eine Fliege wird es niemals schaffen, den Zusammenstoß mit einer Fensterscheibe zu vermeiden – immer und immer wieder nimmt sie Anlauf und versucht, durch das Glas hindurchzukommen. Ein Vogel fliegt vielleicht ein- oder zweimal in sei-

nem Leben gegen ein Scheibe, lernt dann aber, dass er durch diese „durchsichtige Wand" nicht hindurchkommen wird – und meidet fortan Fensterscheiben. Der Grund für diesen offensichtlichen Unterschied: Das Gehirn von Wirbeltieren kann sich Umweltbedingungen besser anpassen. Denn wie sich Gehirnzellen miteinander verknüpfen, ist im Bauplan der Tiere nicht starr vorgegeben, sondern wird von äußeren Einflüssen mitbestimmt.

Gehirne im Vergleich

1. Frosch
2. Gans
3. Affe
4. Mensch

Im Unterschied zu Fliegen lernen **Vögel**, dass Glasscheiben für sie unüberwindbare Hindernisse sind und meiden den schmerzhaften Zusammenprall.

Aufbau des Wirbeltierhirns

Egal ob von Fisch, Vogel, Hund, Pferd oder Mensch, der Aufbau des Gehirns von Wirbeltieren ist sehr ähnlich: Der Hirnstamm ist vor allem für die lebenserhaltenden Funktionen verantwortlich, etwa für die Atmung. Das Kleinhirn reguliert Bewegungen. Das Vorderhirn bewertet Informationen – beispielsweise Gerüche und andere Informationen von Sinnesorganen.

Anders als bei wirbellosen Tieren liegt bei Wirbeltieren das Zentralnervensystem im Rückenbereich. Geschützt wird das Rückenmark von der Wirbelsäule. Bei allen Wirbeltieren entwickeln sich Gehirn

- Großhirn
- Kleinhirn
- Zwischenhirn
- Verlängertes Mark

und Rückenmark aus dem Neuralrohr. Im Lauf der Embryonalentwicklung eines jeden Wirbeltieres bilden sich im vorderen Bereich des Neuralrohrs, wie bereits oben für den Mensch beschrieben, drei Bläschen: Vorderhirn, Mittelhirn und Rautenhirn. Aus dem hinteren Teil des Neuralrohrs wird immer das Rückenmark. Alle Wirbeltiere besitzen Augen und Ohren und sind zudem in der Lage, zu riechen und zu schmecken – und bei allen werden Informationen von den Sinnesorganen aufgenommen und im Gehirn weiterverarbeitet.

Die Entwicklung der Großhirnrinde

Es ist vor allem der äußeren Schicht des Vorderhirns, der Großhirnrinde, zu verdanken, dass Tiere zu einem immer komplexer werdenden Denken und Handeln fähig sind: Diese Gehirnregion wurde im Verlauf der Evolution immer größer. So ist es auch die Großhirnrinde, die es ermöglicht, dass sich Tiere dressieren lassen. Bei der Hundesportart „Agility" beispielsweise muss ein Hund fehlerfrei einen Hindernisparcours durchlaufen: Er springt durch Reifen und über Stangen, läuft Slalom, überwindet eine Wippe und durchläuft einen Tunnel. Auf Kommando führt der Hund zudem verschiedene Übungen vor. All das

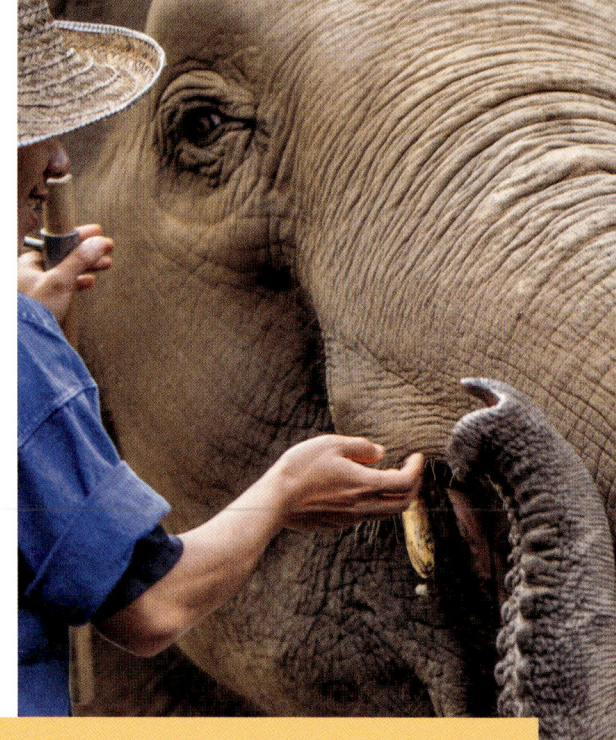

Elefantengedächtnis

Wegen seiner für uns Menschen unglaublichen Leistungsfähigkeit ist das Elefantengedächtnis sprichwörtlich geworden. Die Dickhäuter erinnern sich nach Jahrzehnten wieder an gute Futterquellen oder Wasserstellen, auch die Beschaffenheit eines Geländes, das sie als Jungtier durchquert haben, erkennen sie dann noch wieder. Der Grund für diese Fähigkeit ist wohl schlicht und einfach, dass sie für sie lebenswichtig ist – das Elefantengehirn hat sich an diese Anforderung angepasst.

gelingt ihm, weil er die Übungen zuvor trainiert hat. Er hat sich die Abläufe gemerkt, sprachliche Anweisungen in der Großhirnrinde gespeichert. Er wurde dressiert.

Bemerkenswert gut funktioniert das übrigens auch bei Elefanten: Die Dickhäuter verstehen etwa 100 Befehle. Das

„Der weise Urheber der Natur hat auch nicht ein einziges Härchen ohne eine gewisse Absicht hervorgebracht."

Christian Konrad Sprengel (1750–1816)

Elefanten und **Hunde** zählen zu den Tieren, die der Mensch vergleichsweise leicht **dressieren** kann: Sprachliche Anweisungen speichern sie in der Großhirnrinde.

machen sich vor allem Inder und Thailänder zunutze – sie bilden Elefanten zu Arbeitselefanten aus. Mahuts nennt man dort Menschen, die Elefanten dressieren. Innerhalb von drei bis vier Jahren bringen sie den Tieren zahlreiche Kommandos bei. Elefanten reagieren dann auf sprachliche Anweisungen oder auch auf Berührungen. Ein Elefant hat am Körper nämlich mehr als 100 sensible Stellen, an denen ihm mittels Druck Befehle erteilt werden können. Drückt der Elefantenbesitzer hinter die Ohren, bedeutet das „Vorwärtsgehen". Eine erstaunliche Leistung für ein Tier, das fälschlicherweise oftmals als dumm verspottet wird.

So außergewöhnlich ist die menschliche Großhirnrinde

Die Großhirnrinde, so wie sie heute im menschlichen Gehirn zu finden ist, hat sich in der Geschichte der Säugetiere langsam entwickelt. Zunächst entstand der für Geruchswahrnehmung zuständige Teil – er wird **Palaeocortex** genannt. „Paläo" bedeutet „urzeitlich", also der älteste Teil. Im menschlichen Gehirn liegt der Paläocortex am vorderen unteren Teil der Hemisphären – an der Innenseite der Temporallappen. Ebenfalls sehr früh entstand der sogenannte **Archicortex**. Beim Menschen umfasst dieser heute noch Teile der Großhirnrinde, die für emotionale Reaktionen und das Fortpflanzungs-

Der **Evolutionsschritt** vom Affen zum Menschen war eng an die Entwicklung des Gehirns gekoppelt. Die **Kreativität** (Abb. rechte Seite) ist eine der einzigartigen Fähigkeiten des Menschen.

verhalten eine Rolle spielen – und an der Innenseite des Temporallappens liegen.

Diese „alten" Areale machen etwa ein Zehntel der menschlichen Großhirnrinde aus. Die übrigen 90 Prozent werden **Neocortex** genannt – sind also evolutionsbiologisch gesehen der neue, jüngere Teil. Große Teile des Neocortex nehmen beim Menschen die Gebiete ein, die Informationen aus den Sinnesorganen zusammenführen und beispielsweise unsere Motorik regeln. Je weiter sich die Sinne entwickelt haben, desto komplexer

wurde der Aufbau des Neocortex. Der Mensch besitzt – im Vergleich mit allen anderen Säugetieren – den größten Neocortex.

Wie enorm die Entwicklung der Großhirnrinde im Verlauf der Evolution war, zeigt auch folgender Vergleich: Würde man die gefaltete Großhirnrinde des Menschen aufklappen, so ergäbe sich eine Fläche von etwa vier DIN-A4-Blättern. Die Großhirnrinde einer Ratte bringt es lediglich auf das Format einer Briefmarke.

„Es geht aus dem Kampf der Natur, aus Hunger und Not, unmittelbar die Lösung des höchsten Problems hervor, das wir zu fassen vermögen, die Erzeugung immer höherer, vollkommenerer Wesen."

Charles Darwin (1809–1882)

Steigende Intelligenz

Seiner so weit entwickelten Großhirnrinde – und den damit verbundenen
Fähigkeiten – verdankt es der Mensch,
dass er entwicklungsgeschichtlich eine
solch herausragende Stellung einnimmt:
Unsere urzeitlichen Vorfahren waren in
der Lage, bei Problemen logische Lösungs-
wege zu finden. Steinzeitmenschen stellten beispielsweise Waffen her. Diese sorg-
ten für bessere Jagderfolge, erweiterten
also das Nahrungsangebot. Unsere Vorfahren nahmen also mehr Energie zu
sich, was wiederum der Weiterentwick-
lung ihres Gehirns zugute kam: Sie wurden immer intelligenter.

Bezogen auf die Körpergröße hat der
Mensch das schwerste und größte Gehirn
im Tierreich. Das hat auch einen hohen
Energieverbrauch zur Folge: Etwa zwei
Prozent des Körpervolumens nimmt
unser Gehirn ein – aber ein Fünftel der
Stoffwechselenergie fallen ihm zu.

Entwicklung der Intelligenz

Seiner Intelligenz verdankt der Mensch seine
Erfolge im Verlauf der Evolution. Die Entwicklung
ist aber nicht unbedingt eine Einbahnstraße: 2012
behauptete der US-Wissenschaftler Gerald Crab-
tree, dass die Intelligenz des Menschen wieder
schwächer geworden sei. In der Steinzeit hätten
intelligente Menschen bessere Überlebenschancen und damit auch bessere Chancen zur Weiter-
gabe ihrer Gene gehabt als weniger intelligente
Zeitgenossen. Mit dem durch zivilisatorische
Fortschritte erreichten Nahrungsüberschuss
sei dieser Ausleseprozess jedoch zum Stillstand
gekommen – das durchschnittliche Intelligenz-
niveau müsse demnach gesunken sein.

Je mehr der Nachwuchs **lernen** muss, umso komplexer ist auch die Aufgabe, den Stoff zu vermitteln und umso länger wird dafür gebraucht.

Zudem brauchen Lebewesen mit einem großen, komplex aufgebauten Gehirn, sehr lange, um ihr Gehirn mit all seinen Fähigkeiten nutzen zu können. Dem Nachwuchs muss also viel Aufmerksamkeit geschenkt werden. Das ist der Grund, weshalb höher entwickelte Tiere verhältnismäßig wenige Nachkommen haben.

Wahrnehmen, denken, handeln

Alles, was uns zu dem macht, was wir Menschen sind, wäre ohne die so weit entwickelte Großhirnrinde nicht möglich. Sie ist dafür verantwortlich, dass wir

unser eigenes Verhalten wahrnehmen, ein Bewusstsein entwickeln, wir uns Dinge merken können und dabei Wichtiges von Unwichtigem trennen. Dank unserer gut ausgebildeten Großhirnrinde sind wir in der Lage, Sprache zu verstehen und selbst zu sprechen. Wir können logisch denken, eine Fähigkeit, die uns dabei hilft, Dinge zu erforschen und Wissen anzuhäufen. Wir können kreativ sein und besitzen damit eine Fähigkeit, die uns Kunst und Kultur schaffen ließ. Wir planen den Bau von Gegenständen oder Häusern, weil wir uns Dinge dreidimensional vorstellen können. All das verdanken wir, aus evolutionsbiologischer Sicht, einer sehr langen Entwicklung – die das Gehirn des Menschen so einzigartig hat werden lassen.

„Dinge wahrzunehmen ist der Keim der Intelligenz.“

Laotse (6. Jh. v. Chr.)

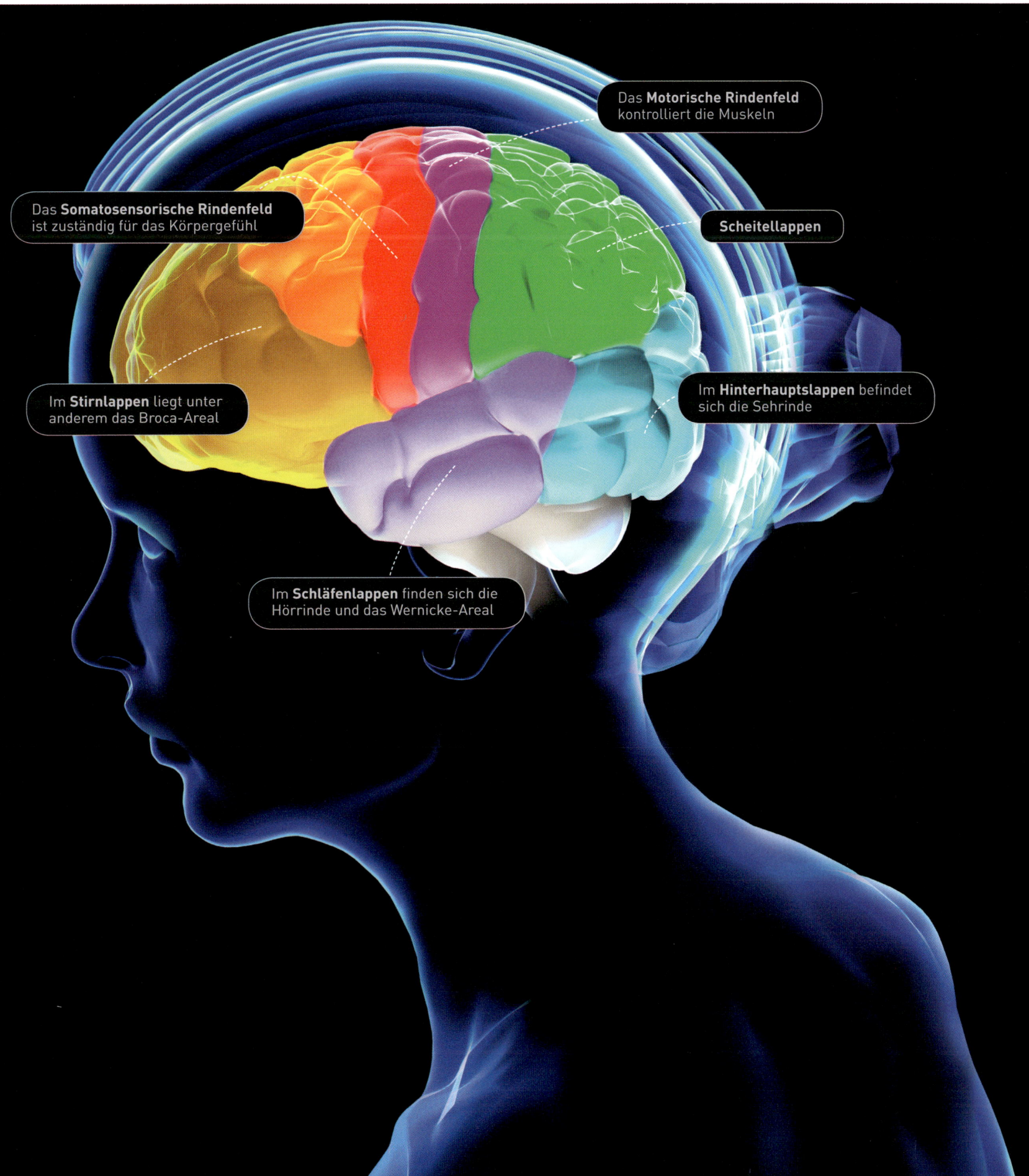

Das **Motorische Rindenfeld** kontrolliert die Muskeln

Das **Somatosensorische Rindenfeld** ist zuständig für das Körpergefühl

Scheitellappen

Im **Stirnlappen** liegt unter anderem das Broca-Areal

Im **Hinterhauptslappen** befindet sich die Sehrinde

Im **Schläfenlappen** finden sich die Hörrinde und das Wernicke-Areal

Die Fähigkeiten, das eigene Spiegelbild zu erkennen oder beim Lesen ein Thema weiterzudenken gelten als Leistungen des **Bewusstseins**.

Wie entsteht Bewusstsein?

Viele Vorgänge, die sich im menschlichen Gehirn abspielen, sind bislang gar nicht oder nur ansatzweise erforscht. Eine der vielen ungelösten Fragen: Wie entsteht Bewusstsein? Also das bewusste Denken, Erleben, Fühlen und Handeln?

Riechen wir an einer Blume, so wird uns bewusst, dass diese gut duftet. In der Zeitung lesen wir einen Artikel, wir denken mit, machen uns unsere ganz eigenen Gedanken – auch aufgrund dessen, was wir bereits erlebt haben. Wir haben ein persönliches Bewusstsein. Viele Schritte des bewussten Wahrnehmens spielen sich in der Großhirnrinde ab. Wie das genau abläuft und ob weitere Gehirnregionen beteiligt sind, versuchen Gehirnforscher seit Jahren herauszufin-

den. Eine These lautet, es gebe eine Art „Abtastmechanismus", der über das Gehirn streicht und die vielen Aktivitäten im Gehirn zu einem bewussten Moment zusammenführt.

Ich erkenne mich im Spiegel: Selbstwahrnehmung

Die Selbstwahrnehmung, also beispielsweise die Fähigkeit, sich selbst im Spiegel zu erkennen oder das eigene Verhalten wahrzunehmen, so glaubte man lange,

Zu den Bewusstseinsfähigkeiten zählen **Selbsterkenntnis** und **freier Wille**. Sie sind nicht nur dem Menschen vorbehalten.

spielt sich vor allem in drei Teilen der Großhirnrinde ab: der **Inselrinde**, dem **präfrontalen Cortex** und dem **anterioren cingulären Cortex**. Allerdings brachte es Neurowissenschaftler zum Staunen, als ein Patient, bei dem genau diese drei Gehirnareale beschädigt waren, dennoch zur Selbstwahrnehmung fähig war. Auch hier steht die Gehirnforschung also noch vor offenen Fragen. Sich selbst zu erkennen ist, wie Biologen herausgefunden haben, keine Spezialität von uns Menschen. Auch Menschenaffen und Delfine können sich im Spiegel erkennen.

Übrigens: Der „freie Wille" soll ebenfalls in der Großhirnrinde entstehen, also das „bewusste Ich", das Handlungen, Gedanken und Wünsche steuert. Allerdings ist

auch das ein von Neurowissenschaftlern, Philosophen und Psychologen heftig diskutiertes Streitthema: Einige meinen, einen vollkommen freien Willen gebe es nicht. Alle Prozesse im Gehirn liefen nach Naturgesetzen ab – es gebe keine höhere Macht, also keinen höheren Willen, der darauf Einfluss nehmen könnte. Vielmehr ist es nach der Theorie einiger Wissenschaftler so, dass wir das, was wir ohnehin tun, auch wollen. Demnach tun wir nicht, was wir wollen, sondern wir wollen, was wir tun. Da stellt sich die Frage, wie Moral entsteht, also das Festlegen von Regeln. Einen für Moral verantwortlichen Gehirnabschnitt haben Wissenschaftler bislang nicht ausmachen können. Sie vermuten, dass mehrere Regionen aktiv sind. Eine davon könnte, das zeigen zumindest

der Thalamus wird gehemmt, also das „Tor zum Bewusstsein", sodass Sinneseindrücke nicht mehr zum Großhirn weitergeleitet werden.

Das Koma ist ein Zustand des Bewusstseinsverlusts, bei dem das Gehirn zuvor Schaden genommen hat, vielleicht aufgrund von Sauerstoffmangel oder einer schweren Verletzung, und die Großhirnrinde daraufhin – vereinfacht gesagt – nicht mehr richtig arbeitet. Im Komazustand kann das Bewusstsein unterschiedlich stark getrübt sein. Die von tiefer gelegenen Hirnregionen gesteuerten Prozesse laufen nach wie vor ab, auch das vegetative Nervensystem arbeitet. Deshalb atmen Komapatienten selbstständig, das Herz-Kreislauf-System und der Schlaf-wach-Rhythmus sind intakt.

Merkfähigkeit: Trennen von Wichtigem und Unwichtigem

Unser Gehirn hat jede Menge Dinge zu verarbeiten. Stellen wir uns vor, wir laufen über einen Jahrmarkt: Laute Musik kommt vom Auto-Scooter, der Duft von gebrannten Mandeln liegt in der Luft und über dem Schießstand blinken neonfarbene Lichter. Diese Informationen gelangen zuerst in das Ultrakurzzeitgedächtnis. Sind sie nicht wichtig, werden sie sofort wieder gelöscht. Sind sie eher wichtig, erreichen sie zunächst das Kurzzeit-

verhaltensbiologische Untersuchungen, der präfrontale Cortex sein.

Wenn die Großhirnrinde ausfällt

Es gibt Zustände, in denen wir unser Bewusstsein verlieren: beim Schlafen, bei einer Narkose, aber auch bei einer Ohnmacht oder gar im Koma. Was genau beim Schlafen geschieht – dazu später mehr. Bei einer Ohnmacht wird das Gehirn für kurze Zeit nicht ausreichend mit Sauerstoff versorgt. Bei einer Narkose wird man ganz gezielt – mithilfe von Narkosemitteln – in den Zustand der Bewusstlosigkeit versetzt: Verschiedene Regionen der Großhirnrinde sind jetzt weniger stark aktiv, der Informationsaustausch innerhalb der Großhirnrinde bricht gewissermaßen zusammen. Auch

„Wo immer geistige Erkenntnis ist, da ist auch freier Wille."

Thomas von Aquin (1225–1274)

Damit dieser Krake ein Schraubglas öffnen kann, muss er komplexe **Bewegungen koordinieren**. Kann man aufgrund solcher Leistungen schon von Bewusstsein sprechen?

gedächtnis. In dieser „Zwischenablage" verweilen Informationen der Außenwelt für ein paar Minuten. Wissenschaftler gehen derzeit davon aus, dass das Kurzzeitgedächtnis im präfrontalen Cortex liegt, also im Frontallappen der Großhirnrinde. Das Kurzzeitgedächtnis heißt auch „Arbeitsgedächtnis" – es verarbeitet kurzzeitig Arbeitsaufträge: Sie wollen Skifahren, sitzen bereits fertig angezogen vor der Skihütte, müssen sich nur noch schnell die Schuhe zuschnallen. Plötzlich bemerken Sie, dass Ihr Skipass fehlt – vermutlich liegt er noch oben in der Hütte neben ihrem Bett. Sie gehen nochmals nach oben, merken sich kurzzeitig „Skipass holen". Jeder von uns hat solche und ähnliche Arbeitsaufträge bereits tausendfach an das Kurzzeitgedächtnis ausgegeben – nach der Erledigung aber aufgrund von Belanglosigkeit wieder gelöscht.

Wie kurzzeitig sich das Kurzzeitgedächtnis Informationen merkt, lässt sich auch an folgendem Beispiel zeigen: Suchen Sie eine mindestens siebenstellige Telefonnummer eines Freundes heraus, versuchen Sie sich die Nummer zu merken – um sie dann, nur aus dem Gedächtnis heraus – zu wählen. Was passiert? Sie

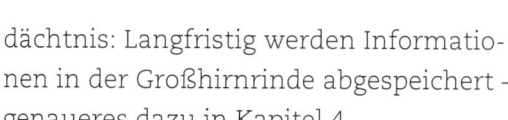

> „Das Gedächtnis ist so kurz und das Leben so lang."
>
> Honoré de Balzac (1799–1850)

vergessen die Zahlenkombination bereits beim Wählen. Der Grund: Das Kurzzeitgedächtnis merkt sich nur sieben Dinge gleichzeitig. Gelangen neue Informationen in das Kurzzeitgedächtnis, dann werden die alten gelöscht. Es sei denn, die Informationen sind für uns sehr wichtig, werden wiederholt oder gelernt. Dann nämlich erreichen sie das Langzeitgedächtnis: Langfristig werden Informationen in der Großhirnrinde abgespeichert – genaueres dazu in Kapitel 4.

Was ist Intelligenz?

Einige Psychologen gehen davon aus, dass intelligente Menschen Informationen, die das Gehirn gespeichert hat, schneller abrufen können. Allerdings streiten sich Psychologen und Neurowissenschaftler seit Jahrhunderten darüber, was genau Intelligenz eigentlich ist. Vereinfacht lässt sich so viel festhalten: Intelligenz ist die Fähigkeit, sich in einer fremden Situation zurechtzufinden und durch Nachdenken Probleme zu lösen. Aber funktioniert das tatsächlich besser, wenn man bereits Erlebtes, also Dinge, die wir abgespeichert haben, schneller abrufen kann?

Mind-Mapping

Mind-Mapping ist eine Arbeitsmethode, die sich stark auf Schlüsselbegriffe zum Arbeitsthema stützt. Sie soll ein besonders gehirngerechtes Arbeiten ermöglichen. Anders als bei klassischen Aufzeichnungen, bei denen man nacheinander Zeile für Zeile füllt, wird bei der Mind-Map das Arbeitsthema in der Mitte eines Blattes notiert, weitere Schlüssel- und Stichwörter gruppiert man darum herum. So entsteht eine schon auf den ersten Blick übersichtlich wirkende „Karte" der Gedanken, die sich vom Zentrum (dem Thema) aus verzweigen. Diese Darstellung der Verzweigungen gilt als besonders geeignet zum Lernen.

Zur Unterstützung der Merkfähigkeit und damit zur **Organisation des Gedächtnisses** hat wohl jeder seine eigenen Techniken – von der Notizfunktion im Smartphone bis zur Mind-Map.

Sicher ist: Auch wenn man keine „Intelligenzbestie" ist, gibt es ein paar Tricks, mit denen man dem Gehirn auf die Sprünge helfen kann und die Merkfähigkeit verbessert. Eine Möglichkeit sind sogenannte Memotechniken. Dabei werden Dinge, die wir uns merken wollen, zusammen mit Bildern abgespeichert. Ein Beispiel: Nehmen Sie nochmals die oben erwähnte Telefonnummer zur Hand. Ordnen Sie zunächst jeder Ziffer von 0 bis 9 ein Bild zu. Überlegen Sie, an welchen Gegenstand Sie die jeweilige Ziffer erinnert. Der Fantasie sind keine Grenzen gesetzt. Die 0 kann beispielsweise ein Ei sein, die 1 ein Besen. Und zwei Einsen, also „11", könnten die Ohren eines Osterhasen sein. Dann überlegen Sie sich zu der Rufnummer eine

passende Geschichte. Beginnt die Telefonnummer beispielsweise mit 01101, könnte der Anfang der Geschichte lauten: Ein Ei legt der Osterhase neben noch ein Ei und beginnt dann mit einem Besen zu kehren – klingt merkwürdig. Aber gerade diese ungewöhnlichen Bilder können wir uns besonders gut merken. Unser Gedächtnis ist nämlich assoziativ aufgebaut – wir brauchen Zusammenhänge, um Informationen einordnen und uns merken zu können.

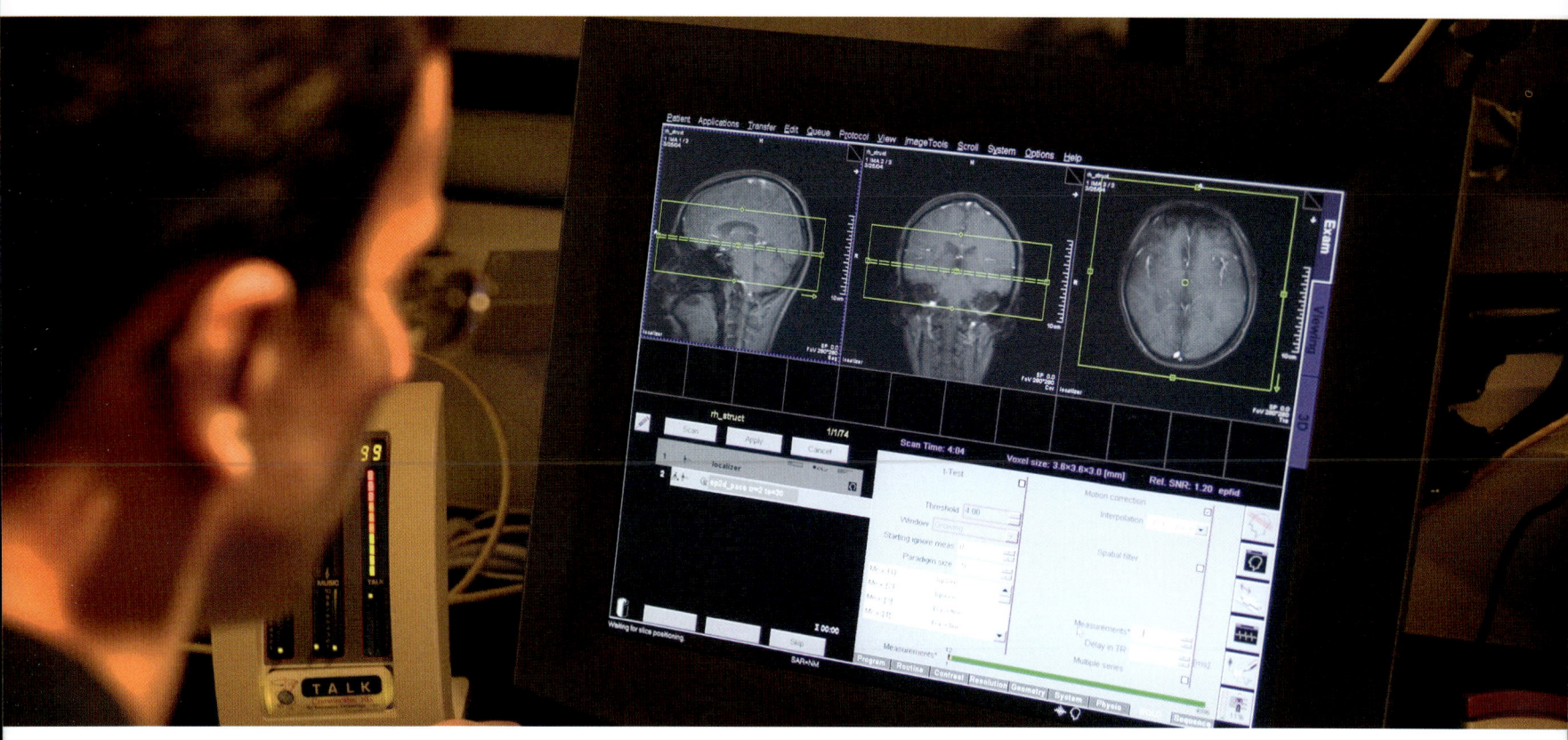

Wie funktioniert Sprache?

Die Fähigkeit zu sprechen und Sprache zu verstehen gilt als eine Grundlage des Menschseins. Sie beruht vor allem auf den Leistungen und komplizierten Wechselwirkungen der Sprachzentren im Gehirn.

Wissenschaftler haben ihre ganz eigenen Methoden um herauszufinden, welche Region im Gehirn für welche Körperfunktion zuständig ist: Mithilfe der sogenannten funktionellen Kernspintomografie (fMRT) werden beispielsweise Gehirnareale bildlich dargestellt, die beim Sehen, Hören oder Erinnern einen erhöhten Sauerstoffverbrauch und damit eine erhöhte Aktivität zeigen. Bei der Verarbeitung von Sprache, also wenn wir etwas sagen oder

anderen Menschen beim Sprechen zuhören, lässt sich ebenfalls Aktivität nachweisen. Entscheidend sind dabei vor allem zwei Bereiche der Großhirnrinde: das sogenannte Broca-Areal im linken Frontallappen und das Wernicke-Areal im Temporallappen.

Das **Broca-Areal** liegt bei fast allen Rechtshändern und bei 60 Prozent der Linkshänder in der linken Gehirnhälfte. Auch das **Wernicke-Areal** liegt normalerweise

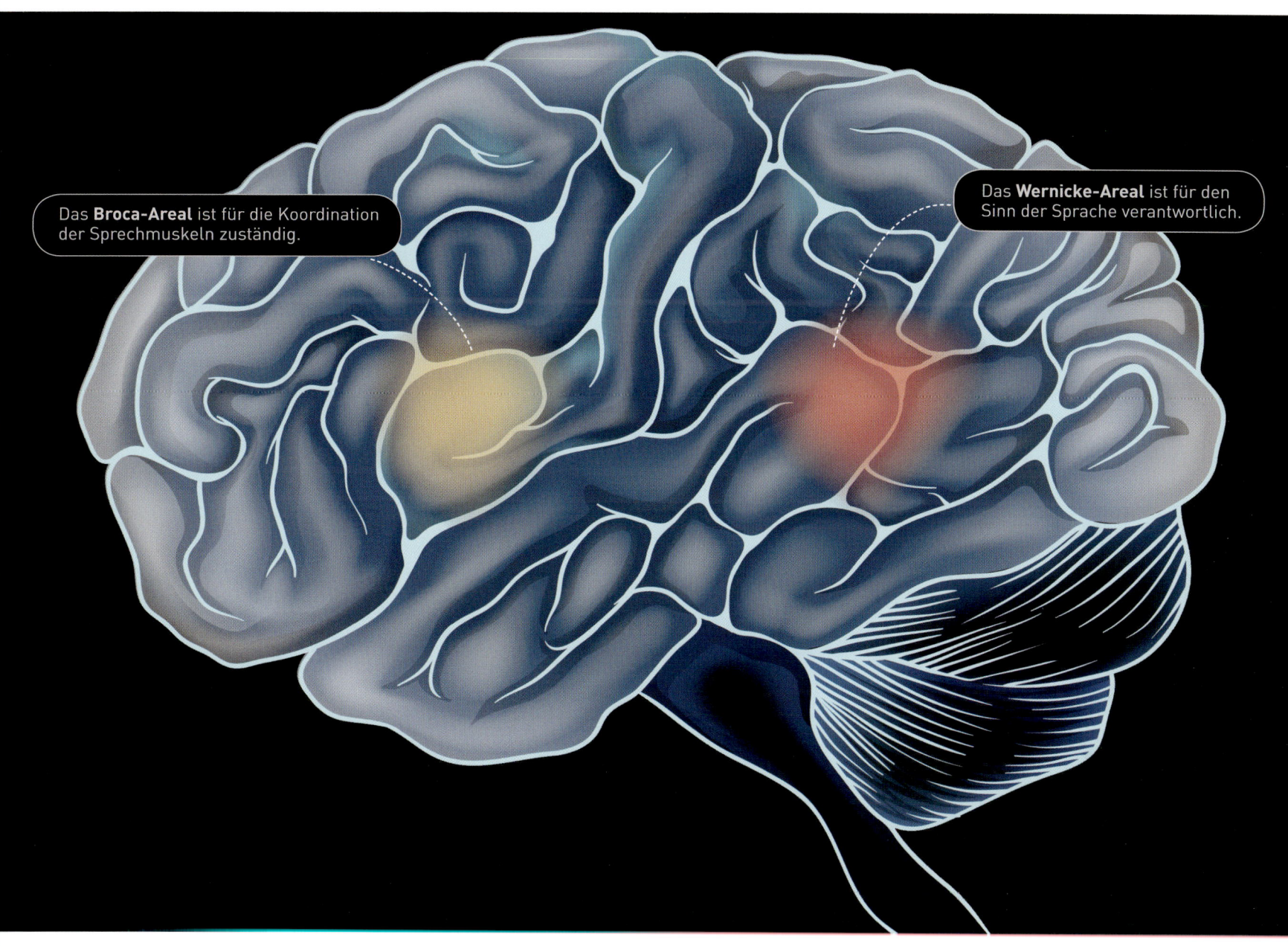

Das **Broca-Areal** ist für die Koordination der Sprechmuskeln zuständig.

Das **Wernicke-Areal** ist für den Sinn der Sprache verantwortlich.

Mithilfe der **funktionellen Kernspintomografie** können Forscher analysieren, welche Bereiche des Gehirns wann aktiv sind und so auch die **Sprachregionen** des Gehirns identifizieren.

links – bei Linkshändern links oder rechts. Verbunden sind diese beiden Sprachregionen durch den sogenannten Fasciculus arcuatus – eine „Nervenautobahn", die einen regen Informationsaustausch zwischen den beiden Sprachregionen bewerkstelligt.

Eine komplexe Angelegenheit

Sprechen ist eine sehr komplexe Angelegenheit: Wir müssen zunächst überlegen, was wir eigentlich mit welchen Wörtern sagen wollen. Diese Wörter müssen wir zu sinnvollen Sätzen zusammenfügen, dabei die Regeln der Grammatik beach-

ten. Die einzelnen Teile eines Satzes werden unterschiedlich betont – und mehrere aufeinanderfolgende Sätze müssen logisch aufeinander aufgebaut sein. Und zu guter Letzt muss all dies noch über unseren Kehlkopf und durch den Mund nach draußen transportiert werden. Interessanterweise scheinen sich Broca-Areal und Wernicke-Areal diese Aufgaben untereinander aufgeteilt zu haben. So ist das Broca-Areal aktiv, wenn wir selbst sprechen. Dieser Gehirnbereich ist für die Bildung von Wörtern zuständig sowie für die „Grundstruktur" der Sprache, die Grammatik. Auch die Sprachmotorik, also die Steuerung der Muskeln in Mund und Kiefer sowie die Lautbildung und die Aussprache fallen in seinen Aufgabenbereich. Ob wir schnell oder langsam reden entscheidet ebenfalls das Broca-Areal.
Das Wernicke-Areal ist dagegen aktiv, wenn wir Sprache hören und das Gespro-

Für das **Sprechen und die Artikulation** ist das Broca-Areal zuständig.

„Genau an dem Punkt, wo der Mensch sich von der Tierwelt lostrennt, bei dem ersten Aufblitzen der Vernunft als der Offenbarung des Lichts in uns, finden wir die Geburtsstätte der Sprache."

Charles Darwin (1809–1882)

chene zu verstehen versuchen. In diesem Bereich werden die Logik und Zusammenhänge von Gesagtem analysiert. Er ist aktiv, wenn wir uns einen Vortrag anhören – oder beim Fußballspielen auf die Anweisungen des Trainers achten. Neuere Untersuchungen deuten darauf hin, dass das Broca-Areal in der Lage ist,

Aufgaben des Wernicke-Areals zu übernehmen – und umgekehrt. Sicher ist, wollen wir während einer Unterhaltung „die richtigen Worte finden" – also im richtigen Moment das Richtige fragen und das Passende antworten – ist dies nur möglich, wenn Broca- und Wernicke-Areal gut aufeinander abgestimmt funktionieren.

Broca und Wernicke
Benannt ist das Broca-Areal nach dem französischen Chirurgen Paul Broca (1824–1880). Er bemerkte an Patienten, die gesprochene Sprache verstehen, aber selbst nicht sprechen konnten, Defekte in der heute als Broca-Areal bekannten Gehirnregion. Eine Schädigung des Gehirns heißt Aphasie. Ist das Broca-Areal betroffen, so sprechen Fachleute von einer motorischen Aphasie. Die

Betroffenen formulieren – wenn überhaupt – nur abgehackte, unvollständige Sätze. Sie verwechseln Laute: Aus Bleistift wird Beilstift. Oder sie verwenden bedeutungsähnliche Wörter – meinen Bleistift, sagen aber Füller. Ihre Sprache wirkt kalt, wie die eines Roboters. Gefühle, also Wut, Trauer oder Begeisterung, die beim Sprechen ansonsten immer mitschwingen, werden nicht übermittelt. Weitgehend erhalten bleibt allerdings das Sprachverständnis: Menschen mit einer motorischen Aphasie können problemlos einer Talkshow im Fernsehen folgen.

Nimmt dagegen die Wernicke-Gehirnregion Schaden, so ist von einer sensorischen Aphasie die Rede: Diese Patienten können zwar noch sprechen, aber die Bedeutung von Wörtern nicht mehr richtig erfassen. Entdeckt wurde dies 1874 von dem deutschen Neurologen Carl Wernicke (1848–1905).

So baut sich der Wortschatz auf

Im Wernicke-Arenal speichert das Gehirn übrigens auch unseren Wortschatz. Eine Art Lexikon mit Wörtern samt ihrer Bedeutung. Das können bis zu 120 000 Begriffe sein. Erweitern wir unseren Wortschatz, so bilden sich neue Nervenverbindungen. Würden wir den Wortschatz nur sehr eingeschränkt nutzen, vielleicht weil wir mit nur ein paar Hundert „Alltagswörtern" durchs Leben kommen, dann bilden sich Nervenverbindungen zurück. Früher oder später wären wir nicht mehr in der Lage, eine anspruchsvolle Unterhaltung zu führen. Vielleicht sind Ihnen erste Tendenzen einer solchen Entwicklung schon einmal aufgefallen: Sind wir einige Tage allein, vielleicht in den Ferien,

Das Tempo des **Wortschatz-aufbaus** ist in der Kindheit am rasantesten. Zeichneri-sche Hilfsmittel tragen seit Menschengedenken dazu bei.

Für Kleinkinder ist es am einfachsten, eine Zweitsprache zu erlernen. Beginnt man die Beschäftigung mit einer **Fremdsprache** erst in der Schule, erfordert das im Gehirn weit aufwändigere Prozesse.

Sprachentwicklung bei Kindern

1. Monat: Schreien

2. – 3. Monat: Gurren, „rrr"

3. – 6. Monat: Lallen, Brabbeln, Geräusche erzeugen, „a", „i"

6. – 9. Monat: Plappern, Silben und Silbenketten, „dadada", „baba"

9. – 13. Monat: „Mama", „Papa", Babysprache

2. Lebensjahr: Jetzt häufen sich die aktiv verwendeten Wörter. Ab einem Wortschatz von ca. 50 Wörtern steigt die Anzahl der neuen Wörter extrem an. Es werden täglich bis zu zehn neue Wörter erlernt.

Ab 3. Lebensjahr: Es werden Zwei- bis Drei-Wort-Sätze gebildet

Ab 4. Lebensjahr: Ganze Sätze, Fragen werden gestellt

„Wenn alle Menschen nur dann redeten, wenn sie etwas zu sagen haben, würden sie bald den Gebrauch der Sprache verlieren."

William Shakespeare (1564–1616)

und sprechen mit niemandem, so fallen einem kurz danach, wieder unter Menschen, in Unterhaltungen nicht so schnell die gewünschten Wörter ein. Aber keine Angst: Mit sozialen Kontakten und guten Gesprächen lässt sich dieses Problem schnell wieder aus der Welt schaffen.

Aufgebaut wird der Wortschatz bereits in den ersten Lebensjahren: Bis zu einem

Alter von 24 Monaten können Kleinkinder etwa 50 Wörter sagen. Wenn nicht, dann nennen Ärzte sie „Late-Talkers". Zwischen dem Alter von 18 Monaten und fünf bis sechs Jahren herrscht beim Wortschatzerwerb geradezu Hochkonjunktur – dann können Kinder bis zu zehn neue Wörter an einem Tag lernen. Mit etwa drei Jahren beherrschen Kinder 250 bis 1000 Wörter. Interessant: Kennen Kleinkinder einen

Begriff nicht, versuchen sie, selbst einen sinnvollen Namen für einen Gegenstand zu finden: So kommt es vor, dass ein Stift schon mal „Schreibe" genannt wird. Mit etwa sechs Jahren besitzen Kinder einen Wortschatz mit 24 000 Begriffen, ungefähr 5000 davon benutzen sie aktiv.

So verarbeitet das Gehirn Fremdsprachen

Einige Kinder wachsen zweisprachig auf: Die Mutter redet mit ihnen Deutsch, der Vater vielleicht Englisch. Ganz automatisch kommt ihr Gehirn mit beiden Sprachen in Kontakt. Schon bald sprechen die Kleinen Englisch und Deutsch – fast mühelos und ganz akzentfrei. Von Anfang an werden beide Sprachen in ihrem Broca-Areal verarbeitet. Im Wernicke-Areal der bilingualen Kinder bauen sich gewissermaßen zwei „Wortschätze" auf –

für jede Sprache einer. Lernen wir eine Fremdsprache erst in der Schulzeit, dann nutzt unser Gehirn andere Bereiche, muss weitere Nervennetzwerke aufbauen, um die neue Sprache zu verarbeiten. Dies sind sehr aufwendige Prozesse: Verben müssen im Gedächtnis abgespeichert, Grammatikregeln mühsam erlernt werden. Diese Art und Weise, eine Fremdsprache zu lernen, ist für das Gehirn also wesentlich mühsamer. Dennoch lohnt es selbst im fortgeschrittenen Alter, sich an eine neue Sprache heranzuwagen. Das zeigte eine Studie der Universität Jyväskylä in Finnland: Die mit dem Lernen einer Fremdsprache verbundenen Gehirnprozesse verbessern nämlich die Lernfähigkeit insgesamt, außerdem die Kreativität und die geistige Flexibilität. Kurz gesagt: Lernt man eine Fremdsprache, so betreibt man regelrecht „Gehirnjogging".

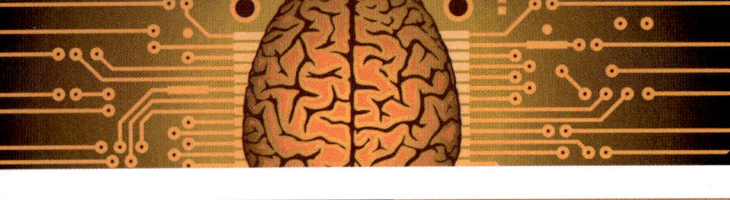

Das Zahlenpuzzlespiel **Sudoku** fördert das logische Denken – solange die Lösungsmechanismen nicht zur Routine geworden sind.

Logisches Denken

Die Fähigkeit zu logischem Denken, also auf der Basis gegebener Informationen Schlussfolgerungen zu ziehen, ermöglicht uns beispielsweise zu planen und Analogien zu finden.

Versuchen Sie doch einmal, die folgende Zahlenreihe fortzusetzen – und zwar bis 30:

3, 6, 9, 12, …

Versuchen Sie anschließend, die nun folgende Zahlenreihe zu ergänzen – bis 44:

2, 5, 9, 14, ….

Waren beide Zahlenreihen kein Problem, dann nehmen Sie sich diese vor:

4, 2, 8, 6, 16, 14, 32, 30, 64, …

Was passiert dabei im Gehirn? Wir suchen zunächst die Regel, nach der die Zahlenreihe aufgebaut ist. Anschließend wenden wir die Regel an, um die fehlenden Zahlen zu ergänzen. Die erste Zahlenreihe ist einfach, es wird jeweils eine „3" addiert. Die zweite ist etwas kniffliger, es wird nicht immer die gleiche Zahl addiert, sondern aufsteigend immer eine mehr, also 2, 2 +3 = 5, 5 + 4 = 9, 9 + 5 = 14, usw. Noch komplizierter wird es bei der dritten Reihe: Hier werden abwechselnd

„2" abgezogen, dann wird die Ausgangszahl mit „2" multipliziert, also 4, 4 – 2 = 2, 4 · 2 = 8, 8 – 2 = 6, 8 · 2 = 16, 16 – 2 = 14, 16 · 2 = 32, …

Um solche Zahlenrätsel zu lösen, muss das Gehirn logisch denken. Logisch zu denken bedeutet, aus vorhandenen Informationen sinnvolle Schlussfolgerungen zu ziehen. Ein weiteres Beispiel: Der Sohn dieses Mannes ist der Schwager meines Vaters. Wer ist der Mann? Auch jetzt muss das Gehirn logisch denken. Die richtige Antwortet ist: mein Großvater.

Es gibt Firmen, die nutzen solche Tests in Vorstellungsgesprächen. Personalabteilungen wollen herausfinden, wie gut das logische Denkvermögen eines Bewerbers ausgeprägt ist. In vielen Berufen ist das essentiell, etwa bei Computerprogrammierern und Polizisten, aber auch bei Ärzten und Krankenschwestern, die mithilfe gegebener Informationen die richtigen Schlussfolgerungen ziehen müssen, um ihren Patienten bestmöglich zu helfen.

So lässt sich logisches Denken trainieren

Während wir logisch denken, ist der linke Teil der Großhirnrinde und dort der präfrontale Cortex im Frontallappen aktiv. Logisches Denken ist anstrengend, es kostet den Körper viel Energie und erfordert zudem ein hohes Maß an Konzentration.

Das logisch denkende Gehirn hilft uns, den Alltag zu strukturieren. Ein einfaches Beispiel aus dem Bereich der Tagesplanung kann dies verdeutlichen: Ich muss um 14 Uhr zum Zahnarzt, zuvor bin ich bis 11 Uhr in einer Besprechung. Dazwischen will ich noch etwas essen – habe dafür also drei Stunden Zeit.

Übrigens: Ausreden wie „Mein Gehirn kann nicht logisch denken, dafür bin ich nicht gemacht" entbehren jeglicher Grundlage. Jeder Mensch kann die fürs logische Denken verantwortliche Gehirnregion trainieren, beispielsweise mit den oben genannten Logikaufgaben. Bereits kleine Kinder lassen sich spielerisch für den Umgang mit Zahlen und Mengen, und damit für Logik, begeistern. Sehr beliebt ist das Mehr-oder-weniger-Spiel: Fünf Gummibärchen liegen nebeneinander in einer Reihe. Nun soll das Kind darunter eine Gummibärchenreihe legen, in der ein Gummibärchen weniger als in der oberen Reihe ist. Darunter wieder eine Reihe mit einem Gummibärchen weniger – beim nächsten Durchgang dann vielleicht mit einem Gummibärchen mehr. Hat alles geklappt, dann dürfen die Gummibärchen verspeist werden. Logisches Denken kann also richtig Spaß machen.

Die Beschäftigung mit dem seit den 1980er-Jahren bekannten sogenannten **Zauberwürfel** fördert das logische und das räumliche Denken.

Der **Hippocampus** ist für das räumliche Denken verantwortlich.

Räumliches Denken

Wer sich im Raum orientieren will – etwa wenn er eine Adresse sucht oder eine Ballsportart betreibt – muss räumlich denken können. Diese Fähigkeit kann man noch in späten Jahren schulen.

Stellen Sie sich vor, Sie wollen in Ihrem Garten ein Baumhaus errichten. Sie suchen einen alten Baum mit kräftigen Ästen aus. Sie müssen sich überlegen, wie genau im Geäst Sie das Baumhaus unterbringen wollen: Welche Größe soll das Häuschen haben? An welchen Stellen wird es befestigt? Wo soll der Eingang sein? Und wie genau soll man vom Erdboden aus in die Hütte gelangen? Eine anspruchsvolle geistige Herausforderung für den Hobbyhand-

werker! Doch auch für solche und ähnliche Projekte ist das menschliche Gehirn bestens gerüstet: Wir sind nämlich in der Lage, räumlich zu denken, besitzen also räumliches Vorstellungsvermögen. Wir können uns, noch bevor der erste Handgriff getan ist, vorstellen, wie das Baumhaus zwischen die Äste passen wird.

Räumliches Vorstellungsvermögen ist die Fähigkeit, sich die Bewegung oder Verschiebung einer Figur im Geist vorzustel-

Die **Orientierungsfähig-
keit** ist im Alltag oft
gefragt, für Architekten
ist das räumliche Vorstellungsvermögen von
besonderer Bedeutung.

len – ohne dass ein solcher Vorgang kon-
kret vor den Augen ablaufen muss. Räumliches Vorstellungsvermögen bedeutet,
dreidimensional zu denken. Menschen mit
einem gut ausgeprägten räumlichen Vorstellungsvermögen stellen in Zeichnungen
die Proportionen richtig dar. Unser räumliches Denken ist beispielsweise im Straßenverkehr gefragt: Wir müssen Entfernungen von Autos, Radfahrern oder
Fußgängern abschätzen. Bei Ballsport-
arten müssen wir beurteilen, wann und
wie sich der Ball im Raum bewegen wird.

Verantwortlich für diese Fähigkeit ist ein
Gehirnareal namens **Hippocampus** im
Temporallappen der Großhirnrinde. Das

lateinische Wort „Hippocampus" bedeutet
Seepferdchen – tatsächlich ähnelt die
Form des Hippocampus der eines See-
pferdchens.

Wird das räumliche Vorstellungsvermögen stark beansprucht, vergrößert sich
diese Gehirnregion. Bei Taxifahrern, also
Menschen, die sich tagtäglich in einem
großen Raum, einer großen Stadt orientieren müssen, ist das der Fall. Neurowissenschaftliche Untersuchungen zeigen
sogar, dass der Hippocampus umso stärker zu wachsen scheint, je umfangreicher
der Bezirk ist, in dem ein Taxifahrer aktiv
ist. Räumliches Vorstellungsvermögen ist
also nicht „starr" vom Gehirn vorgegeben,

Wissenschaftliche Studien an Taxifahrern haben ergeben, dass deren **Orientierungssinn** und damit ihr **räumliches Vorstellungsvermögen** umso besser wurde, je größer und komplizierter ihr beruflicher Aktionsradius war – ein Beleg dafür, dass man das räumliche Denken trainieren kann.

sondern lässt sich trainieren. Jeder kann also ein guter Handwerker werden – und, mit etwas Übung, ein Baumhaus in den Garten zaubern.

Können Männer besser räumlich denken als Frauen?

Ein altbekanntes Vorurteil lautet: Frauen können schlecht einparken, weil sie nicht räumlich denken können. Da könnte durchaus etwas dran sein. Forscher haben herausgefunden, dass das räumliche Vorstellungsvermögen bei Frauen schlechter ausgebildet ist als bei Männern. Genauer gesagt: Frauen haben größere Schwierigkeiten beim mentalen Rotieren, also dabei, im Geiste Gegen-

stände zu drehen. Diese Fähigkeit hilft uns unter anderem dabei, einen Gegenstand, vielleicht ein Haus, aus unterschiedlichen Blickwinkeln oder auch unterschiedlichen Entfernungen wiederzuerkennen. So unterstützt uns mentales Rotieren dabei, uns in einer fremden Umgebung zurechtzufinden. Evolutionsbiologen erklären dies mit der sogenannten Jäger-und-Sammler-Hypothese. Anders als Frauen mussten Männer jahrtausendelang weit von der Lagerstätte entfernt nach Essbarem jagen. Dabei war gutes räumliches Vorstellungsvermögen gefragt. Die Frauen blieben in ihrer altbekannten Umgebung, sammelten Beeren und andere Nahrung. Gemäß dieser The-

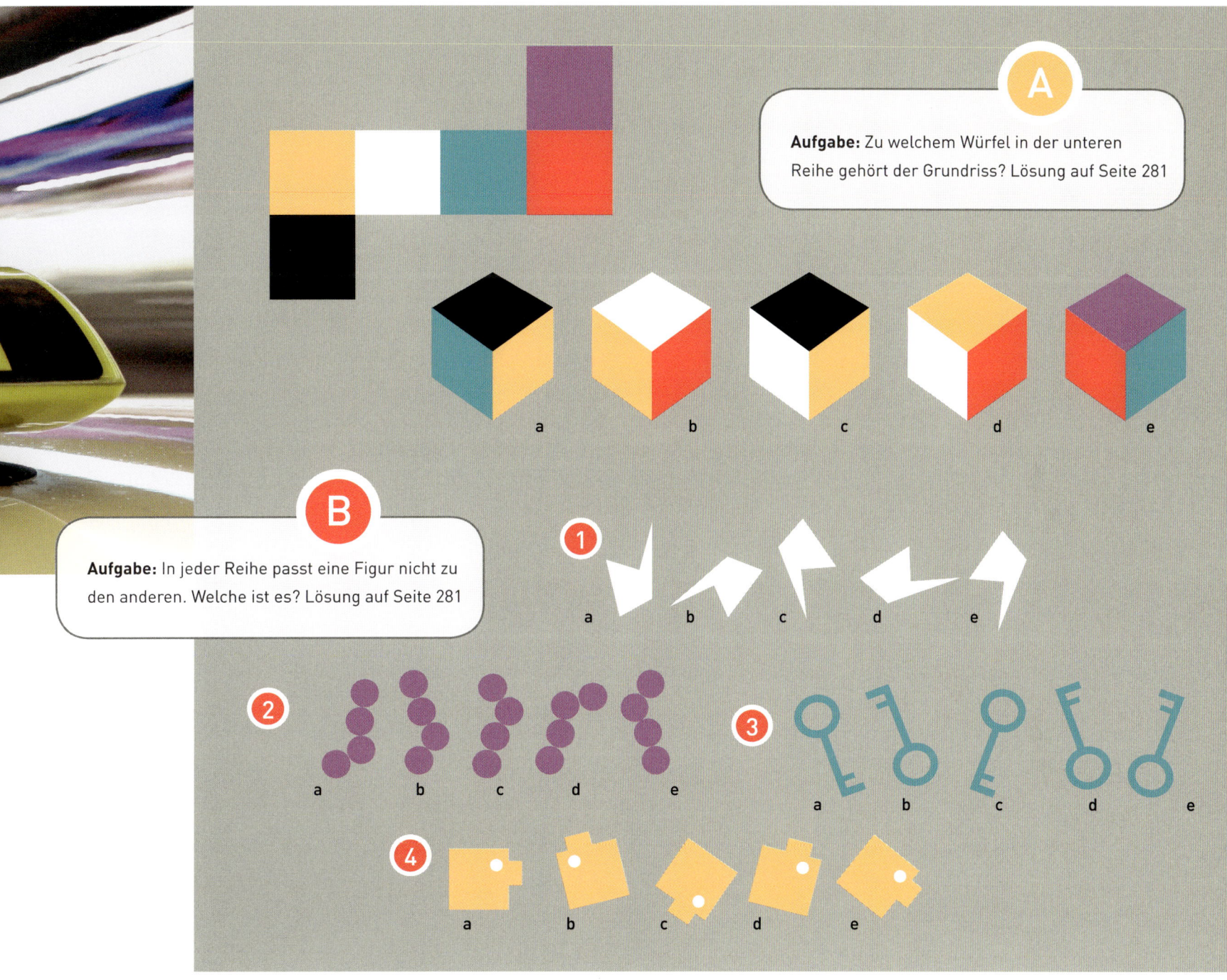

A

Aufgabe: Zu welchem Würfel in der unteren Reihe gehört der Grundriss? Lösung auf Seite 281

a   b   c   d   e

B

Aufgabe: In jeder Reihe passt eine Figur nicht zu den anderen. Welche ist es? Lösung auf Seite 281

1   a   b   c   d   e

2   a   b   c   d   e

3   a   b   c   d   e

4   a   b   c   d   e

orie entstand so ein Geschlechterunterschied, der sich im Gehirn bis heute erhalten hat.

Allerdings schreitet die Emanzipation auch beim räumlichen Denken voran: Trainieren Frauen ihr räumliches Vorstellungsvermögen über mehrere Wochen, so schließen sie schnell zu den Leistungen der Männer auf. Und Mädchen, die allein zur Schule gehen, die sich also von klein auf in ihrer Umgebung orientieren müssen, haben später in dieser Hinsicht gegenüber Männern so gut wie keinen Nachteil.

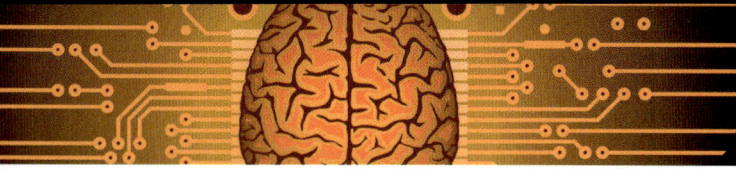

Wie neue Ideen entstehen

Wer mit neuen Ideen Neues erschafft, ist kreativ. Der zugehörige kreative Denkprozess läuft weitgehend unbewusst ab, wohl vor allem in der rechten Gehirnhälfte.

Die Kreativität ist eine weitere Fähigkeit des menschlichen Gehirns. Dabei geht es nicht etwa nur um klassische kreative Tätigkeiten wie ein Musikstück zu komponieren, ein Bild zu malen oder einen Roman zu schreiben. Kreativität hilft uns auch, Alltagsprobleme zu lösen. Kreativ zu sein bedeutet nämlich, Informationen neu zu kombinieren – einen Plan zu verändern. Stellen Sie sich vor, Sie sind zu einer Party eingeladen, bei einem Freund, der mehrere Flugstun-

den entfernt lebt. Dummerweise geht auf dem Weg Ihr Koffer verloren. Sie haben keine Wechselgarderobe. Was tun? Als kreativer Mensch kaufen sie sich kurz nach der Landung am Flughafen im nur spärlich eingerichteten Shop ein paar „Grundkleidungsstücke": vielleicht eine schwarze Hose und eine weiße Bluse. Diese kombinieren Sie dann vielleicht mit ein paar geliehenen Accessoires – schneiden von der Bluse ein Stück ab, kleben ein paar silberne Applikationen

auf die Hose. Problemlos können Sie sich in diesem Outfit auf der Party sehen lassen – und sogar bewundernde Blicke ernten: „Du bist aber kreativ!", werden Sie zu hören bekommen. Aus dem Nichts haben Sie etwas Neues geschaffen.

Umstritten ist, welche Gehirnregion für die Kreativität verantwortlich ist. Die lange vorherrschende Meinung, die rechte Hälfte der Großhirnrinde sei der Ausgangspunkt von Kreativität und Fantasie, wackelt. Aktuelle Studien sehen das zumindest nicht mehr ganz so eindeutig: Wissenschaftler an der Universität von Südkalifornien ließen Probanden aus verschiedene Formen wie etwa einer „8" oder einem „C" Gesichter malen: Das „C" könnte ein trauriger Mund sein – die „8" vielleicht ein Augenpaar. Bei dieser kreativen Herausforderung war zwar vor allem die rechte Gehirnhälfte aktiv – aber auch die linke zeigte Aktivität, mehr als bei einer nichtkreativen Aufgabe. Beide Gehirnhälften sind also wichtig für die Kreativität, schlussfolgerten die Wissenschaftler.

So verändert sich das Gehirn bei Kreativität

Es sind verschiedene Eigenschaften, die kreative Menschen auszeichnen. „Konstruktives Tagträumen" nennen Psychologen die Fähigkeit, den Gedanken freien Lauf und dabei neue Ideen entstehen zu lassen. Kreative Menschen beobachten ihre Umwelt, nehmen ständig Informationen auf und sind ausgesprochen neugierig. Was genau sich dabei aber im Gehirn abspielt, das wird Gehirnforschern wohl noch lange Rätsel aufgeben. Interessanterweise erhöht sich bei kreativen Tätigkeiten die sogenannte Alphawellen-Aktivität im Gehirn. Das sind Gehirnwellen, elektrische Schwingungen, im Frequenzbereich zwischen 8 und 13 Hz, die sich mittels Elektroenzephalografie (EEG) messen lassen. Alphawellen versetzen uns in den emotionalen Zustand der Gelassenheit. Stress und Nervosität sind wie weggeflogen. Offenbar genau der richtige „Nährboden", um kreative Ideen zum Blühen zu bringen.

Gehirnwellen lassen sich messen

Neben den Alphawellen lassen sich weitere Gehirnwellen nachweisen. Tausende Nervenzellen sind in unserem Gehirn gleichzeitig aktiv: Reize werden verarbeitet, Handlungen veranlasst. Dabei verschieben sich Ladungen, wie wir bereits aus Kapitel 1 wissen – es fließt Strom. Dieser Strom ist an der Kopfhaut messbar. Ärzte nutzen dafür das Elektroenzephalogramm. Betawellen mit einer Frequenz von 14–30 Hz zeigen sich bei normalem Bewusstsein: Wenn wir wach sind, unsere Aufmerksamkeit auf die Außenwelt gerichtet ist – oder wir logisch denken. Thetrawellen mit 4–7 Hz zeigen sich beim Träumen oder Meditieren. Die Hirnwellen mit der niedrigsten Frequenz sind die Deltawellen mit 0,5–3 Hz. Unser Gehirn produziert sie im traumlosen Tiefschlaf. Gammawellen (38–100 Hz) sind bislang wenig erforscht. Sie gehen möglicherweise mit Spitzenleistungen unseres Gehirns einher, also wenn hohe Konzentration gefragt ist.

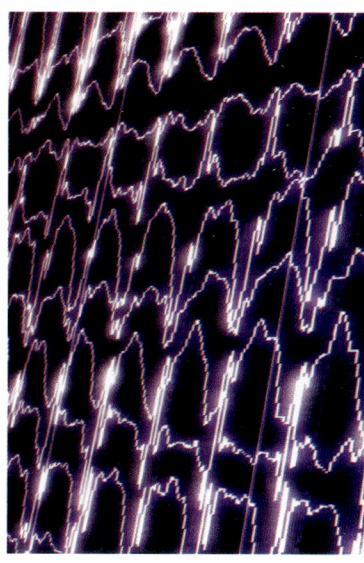

Diese Alpha-, Beta- und Gamma-**Gehirnwellen** zeigen den Übergang vom Träumen im Schlaf zum Aufwachen.

„Menschen mit einer neuen Idee gelten so lange als Spinner, bis sich die Sache durchgesetzt hat."

Mark Twain (1835–1910)

Kinder sind kreativer als Erwachsene – das hängt wohl damit zusammen, dass in der Erwachsenenwelt vor allem die linke Gehirnhälfte (logisches Denken, Sprache) gefordert ist. Für die **Kreativität** ist dagegen vor allem die rechte Gehirnhälfte zuständig.

Wahrnehmen, Denken und Handeln

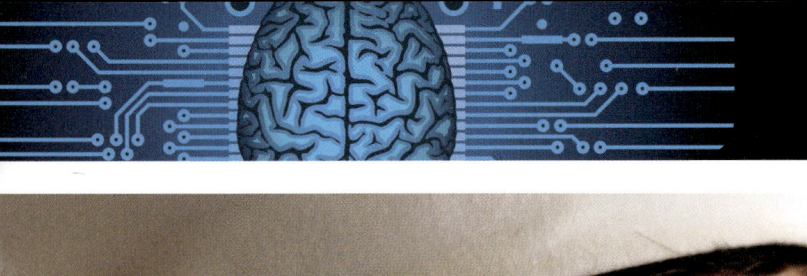

Die Natur hat die verschiedenen Spezies mit unterschiedlich leistungsfähigen Sinnesorganen ausgestattet – Hunde können beispielsweise deutlich besser riechen als Menschen.

Die Sinnesorgane

Längst nicht alles, was um uns herum geschieht, nehmen wir wahr. Unsere Sinnesorgane, also die „Außenposten" oder die „Informationseingänge" unseres Gehirns, sind nur begrenzt aufnahmefähig.

So kann das menschliche Gehör lediglich Schallwellen zwischen 20 und 20 000 Hz (vgl. Kasten S. 130) aufnehmen. Viele Tiere können mehr: Wale, Giraffen und Elefanten hören noch unterhalb der 20-Hz-Grenze – sie kommunizieren wahrscheinlich auch in diesem Bereich. Hunde und Fledermäuse hören bis in den Ultraschallbereich, also Schall mit Frequenzen oberhalb des vom Menschen Hörbaren.

Begrenzt ist auch der menschliche Sehbereich: Wir nehmen Licht, also elektromagnetische Strahlung, nur in einem bestimmten Wellenlängenbereich wahr – zwischen 400 und 700 Nanometer. Insekten dagegen sehen ultraviolettes Licht. Der menschliche Geruchssinn ist – verglichen mit so manchem Tier – relativ schlecht ausgebildet. Man muss nur einmal einen Hund beobachten, mit welcher Begeisterung er seine Umwelt „erschnüffelt". Bereits einzelne Moleküle eines Duftstoffes werden von seinem Geruchssinn registriert – das würde die menschliche Nase niemals schaffen.

Wahrnehmung ganz anders

Im Tierreich gibt es zudem Sinne, die uns fehlen. Einige Klapperschlangen orten mithilfe von Wärmestrahlen warmblütige Beutetiere. Insekten und Vögel orientieren sich am Magnetfeld der Erde. Es gibt Fische, die elektrische Felder registrieren.

Lebewesen nehmen ihre Umgebung also ganz unterschiedlich wahr. Wir Menschen leben hauptsächlich in einer farbigen Sehwelt. Wie anders unsere Welt ohne den Sehsinn wäre, merken Sie, wenn Sie Ihre Umwelt für einen Moment ganz bewusst mit geschlossenen Augen „beobachten".

Dennoch liefern auch unsere anderen Sinnesorgane Informationen – die mitunter lebenswichtig sind. So registriert die Haut Temperaturveränderungen oder Schmerzen – Daten, die das Gehirn zu Handlungen bewegen können: Spüren wir Kälte auf der Haut, so wechseln wir den Ort oder ziehen uns etwas an. Mithilfe des Gehörs orten wir eine Gefahrenquelle. Gleichzeitig ist unser Gehör aber auch die Grundlage, um Sprache zu verstehen.

So spezialisiert sind unsere Sinne

Der Mensch verfügt über acht Sinne: den Sehsinn, mitunter auch als „Gesichtsinn" bezeichnet, den Gehör-, Gleichgewichts-,

Geruchs-, Geschmacks-, Tast-, Temperatur- und Schmerzsinn.

In unseren Sinnesorganen befinden sich Sinneszellen, die von einem Reiz erregt werden können. Für unsere Augen ist dieser Reiz das Licht. Das Ohr nimmt Schallwellen auf. Die Haut registriert Berührungen genauso wie Temperaturveränderungen oder Schmerzen.

Geschmacks- und Geruchssinn gehören zu den chemischen Sinnen: In Mund und Nase werden Moleküle einer Substanz analysiert. Hat das Sinnesorgan den Reiz aufgenommen, dann wandert die Erregung entlang von Nervenzellen über Umschalt-

„Die Sinne betrügen nicht. Nicht, weil sie immer richtig urteilen, sondern weil sie gar nicht urteilen; weshalb der Irrtum immer nur dem Verstand zur Last fällt."

Immanuel Kant (1724–1804)

Pferde haben ein größeres **Gesichtsfeld** als der Mensch, sie können auch seitlich hinter sich sehen. Ihr **Farbspektrum** ist jedoch eingeschränkt – sie können nur von Violett bis leicht in den Infrarotbereich sehen. Wenn sie wie hier die Oberlippe nach oben stülpen, nehmen sie mit dem Jacobson-Organ besonders intensiv Duftstoffe auf (Flehmen).

stationen bis in bestimmte Gehirnregionen, die für die Verarbeitung der jeweiligen Sinnesinformation zuständig sind.

Sinneszellen sprechen nicht auf jeden Reiz an, sondern nur auf ausgewählte – Neurobiologen nennen dies einen „adäquaten" Reiz. Dennoch geschieht es, dass Sinneszellen von einem nicht passenden Reiz erregt werden. So kann ein heftiger Schlag aufs Auge Lichtempfindungen auslösen – wir sehen Blitze. Obwohl ein Schlag, also Druck, eigentlich nicht der adäquate Reiz für die Sinneszellen der Augen ist.

Wie der adäquate Reiz von den Sinneszellen aufgenommen wird, ist sehr unterschiedlich. Beim Hören beispielsweise sind es sogenannte Haarzellen im Innenohr, die durch den Reiz, also durch Schallwellen, regelrecht „umgebogen" werden. Dieses Umbiegen ist der Startschuss für die Informationsweitergabe. Teilweise ist noch nicht geklärt, wie genau die Sinnesorgan-Informationen im Gehirn weiterverarbeitet werden. Spezialisierte Regionen der Großhirnrinde sind beteiligt. Die Zwischenstation Thalamus entscheidet zuvor, ob die Informationen bedeutsam genug sind, um an die Großhirnrinde weitergelassen zu werden. Sind die Informationen wichtig, um die vegetativen Funktionen aufrechtzuerhalten, so wird der Hypothalamus mit einbezogen.

Katzen können deutlich besser sehen als der Mensch: Ihr Gesichtsfeld ist etwa 280 Grad groß, innerhalb dessen die Katzen auf etwa 120 Grad räumlich sehen können. Bei Dunkelheit können Katzen ihre Pupillen extrem weiten, sodass sie um ein Bild zu sehen nur gut 15 Prozent der Lichtmenge brauchen, die ein menschliches Auge dafür benötigen würde.

Der Weg der Bilder ins Gehirn

Informationen, die das Auge aufnimmt, werden von der Netzhaut über den Sehnerv ins Gehirn transportiert und dort zu Sinneseindrücken verarbeitet.

Wir sehen etwas, einen Gegenstand. Das passiert, weil Licht verschiedener Wellenlängen von diesem Gegenstand reflektiert wird. Dieses reflektierte Licht erreicht unser Auge. Dabei entsteht von dem Gegenstand ein umgekehrtes und verkleinertes Bild im Inneren des Auges – auf der Netzhaut. Die Netzhaut enthält zwei verschiedene Arten von Sinneszellen: Stäbchen und Zapfen. Diese wandeln mithilfe lichtempfindlicher Moleküle Lichtreize in elektrische Signale um. Diese elektrischen Signale werden dann über Nervenverbindungen an das Gehirn weitergeleitet.

Zapfen und Stäbchen

Die **Zapfen** verarbeiten Farbeindrücke. Es gibt drei verschiedene Arten von Zapfen, die jeweils von Licht verschiedener Wellenlängen erregt werden: Ein Zapfen-Typ reagiert besonders stark auf blaues Licht, ein zweiter reagiert vor allem auf grünes und der dritte nimmt hauptsäch-

In der Dämmerung und bei Mondschein wirkt alles grau – das liegt an der geringen Lichtempfindlichkeit der für Farbeindrücke zuständigen Sinneszellen auf der Netzhaut des Auges, der **Zapfen**.

„Weil du die Augen offen hast, glaubst du, du siehst."

Johann Wolfgang von Goethe (1749–1832)

lich rotes Licht wahr. Mischfarben wie Türkis erkennt das Auge, weil mehrere Zapfen unterschiedlich stark gereizt wurden. Wegen ihrer geringen Lichtempfindlichkeit sprechen Zapfen bei Dunkelheit und in der Dämmerung nicht an Das ist der Grund, weshalb wir Farben bei bloßem Mondschein nicht sehen können.

Die **Stäbchen** sorgen indes dafür, dass wir Umrisse erkennen. Sie lassen die Welt in Graustufen erscheinen – und reagieren bereits auf sehr schwache Lichtreize. Deshalb können wir in der Dämmerung Schatten und Umrisse erkennen. Stäbchen und Zapfen verteilen sich ungleich-

mäßig über die Netzhaut: Im seitlichen Bereich befinden sich viele Stäbchen, in der Mitte der Netzhaut vor allem Zapfen. „Ich habe nur einen Schatten gesehen", ist deshalb oft zu hören, wenn man etwas nur als Umriss aus dem Augenwinkel wahrgenommen hat – also nur die seitliche Netzhaut an der Informationsverarbeitung beteiligt war.

Über den Sehnerv ins Gehirn

Von der Netzhaut gelangen die Informationen – über weitere Nervenzellen – an den Sehnerv. Hinter der Augenhöhle überkreuzen sich diese Nervenbahnen von rechtem und linkem Auge zum Teil. Jede Gehirnhälfte erhält so Informationen

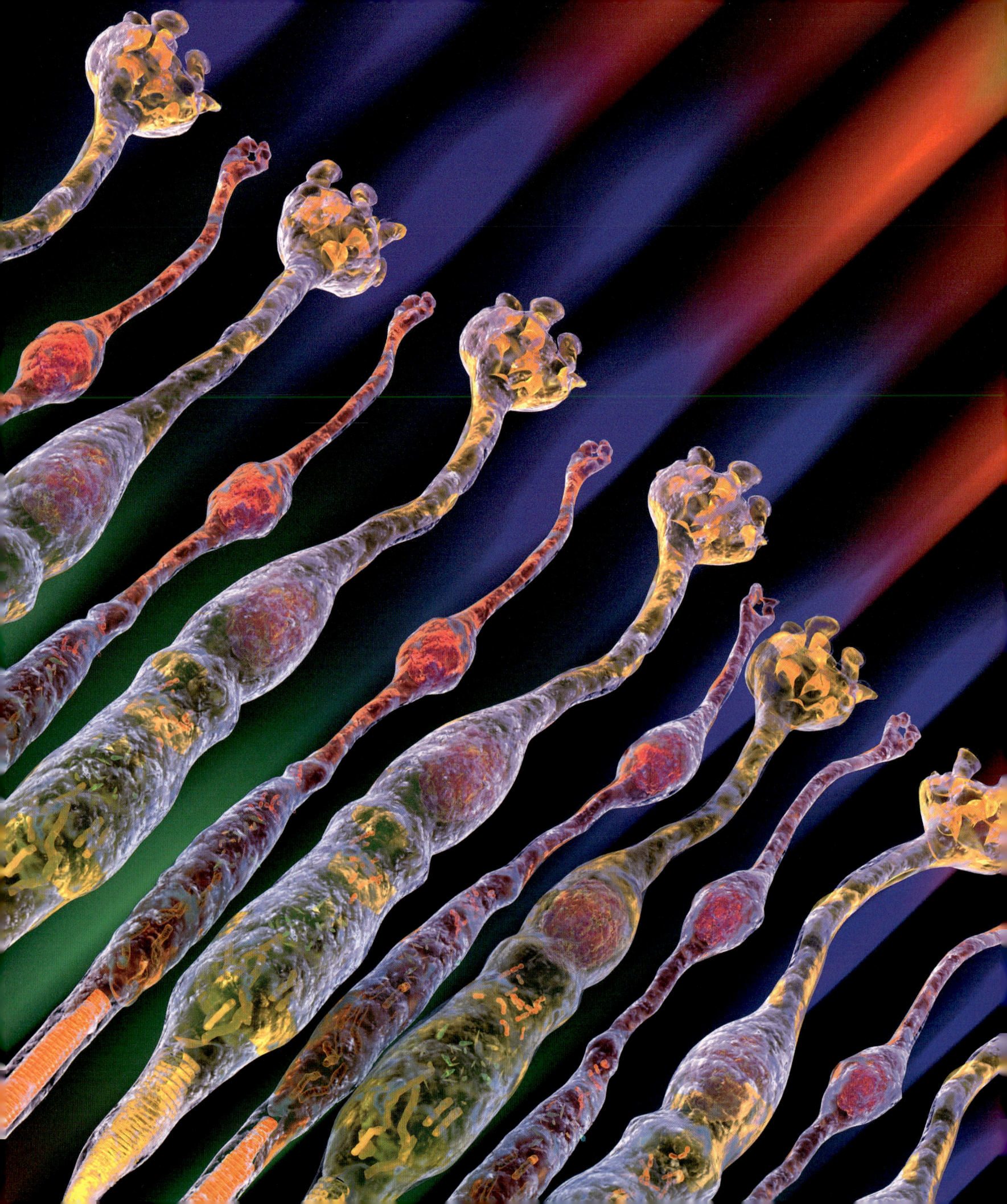

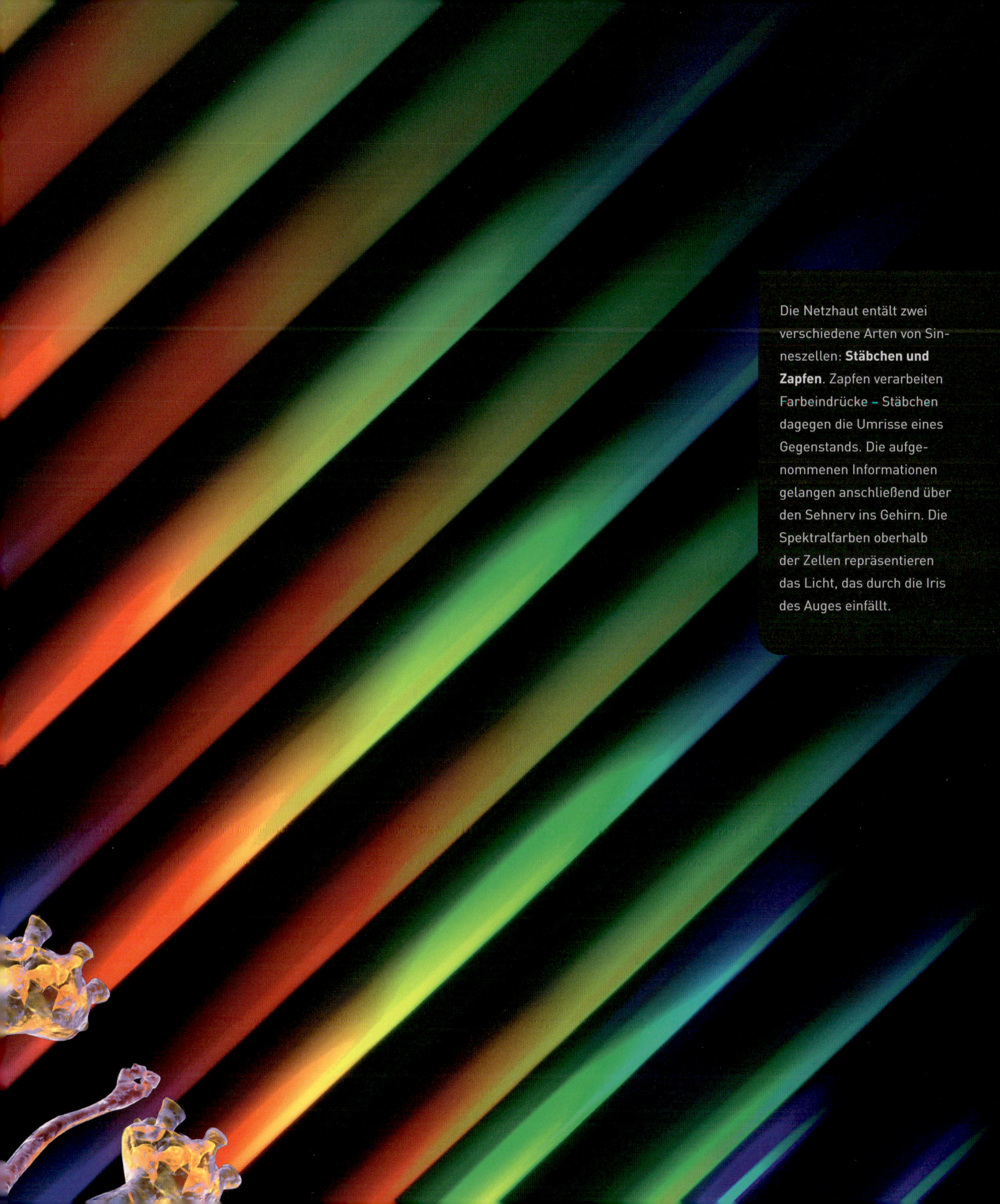

Die Netzhaut entält zwei verschiedene Arten von Sinneszellen: **Stäbchen und Zapfen**. Zapfen verarbeiten Farbeindrücke – Stäbchen dagegen die Umrisse eines Gegenstands. Die aufgenommenen Informationen gelangen anschließend über den Sehnerv ins Gehirn. Die Spektralfarben oberhalb der Zellen repräsentieren das Licht, das durch die Iris des Auges einfällt.

aus beiden Augen – die rechte Gehirnhälfte von dem, was sich im linken Gesichtsfeld abspielt. Und die linke Gehirnhälfte erhält Informationen aus dem rechten Gesichtsfeld.

Die Sehnerven beider Augen treten im Bereich des Zwischenhirns in das Gehirn ein. Genauer gesagt: Sie erreichen die Kniehöcker in der visuellen Region des Thalamus – auch bezeichnet als *Corpus geniculatum laterale*. Der Thalamus – das „Tor zum Bewusstsein" – entscheidet, das wissen wir aus Kapitel 1, ob die Informationen wichtig genug sind, um weitergeleitet zu werden. Vom Thalamus ziehen Nervenzellfortsätze dann zur primären Sehrinde im Hinterhauptlappen der Großhirnrinde, auch primärer visueller Cortex genannt. Informationen benachbarter Sehzellen gelangen in benachbarte Regionen der Sehrinde. Relative Lagebeziehungen bleiben also erhalten. Deshalb spricht man von einer topografischen Anordnung.

Infornationsverarbeitung bis zum Erkennen

In der primären Sehrinde werden Informationen über den gesehenen Gegenstand dann weiter verarbeitet: So gibt es in der Sehrinde Nervenzellen, die auf Helligkeitsunterschiede spezialisiert sind, während andere auf bestimmte Farbkombinationen reagieren. Wieder andere registrieren, wenn sich ein Lichtreiz in eine bestimmte Richtung bewegt. Also beispielsweise, dass ein Auto, das wir

sehen, an uns vorbeifährt. Die Informationen werden an die sekundäre Sehrinde weitergeleitet. Dort werden sie mit bekannten Sinneseindrücken abgeglichen. Diese Informationen erreichen dann übergeordnete Zentren – etwa den Temporallappen. Hier findet die Erkennung eines Objekts statt. Deshalb ist von der „Was-Bahn" die Rede. Im Parietallappen findet die Lokalisierung eines Objekts statt, also die Feststellung, wo im Raum sich etwas befindet. Deshalb ist von der „Wo-Bahn" die Rede. Weitere Nervenverbindungen gibt es auch zu Okzipital-, Temporal- und Scheitellappen. Dort greifen die „Seh-Informationen" in weitere Prozesse ein, die unter anderem aktiv sind, wenn wir einen Text lesen oder schreiben.

Netzhaut (Retina)

Hornhaut

Linse

Zonulafasern

Bindehaut

Ziliarmuskel

Regenbogenhaut (Iris)

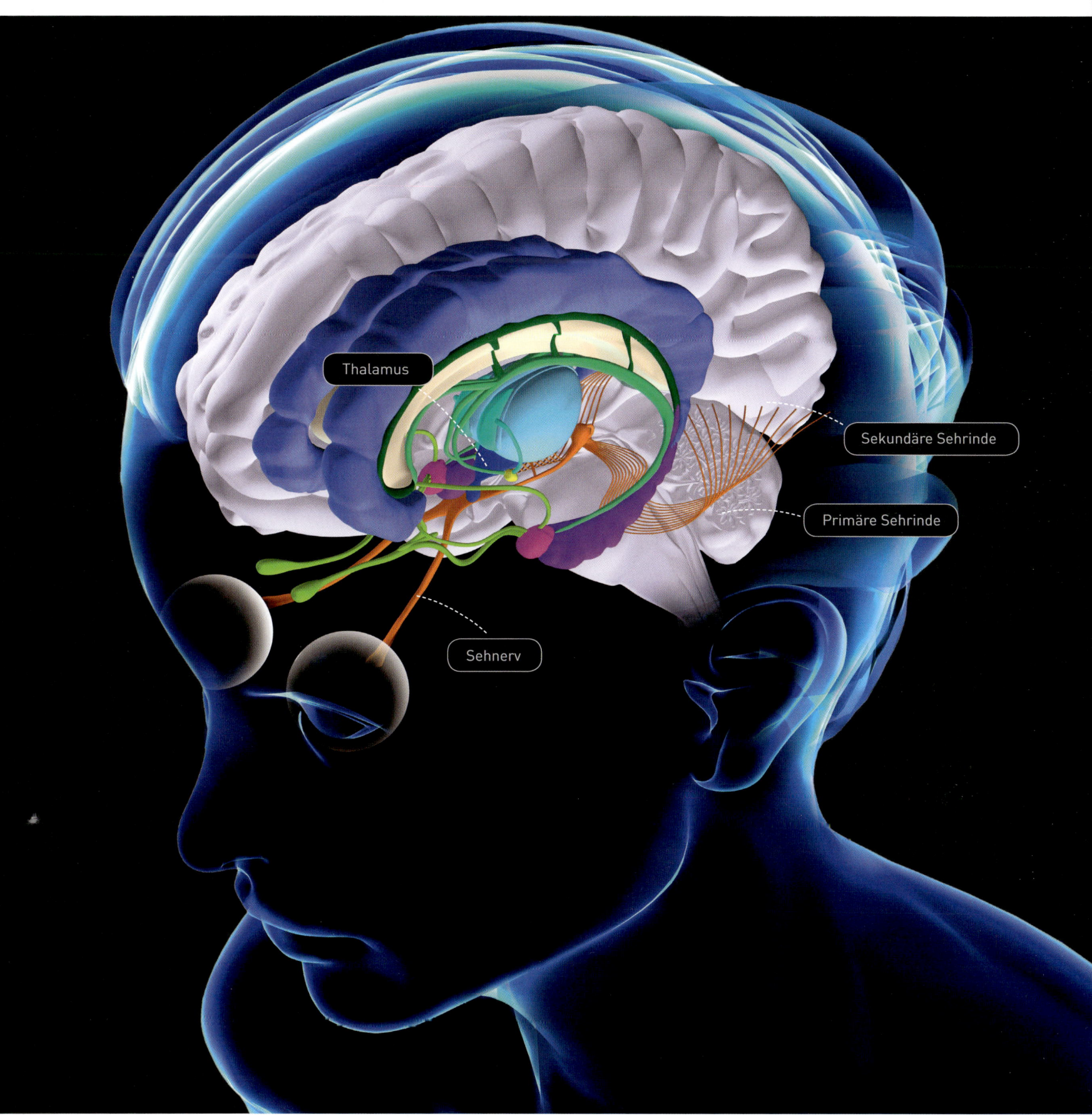

Thalamus

Sekundäre Sehrinde

Primäre Sehrinde

Sehnerv

Der Weg der Töne ins Gehirn

Im Ohr werden die Schallwellen, die das Ohr empfängt, in elektrische Energie umgewandelt und dann ans Gehirn übermittelt. Dort werden die Signale interpretiert, auch Tonhöhe und Lautstärke werden definiert.

Unsere Umgebung erzeugt ganz unterschiedliche akustische Signale – seien es Stimmen, die Melodie eines Klavierstücks oder das Hupen von Autos im Straßenverkehr. Diese sogenannten Schallquellen bringen die Umgebungsluft zum Schwingen. Wellenförmig breitet sich der Schall aus, immer weiter weg von der eigentlichen Geräuschquelle. Bis er auf unsere Ohrmuscheln trifft, die alle Schallwellen wie Trichter sammeln und auch verstärken. Da wir zwei Ohren haben, können wir unterscheiden, aus welcher Richtung der Schall kommt.

Vom Signal zum Hören

Die Schallwellen wandern in die Ohrmuschel, gelangen in den äußeren Gehörgang – und treffen auf das Trommelfell. Dieses beginnt daraufhin zu schwingen und leitet die Schallwellen zum Mittelohr weiter: Hier befinden sich auf nur einem Quadratzentimeter die

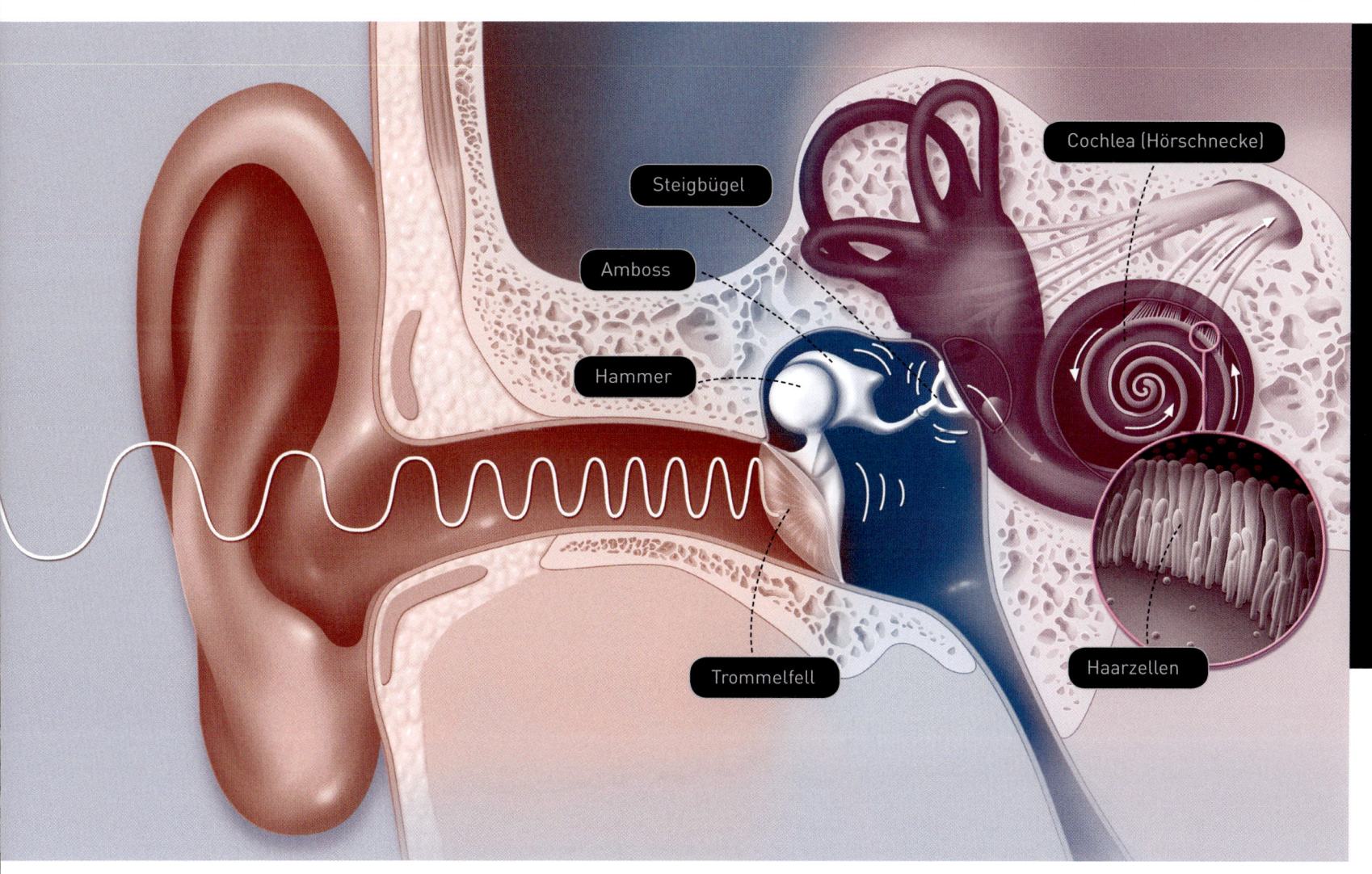

Das **Ohr** nimmt Schallwellen auf, verstärkt sie und wandelt sie in der **Cochlea** in elektrische Energie um. Von dort aus wird sie ins Gehirn übertragen.

drei kleinsten Knochen des Menschen: Hammer, Amboss und Steigbügel. Der Hammer nimmt die Schwingungen des Trommelfells auf und übergibt sie – über den Amboss und den Steigbügel – auf das kleinere ovale Fenster des Innenohrs. Dabei wird der Schall um das Zwanzigfache verstärkt. Im Innenohr angekommen, treffen die Schallwellen auf das eigentliche Hörorgan – die Cochlea, auch Hörschnecke genannt. Denn die nur etwa 33 Millimeter lange Cochlea

ähnelt mit ihren drei flüssigkeitsgefüllten, übereinanderliegenden Kanälen dem Gehäuse einer Schnecke. Vom Boden des mittleren Kanals aus, der Basilarmembran, strecken sich die sogenannten Haarzellen in die Höhe, die in vier Gruppen angeordnet sind: drei mit sogenannten äußeren und eine mit inneren Haarzellen. Das besondere an den Haarzellen: Sie besitzen Stereozilien, das sind lange Fortsätze an der Oberfläche der Zellen. Sie erwecken den Eindruck,

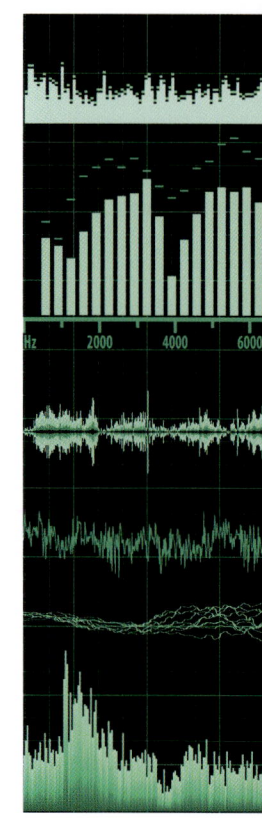

die Zelle hätte Haare, daher der Name Haarzellen. Gemeinsam mit den angrenzenden Stützzellen bilden diese Sinneszellen das sogenannte Corti-Organ. Erreichen die wellenförmigen Bewegungen des Schalls die Cochlea, so erhalten die Haarzellen das Signal „Hier kommt eine Information". Die Schallwellen berühren also die Stereozilien der Haarzellen, diese werden dadurch abgebogen. Daraufhin wandeln die Haarzellen den Schall in elektrische Energie um. Physikalisch gesagt: In der Wand der Stereozilien befinden sich mechanisch gesteuerte Ionenkanäle. Trifft nun eine Schallwelle ein, werden diese Ionenkanäle durch die Zugkräfte geöffnet. Und wie wir in Kapitel 1 gesehen haben, sind solche „Ionenwanderungen" der Startschuss für die Informationsweitergabe.

Entlang dem Hörnerv wandern die Signale weiter in den Thalamus. Über Umschaltstationen landen sie in der Hörrinde im Temporallappen der Großhirnrinde. Genau jetzt wird uns bewusst, dass wir etwas hören. In der primären Hörrinde wird das Gehörte noch nicht interpretiert. Geräusche werden lediglich erkannt. Diese Informationen werden an die sekundäre Hörrinde weitergegeben. Und erst hier werden die Geräusche miteinander verknüpft und die eingehenden

Informationen – ähnlich wie in der sekundären Sehrinde – mit bereits bekannten Sinneseindrücken abgeglichen.

Interessant: Die sekundären Hörrinden beider Gehirnhälften übernehmen unterschiedliche Aufgaben. In der dominanten Hirnhälfte – bei den meisten Menschen ist dies die linke Seite – wird das Gehörte vor allem rational verarbeitet. In der nicht-dominanten Hälfte wird das Gehörte ganzheitlich verarbeitet – beispielsweise ein Musikstück mit all den zugehörigen emotionalen Empfindungen.

Wahrnehmung von Tonhöhe und Lautstärke

Wie hoch oder tief ein Geräusch ist, wird durch die sogenannte Tonfrequenz ausgedrückt – und in Hertz (Hz) gemessen (vgl. Kasten S. 130). Je öfter eine Schallwelle während ihrer Wanderung in einer Sekunde auf und ab schwingt, umso höher ist ihre Frequenz. Und je höher die Frequenz, umso höher erscheint uns ein Ton. Während der Schall durch die Hörschnecke wandert wird er analysiert: Sind es hohe oder tiefe Töne, die hier eintreffen? Treffen hohe Töne im Innenohr ein – also Schallwellen, die pro Sekunde häufiger auf und ab schwingen –, dann berühren sie die Basilarmembran mit den Haarzellen zwangsläufig früher als die „längeren" Wellen der tiefen Töne. So trifft jede Tonhöhe auf eine bestimmte Stelle in der Cochlea. Auch die Information über den genauen Ort des Eintreffens wird an den Hörnerv weitergegeben. Informationen werden entsprechend der

„Man muss die Musik des Lebens hören. Die meisten hören nur die Dissonanzen."

Theodor Fontane (1819–1898)

Lärm - Schallquellen

Düsenflugzeug in 30 m Entfernung	140 dB
Schmerzschwelle	130 dB
Unwohlseinsschwelle	120 dB
Kettensäge in 1 m Entfernung	110 dB
Disco, 1 m vor dem Lautsprecher	100 dB
Dieselmotor, 10 m entfernt	90 dB
Rand einer Verkehrsstraße 5 m	80 dB
Staubsauger in 1 m Entfernung	70 dB
Normale Sprache in 1 m Abstand	60 dB
Normale Wohnung, ruhige Ecke	50 dB
Ruhige Bücherei, allgemein	40 dB
Ruhiges Schlafzimmer bei Nacht	30 dB
Blätterrascheln in der Ferne	10 dB
Hörschwelle	0 dB

Erreicht der Schall eine Stärke von etwa 130 dB, setzt beim Menschen **Schmerzempfinden** ein. Der Lärm eines Presslufthammers liegt mit 120 db nur knapp darunter.

Stelle der Basilarmembran, an der das Signal eingegangen ist, zu bestimmten Arealen der primären Hörrinde übermittelt. Jeder Ton hat also eine bestimmte Stelle in der primären Hörrinde, an der er ankommt. Übrigens: Besonders tiefe Töne dringen nicht nur durch den Gehörgang ins Innenohr, sondern auch direkt durch den Schädelknochen.

Wie laut uns ein Geräusch erscheint, hängt von der Druckintensität einer Schallwelle ab. Die Maßeinheit hierfür heißt Dezibel (dB). Steigert sich ein Geräusch um 10 dB, so hören wir es doppelt so laut. Eine normale Unterhaltung findet bei etwa 60 dB statt. Die Lautstärke wird von der Amplitude, also der Höhe der Schallwelle bestimmt. Eine Schallwelle mit großer Amplitude erzeugt stärkere Schwingungen. Die Haarzellen der Basilarmembran werden stärker abgebogen. Auch diese Information vermittelt der Hörnerv an das Gehirn.

Ob auf dem Spielplatz oder in der Freizeit – der **Gleichgewichtssinn** ist bei praktisch jeder Aktivität gefordert.

Das Gleichgewicht halten

Ohne den Gleichgewichtssinn wäre für uns eine aufrechte Körperhaltung unmöglich. Er erlaubt es uns auch, bei Bewegungen die Körperhaltung entsprechend anzupassen.

Gehör und Gleichgewichtsorgane liegen dicht beieinander: Im Innenohr werden auch Körperdrehungen oder Vorwärts- und Rückwärtsbewegungen registriert. Verantwortlich dafür ist das sogenannte **Labyrinth** mit drei Bogengängen und zwei Kammern.

Die beiden Kammern heißen Sacculus und Utriculus, bilden gemeinsam das Maculaorgan. Der Sacculus spricht auf senkrechte, der Utriculus auf horizontale

Beschleunigung an. Wenn man beispielsweise in der Bahn sitzt und merkt, dass es vorwärts geht. Als Informationsauslöser werden auch im Maculaorgan – ähnlich wie beim Gehör – Haarzellen „umgebogen".

Die drei mit Flüssigkeit gefüllten Bogengänge im Innenohr, ebenfalls mit Haarzellen ausgerüstet, registrieren Drehungen des Kopfes. Sie heißen Drehsinnesorgan und sind in drei Raumebenen

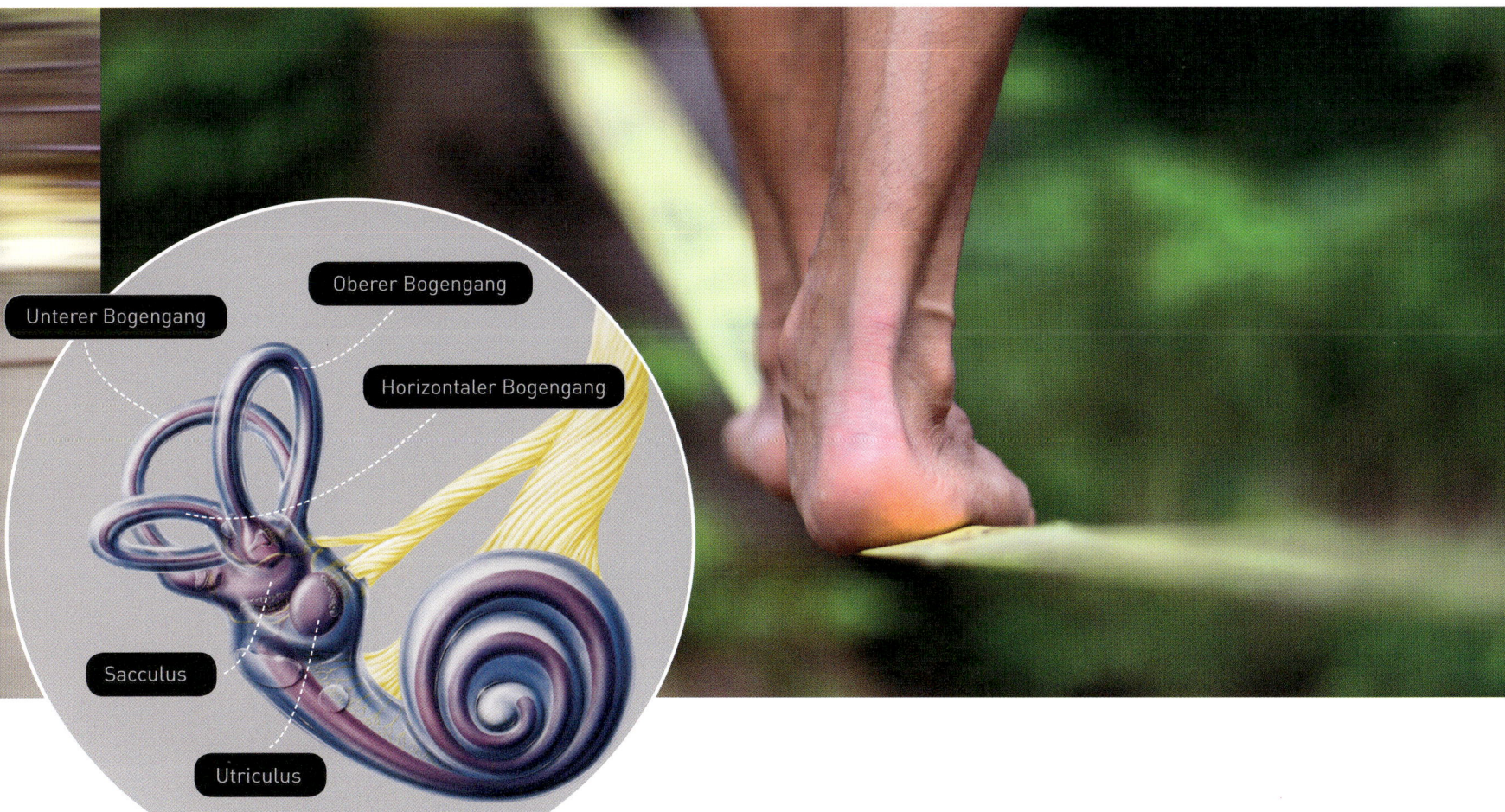

Unterer Bogengang

Oberer Bogengang

Horizontaler Bogengang

Sacculus

Utriculus

angeordnet, sodass der Körper Drehungen in alle drei Raumrichtungen wahrnehmen kann. Drehen Sie Ihren Kopf von links nach rechts, so registrieren die Haarzellen im horizontalen Bogengang eine Bewegung. Ihr Großhirn deutet dies als Kopfdrehung.

So entsteht Schwindel

Dreht man sich mehrmals im Kreis in gleicher Richtung, macht auch die Flüssigkeit in den Bogengängen diese Bewegung mit. Hört die Körperbewegung plötzlich auf, dann strömt die Flüssigkeit weiter – denn sie ist sehr träge. Die Haar-

zellen werden weiterhin in Richtung der Strömung abgebogen, obwohl wir uns gar nicht mehr drehen – dadurch entsteht das Schwindelgefühl.

Seekrankheit

Es kommt vor, dass wir unseren Gleichgewichtssinn regelrecht überfordern: Etwa auf einem Schiff bei starkem Seegang. Wir sitzen oder stehen eigentlich stabil. Sogenannte Propriorezeptoren in Gelenken und Muskeln liefern dem Gehirn die Information: Der Körper bewegt sich nicht. Das Gleichgewichtsorgan jedoch registriert die Schaukelbewegungen und sendet ständig an das Gehirn, der Körper sei in Bewegung. Diese widersprüchlichen Informationen kann das Gehirn nicht einordnen. Die Folgen: Kopfschmerzen, Müdigkeit, Schwindelgefühl – bis hin zum Erbrechen.

So wird Geschmack erkannt

Ob etwas süß, sauer, salzig oder bitter ist, das nimmt der Geschmackssinn wahr. Damit erfüllt er auch eine uralte Schutzfunktion bei der Aufnahme von Nahrung.

Essen würde nur halb so viel Spaß machen, wenn unser Gehirn nicht die unterschiedlichsten Geschmacksrichtungen registrieren würde: Das herzhafte Schnitzel ist genauso ein Genuss wie ein Stück süße Schokolade oder der erfrischende Geschmack von Zitronensaft. Salzig, sauer, süß, bitter und in der relativ unbekannten fünften Qualität des Geschmackssinns, umami (herzhaft, intensiv und vollmundig) – so nehmen wir unsere Speisen und Getränke wahr.

Der Geschmackssinn hilft Menschen seit Urzeiten beim Überleben: Ein bitterer oder saurer Geschmack war schon immer das Alarmsignal „Diese Pflanze ist giftig – iss besser nichts davon." Süße oder salzige Speisen dagegen vermitteln unserem Gehirn, dass sie besonders nährstoffreich sind. Vor allem der Geschmack „süß" erzeugt den Eindruck, die Speise sei sehr energiereich. Und energiereiche Nahrungsmittel sichern das Überleben. Deshalb ist unsere Vor-

bitter

sauer

umami

salzig

süß

Süß oder herzhaft, lecker oder nicht – das verrät uns der **Geschmackssinn**. Für die Identifikation der Hauptgeschmacksrichtungen sind die rechts bezeichneten Zonen der Zunge zuständig.

liebe für Süßes evolutionsbiologisch festgelegt – genauso wie auch für herzhafte Speisen, die meist auf eine besonders eiweißreiche Kost hindeuten.

Signalaufnahme und -verarbeitung

Die Zunge und das Innere der Mundhöhle nehmen die unterschiedlichen Geschmacksrichtungen in fünf Bereichen der Zunge wahr. Verantwortlich dafür sind 4 bis 20 Geschmackssinneszellen, die zusammen in einer Geschmacksknospe liegen. Ein erwachsener Mensch besitzt etwa 2000 bis 5000 **Geschmacksknospen**. Bei einem Säugling sind es doppelt so viele. Übrigens: Im Alter und bei starken

Rauchern reduziert sich die Zahl der Geschmacksknospen – und damit auch die Fähigkeit zu schmecken.

Über die Geschmackssinneszellen gelangen die Informationen über Hirnnerven durch das verlängerte Mark in den Thalamus, also in das „Tor zum Bewusstsein". Die weitere Verarbeitung findet in der Großhirnrinde statt, genauer: in der Inselrinde, und dort im **gustatorischen Cortex.** Wie das Gehirn einen Geschmack wahrnimmt, entscheiden aber nicht nur die Informationen der Geschmackssinneszellen, auch Aussehen, Konsistenz und der Geruch einer Speise spielen bei der Entstehung des „Gesamteindrucks" eine Rolle.

Gewürze variieren und ver-
feinern den **Geschmack** von
Speisen, da sie besonders
viele Geschmacksstoffe enthalten.

Wenn wir **Düfte** als angenehm wahrnehmen – beispielsweise den von Kaffee – wirkt das positiv auf unser Wohlbefinden.

Gerüche wahrnehmen

Der Geruchssinn arbeitet eng mit dem Geschmackssinn zusammen, ist aber deutlich empfindlicher. Gerüche gelangen über die Luft in die Nase und werden dort von speziellen Sinneszellen verarbeitet.

Gerüche sind allgegenwärtig, werden vom Gehirn abgespeichert und können sogar Erinnerungen hervorrufen: Beim Geruch von Zimt denkt man sofort an Weihnachten – den Geruch von Meerwasser verbinden die meisten Menschen mit Urlaub. Über 10 000 verschiedene Düfte nehmen wir wahr. Gerüche entscheiden sogar, meinen Psychologen, ob wir jemanden sympathisch finden oder nicht. An dem Spruch „Ich kann dich gut riechen" ist also durchaus etwas dran.

Auch bei der Partnerwahl soll der Duft eine Rolle spielen.

Signalaufnahme und -verarbeitung

In unserer Nasenhöhle liegt die **Riechschleimhaut**, die mit Geruchssinneszellen ausgestattet ist. Etwa alle 30 bis 60 Tage erneuern sich diese Zellen beim Menschen. Die Nervenzellfortsätze der Riechsinneszellen bilden den **Riechnerv**. Über den Riechkolben im vorderen Abschnitt

Aromatherapie

In der Aromatherapie, die in den Bereich der Pflanzenheilkunde gehört, werden Aromaöle eingesetzt, um Krankheiten zu bekämpfen oder das Wohlbefinden zu erhöhen. Neben anderen Wirkungsweisen wird den Aromaölen, die u. a. aus Eukalyptus- oder Pfefferminzblättern, Rosen- oder Jasminblüten gewonnen werden, zugeschrieben, dass ihre Düfte auf das vegetative Nervensystem wirken und sie so beispielsweise Stress und Müdigkeit bekämpfen können.

„Düfte sind wie die Seele der Blumen, man kann sie fühlen, selbst im Reich der Schatten."

Joseph Joubert (1640–1719)

des Gehirns ziehen die Geruchsinformationen weiter ins Großhirn: Der für die Geruchsverarbeitung zuständige **Paleocortex** ist (siehe Kapitel 2) bei Säugetieren evolutionsbiologisch gesehen der älteste Teil des Großhirns. Kein Wunder, denn der Geruchssinn war schon immer überlebenswichtig, hilft er doch dabei Nahrungsquellen ausfindig zu machen.

Geruchssinneszellen „adaptieren" sehr schnell – das heißt sie passen sich schnell einem Duft an. Betreten Sie eine Parfümerie, dann wird Ihnen lediglich im ersten Moment der „Duft-Cocktail" bewusst. Innerhalb weniger Sekunden riechen Sie nichts mehr. Das Gute daran: Auch unangenehme Gerüche werden schnell nicht mehr wahrgenommen.

Übrigens: Die Wahrnehmungsschwelle für Geruchsreize liegt beim Menschen zwischen 107 und 1017 Molekülen pro Kubikmeter Reizluft. Zum Vergleich: Hunde haben ein wesentlich feineres Riechvermögen. Sie nehmen bereits ein einziges Molekül eines Duftstoffes pro Kubikmillimeter Luft wahr. Das ist der Grund, weshalb sie als Spürhunde bei der Polizei gefragt sind – sie können Fährten aufnehmen oder auch geringste Mengen verbotener Substanzen schnell erschnuppern.

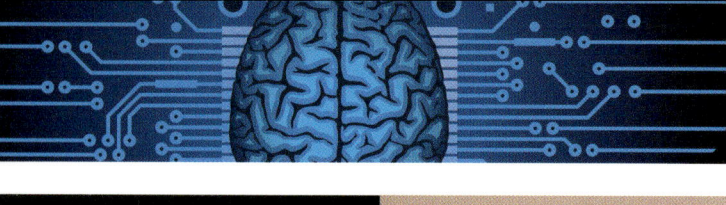

Wer **Blindenschrift** liest, setzt seinen Tastsinn ein, um die optische Wahrnehmung von Schrift zu ersetzen.

Informationen erfühlen

Die Haut ist das größte Sinnesorgan des Menschen. Dessen Rezeptoren reagieren auf so unterschiedliche Phänomene wie Berührungen, Wärme, Kälte und Schmerz.

Sie spüren eine Berührung – ein angenehmes Streicheln. Tastsinnesorgane in der Haut zeigen die Dauer und die Stärke eines solchen Reizes an. Sie messen aber auch die Geschwindigkeit, mit der Haut verformt wird – oder reagieren auf Vibrationen. Damit generieren sie Informationen, die an die Scheitellappen der Großhirnrinde weitergeleitet werden. Unsere Haut ist übrigens unterschiedlich dicht mit Tastsinnesorganen ausgerüstet. Streicht man etwa mit dem Handrücken

über eine poröse Oberfläche, spürt man nur wenig. Streicht man indes mit den Fingerspitzen darüber, lassen sich feinste Erhebungen ertasten. Der Grund: Beim Menschen liegen Tastsinnesorgane am dichtesten in den Fingerspitzen. So dicht, dass sehbehinderte Menschen mit ihren Fingerspitzen Blindenschrift lesen.

So spüren wir Schmerz

Die Information „Schmerz" wird von **freien Nervenenden** aufgenommen. Solche

Schmerzrezeptoren liegen in der Haut, aber auch in den Gelenken, den Knochenhäuten, in Bauch- und Brustfell, sogar in den Hirnhäuten. Sie reagieren beispielsweise auf mechanische Reize, etwa auf ein Kratzen oder einen Schlag. Normalerweise ist die Reizschwelle allerdings sehr hoch: Nur extrem starke Reize erregen die Nervenenden. Anders liegt der Fall, wenn die betroffene Körperregion entzündet ist. Dann bilden sich nämlich sogenannte Histamine und Prostaglandine, Gewebshormone, die die Reizschwelle senken. Das ist auch der Grund dafür, dass bei einer Gelenkentzündung bereits die kleinste Berührung oder Bewegung als schmerzhaft empfunden wird. Übrigens, Medikamente wie Aspirin greifen genau in diesen Mechanismus ein: Sie stoppen die Prostaglandin-Synthese, Schmerzen werden nicht mehr wahrgenommen.

Die Information „Schmerz" gelangt von den Schmerzrezeptoren über Nervenverbindungen an das Rückenmark und dann zum Hirnstamm. Der Thalamus vermittelt die Schmerzinformation an weitere Gehirnregionen – so auch an das Großhirn und den Hypothalamus.

Der **Hypothalamus** reguliert, wie wir in Kapitel 1 gesehen haben, das vegetative Nervensystem. Schmerz bedeutet für den Körper Stress – meist ist eine Gefahrensituation damit verbunden. So lassen sich die Begleitsymptome von Schmerzen erklären: Der Hypothalamus veranlasst, dass der Herzschlag zunimmt, Schweißperlen zeigen sich auf der Stirn. Auch die **Hypophyse** wird mit einbezogen: Der Körper schüttet Stresshormone aus.

Erst wenn der Schmerz das Großhirn erreicht hat, wird er uns bewusst. Ort und Intensität des Schmerzes werden im Scheitellappen verarbeitet. Im Frontallappen trifft das Gehirn die Entscheidung, welche Reaktion zur Schmerzvermeidung erfolgen soll – vielleicht ein schnelles Davonlaufen.

So „misst" das Gehirn Temperaturveränderungen

Fassen wir in einen Eimer mit Eiswürfeln, spüren wir die enorme Kälte. Setzen wir uns in die Sonne, spüren wir Wärme. Auch Temperaturveränderungen nimmt die Haut über Nervenzellenden wahr. Wie unterschiedlich stark die Haut mit **Temperaturrezeptoren** ausgerüstet ist, können Sie selbst testen: Zerreiben Sie einen Eiswürfel auf den Lippen – und dann einen weiteren auf dem Handrücken. Die Lippen reagieren klar empfindlicher: Auf ihnen sind bis zu 20 Kälterezeptoren pro Quadratzentimeter auszumachen – auf dem Handrücken dagegen nur 7,4 pro Quadratzentimeter.

Von den Temperaturrezeptoren gelangen die aufgenommenen Informationen in den Hypothalamus. Dieser kann dann beispielsweise bei starker Wärme Gegenmaßnahmen einleiten – etwa, dass sich die Gefäße erweitern, und der Körper so Wärme abgibt. Der Temperatursinn ist für unseren Organismus wichtig. Damit alle Stoffwechselvorgänge bestmöglich ablaufen können, sollte der Hypothalamus den Körper immer auf einer „Betriebstemperatur" von etwa 37 °C halten. Droht sich dies zu verändern, dann warnen ihn die Temperaturrezeptoren.

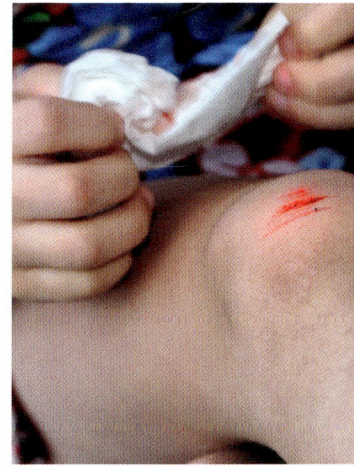

Bei Verletzungen nehmen **Schmerzrezeptoren** die entsprechende Information auf. Über verschiedene Stationen gelangt diese ins Gehirn.

Für **Kälte** – ebenso wie für Wärme – haben Haut und Körper Rezeptoren. Bei Temperaturen ab etwa −15 °C empfindet man Kälte als Schmerz, ab Temperaturen von 45 °C gilt das auch für **Wärme**.

Beim Kinderklassiker **Eierlauf** lässt sich der Einfluss der Tastsinnesorgane auf die Bewegungen gut beobachten.

Vom Sinneseindruck zur Tat

Jede einzelne Bewegung stellt eine enorme koordinative Leistung dar: Bewegungen müssen vom Gehirn geplant, aufeinander abgestimmt und kontrolliert werden. Informationen aus den Sinnesorganen helfen bei der Umsetzung.

Vergleichen Sie einmal diese beiden Vorgänge: Greifen Sie nach einem rohen Ei, heben Sie es hoch – gehen Sie damit ein paar Meter, legen Sie das Ei anschließend wieder sicher ab, vielleicht auf einen Tisch. Tun Sie anschließend das Gleiche mit einem Stein. Merken Sie den Unterschied?

Heben wir einen zerbrechlichen Gegenstand, werden die beteiligten Muskeln sehr viel stärker durch Meldungen aus den Tastsinnesorganen reguliert. Offenbar wird der Bewegungsablauf dann vom Gehirn besonders filigran abgestimmt. Anders, wenn man einen unzerbrechlichen Gegenstand wie einen Stein ergreift. Die Tastsinnesorgane senden dann nicht die Information „Vorsicht zerbrechlich!" – und die Bewegung läuft viel „robuster" ab, vielleicht sogar schneller, weniger bedacht.

Aber nicht nur Informationen von den Tastsinnesorganen beeinflussen den

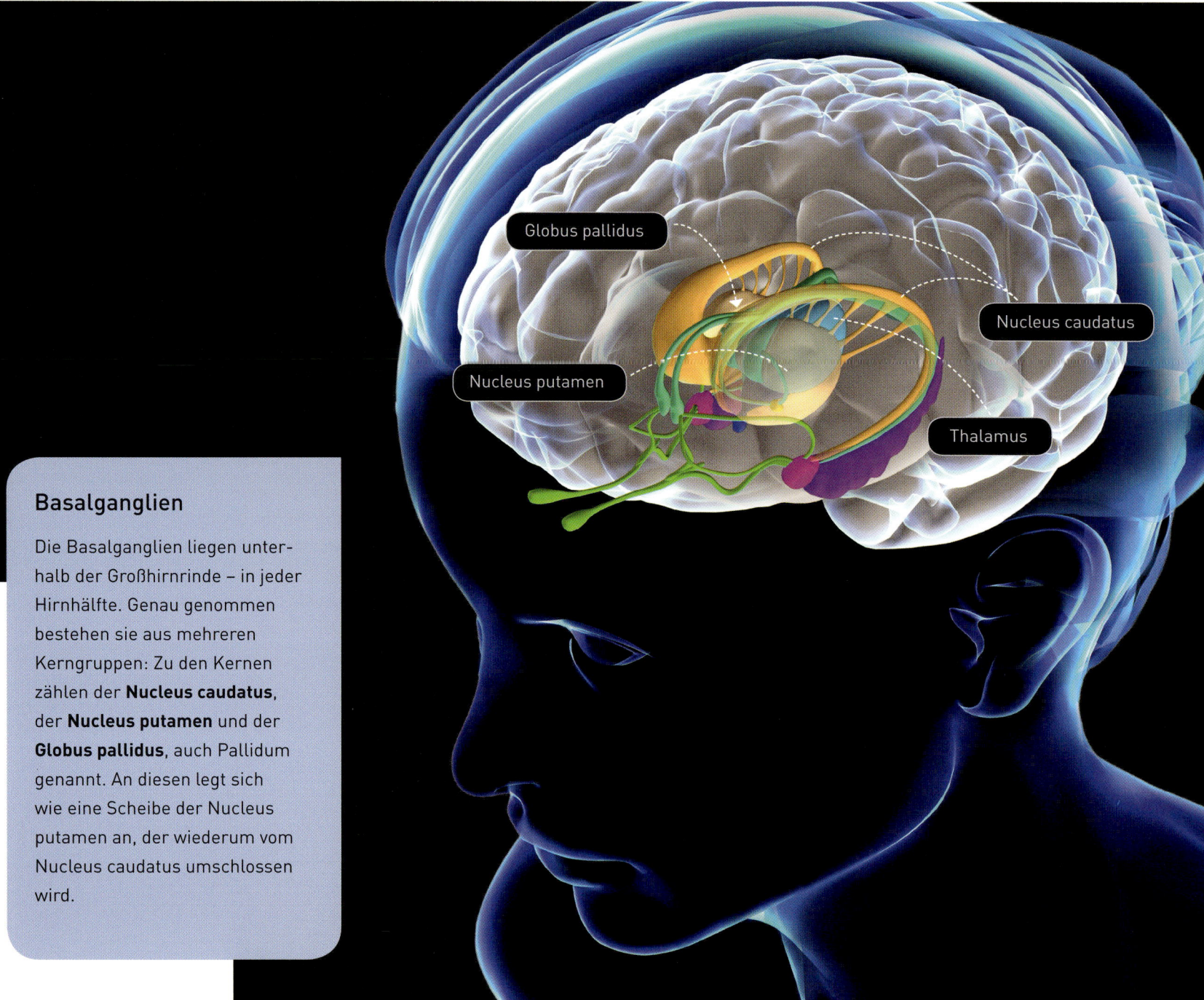

Globus pallidus

Nucleus caudatus

Nucleus putamen

Thalamus

Basalganglien

Die Basalganglien liegen unterhalb der Großhirnrinde – in jeder Hirnhälfte. Genau genommen bestehen sie aus mehreren Kerngruppen: Zu den Kernen zählen der **Nucleus caudatus**, der **Nucleus putamen** und der **Globus pallidus**, auch Pallidum genannt. An diesen legt sich wie eine Scheibe der Nucleus putamen an, der wiederum vom Nucleus caudatus umschlossen wird.

Ablauf einer Bewegung. Wie sie ausgeführt wird hängt auch davon ab, ob sie in Richtung der Schwerkraft stattfindet – oder entgegengesetzt. Oder ob dabei ein Gegenstand gehoben werden muss – und wenn ja, wie schwer dieser Gegenstand ist. Das Zentralnervensystem muss also erst einmal zahlreiche Informationen verarbeiten, die unter anderem auch von den Augen und dem Gleichgewichtssinn eingehen, ehe wir mithilfe der Muskeln unsere Gelenke in Bewegung setzen.

Zusammenarbeit von Gelenken, Muskeln und Nerven

Bewegung ist ein sehr komplexer Vorgang. Beobachten Sie sich einmal selbst im Alltag – vielleicht beim Frühstück. Sie wollen ein Brot schmieren. Ihr Gehirn gibt Arm und Händen den Befehl „Greif nach dem Messer". Sie nehmen das Messer, führen es mit Arm und Hand über den Tisch – bis zur Butterdose. Ihre Hand macht nun eine Bewegung, sodass Sie mit dem Messer ein Stück von der Butter abschneiden. Sie führen Hand und Arm zurück zu Ihrem Teller. Dort liegt ein Stück Brot, das Sie zuvor mit der anderen Hand dort abgelegt haben. Sie streichen die Butter nun auf das Brot. Dabei fahren Arm und Hand mit dem Messer hin und her. Dieser ganze Bewegungsablauf erscheint uns alltäglich und selbstverständlich. Seine Ausführung muss aber in unserem Gehirn geplant, aufeinander abgestimmt und dann auch kontrolliert werden.

Für all unsere Bewegungen, also beispielsweise das Greifen nach dem Messer, gibt es eine Dramaturgie, ein Drehbuch, das vorschreibt, wann was zu passieren hat. Für das Beispiel Frühstückstisch heißt das: Gelenke in Arm und Hand werden nacheinander aktiv – Bewegungen, die stattfinden, weil die an den Gelenken liegenden Muskeln nacheinander kontrahieren. Die Muskeln tun dies, weil Nerven ihnen den Befehl dazu gegeben haben. **Motorneurone** heißen die Nerven, die die Muskeln an den Gelenken steuern. Diese Nerven müssen, je nachdem in welcher Reihenfolge die Bewegung abläuft, nacheinander vom Gehirn aktiviert werden. Ihre Aktivität kann unterschiedlich lange andauern und unterschiedlich stark sein.

So plant das Gehirn eine Bewegung

Vereinfacht gesagt laufen bei der Bewegungssteuerung im zentralen Nervensystem folgende Prozesse ab:

Der Plan für eine Handlung entsteht in der Großhirnrinde. Dort wurden zuvor die von den Sinnesorganen eingegangenen Informationen verarbeitet – also auch die Information, dass das Ei, das wir hochheben wollen, zerbrechlich ist.

Die Großhirnrinde veranlasst nun das Kleinhirn eine konkrete Handlungsabfolge festzulegen. Nicht nur die zeitliche Abfolge der Gelenkbewegungen, sondern auch in welche Richtung und in welchen Winkeln sich die Gelenke bewegen sollen. Unterstützt wird das Kleinhirn bei seiner „planerischen Tätigkeit" von den Basalganglien.

Eine wichtige Aufgabe der Basalganglien ist es, störende Bewegungen zu hemmen. Wie wichtig genau diese Funktion ist, zeigt sich, wenn die Basalganglien geschädigt sind: „Morbus Parkinson" ist eine solche Erkrankung: Zittern und Muskelstarre sind die typischen Symptome.

Die festgelegten Handlungsprogramme werden über die „Zwischenstation" Thalamus zum motorischen Cortex der Großhirnrinde weitergeleitet. Hier werden die Befehle nun einzelnen Muskeln und Muskelgruppen zugeordnet: Bestimmte Bereiche im motorischen Cortex sind für bestimmte Muskeln verantwortlich.

Akrobatische Darbietungen wie diese setzen nicht nur eine ausgeprägte körperliche Fitness voraus, die „Programmierung" der komplexen Bewegungsabläufe, die in die sichere **Körperbeherrschung** des Akrobaten mündet, ist auch eine erstaunliche Leistung des Gehirns.

Benachbarte Großhirnregionen sind für benachbarte Muskeln zuständig. Reizen Wissenschaftler einzelne Gebiete im motorischen Cortex elektrisch, so lassen sich Bewegungen einzelner Gelenke beobachten.

So gelangt die Bewegungsinformation zu den Muskeln

Einige der Nervenzellfortsätze ziehen vom motorischen Cortex direkt ins Rückenmark und enden dort an sogenannten **Interneuronen**, die wiederum Informationen an Motorneurone weiterleiten. Andere Nervenzellfortsätze werden zunächst im Stammhirn umgeschaltet, um anschließend ebenfalls in das Rückenmark zu ziehen. Es gibt also zwei Typen dieser „absteigenden Bahnen". Beide Typen verzweigen sich allerdings: Ein Teil ihrer Nervenzellfortsätze gelangt nicht ins Rückenmark, sondern ins Kleinhirn. Das Kleinhirn vergleicht auslaufende Befehle mit dem ursprünglichen Handlungsprogramm – übernimmt also eine Kontrollfunktion. Muss etwas korrigiert werden, greift das Kleinhirn direkt auf die im Stammhirn unterbrochenen Bahnen zu.

Wie Motorneurone eine Muskelkontraktion veranlassen

Wenn ein Motorneuron einen Muskel erreicht, überträgt sich der Befehl „kontrahiere" vom Motorneuron auf den Muskel. Dabei spielen, genau wie bei der Informationsweiterleitung zwischen zwei Nervenzellen, Neurotransmitter und Ionenverschiebungen die entscheidende „Botenrolle": Das Ende eines Motorneuron-Nervenzellfortsatzes liegt an einem synaptischen Spalt. Bei einer Erregung wandert dort der Neurotransmitter **Acetylcholin** vom Motorneuron zur Muskelfaser. Daraufhin breitet sich ein Aktionspotenzial entlang der Muskelfaser aus – und löst im Muskelinneren die Freisetzung von Calciumionen aus. Dies wiederum setzt Prozesse in Gang, die eine Muskelkontraktion herbeiführen.

So schlägt das Herz

Skelettmuskeln, also Muskeln, die für die Bewegung von Gelenken verantwortlich sind, die wir also aktiv steuern können, nennt man „quergestreifte Muskulatur".

Die Computergrafik links zeigt **quergestreifte Muskulatur**, wie sie auch für das **Herz** typisch ist.

Denn sie bestehen aus regelmäßig angeordneten Filamenten, die wie ein Muster aus hellen und dunklen Bändern erscheinen. Muskeln ohne eine solche Querstreifung nennt man „glatte Muskulatur". Sie liegt hauptsächlich in Blutgefäßen, Verdauungsorganen oder auch der Harnblase. Diese Muskulatur kontrahiert vor allem dann, wenn sie von Nerven des vegetativen Nervensystems erregt wird. Also bei Vorgängen, auf die wir keinen direkten Einfluss haben. **Sympathikus** und **Parasympathikus** entfalten so ihre Wirkung.

Die Herzmuskulatur ist indes quergestreift. Spezielle Herzmuskelzellen, sogenannte Schrittmacherzellen im Sinusknoten der rechten Vorhofkammer, lösen hier die rhythmischen Kontraktionen aus. Der Sinusknoten gibt vor, wie häufig das Herz pro Minute schlagen soll – bei gesunden Menschen etwa 60 bis 70 mal pro Minute. Sympathikus und Parasympathikus können den Sinusknoten beeinflussen – und so beispielsweise in für uns aufregenden Situationen den Herzschlag erhöhen.

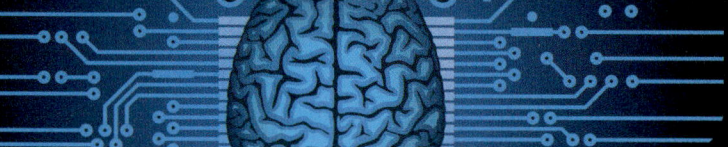

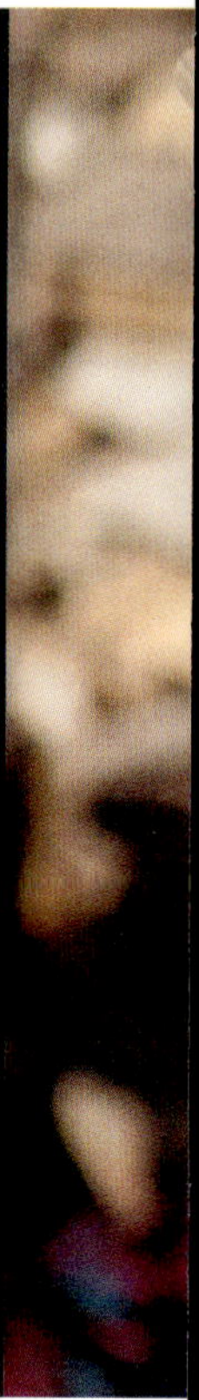

Die Badende von Edgar Degas, die ebenmäßige altägyptische Porträtbüste und die traditionelle afrikanische Maske appellieren an verschiedene **Schlüsselreize**.

„Schönheit liegt im Auge des Betrachters."

Thukydides (454–nach 400 v. Chr.)

Die Wirkung von Bildern

Gemälde, Fotos und andere Bilder haben dann eine besonders starke Wirkung, wenn sie Schlüsselreize enthalten. Das können Motive sein, die an die Grundbedürfnisse des Menschen appellieren.

Kunst lässt niemanden kalt. Der Anblick eines Bildes kann bei uns Freude, ein Gefühl des Wohlbefindens – aber auch Wut, Angst oder Aggressionen hervorrufen. Oftmals sind es biologisch bedeutsame, also für das Leben essenzielle Inhalte, die uns besonders stark ansprechen: Abbildungen von Lebensmitteln beispielsweise. Oder nackter Körper, die für Sexualität stehen. Eine Kampfszene oder Gesichter mit weit geöffneten Augen, was Aggressionen dargestellt. Oder Menschengruppen, eine Mutter mit Kind – Motive, die für soziale Bindungen stehen.

Schlüsselreize

Schlüsselreize nennt man die Reize, die unsere Aufmerksamkeit in besonderer Weise auf sich ziehen. Bei ihnen handelt es sich um Signale, die eine Instinkthandlung auslösen können. Betrachtet man etwa ein Bild mit appetitlichen Speisen, kann es durchaus passieren, dass man

Bei dem Stillleben mit Äpfeln von Paul Cézanne signalisiert die Farbe Rot dem Gehirn: Das Obst ist reif. Bei dem Titelbild der Modezeitschrift rechts dient Rot als **Signalfarbe** dazu, dem Betrachter diese Farbe als modisch näherzubringen.

Geworben wird mit einer jungen Frau als Model, die große runde Augen, eine kleine Nase und ein kleines Kinn hat. Proportionen, die unter die Bezeichnung Kindchenschema fallen. Solche Proportionen dienen ebenfalls als Schlüsselreiz, sollen dem Betrachter Schutz- und Hilfsbedürftigkeit signalisieren - und so für Aufmerksamkeit sorgen.

hungrig wird, dass einem im wahrsten Sinne des Wortes das Wasser im Mund zusammenläuft. Im Gehirn erkennt die Sehrinde den Schlüsselreiz. Der Hypothalamus aktiviert daraufhin die Speicheldrüsen im Mund.

Künstler nutzen Schlüsselreize seit Jahrtausenden, um Aufmerksamkeit zu erregen. Afrikanische Masken, die ein Drohstarren zeigen, also Gesichter mit weit geöffneten Augen, lösen ein Unbehagen aus, dem man sich kaum entziehen kann. Die alten Ägypter gestalteten bereits vor 4000 Jahren Skulpturen, die einen wohlproportionierten Frauenkörper darstellen, den wir noch heute als schön empfinden.

Sicherlich, Schönheit liegt im Auge des Betrachters – das stimmt bis zu einem gewissen Grad. Denn Menschen reagieren unterschiedlich auf Schlüsselreize, haben ihre individuellen Vorlieben – bringen die Bilder mit ihren eigenen Erfahrungen in Verbindung. So wird sich eine Frau, die selbst Mutter ist, vielleicht eher von einem Mutter-Kind-Bild angesprochen fühlen, als jemand, der noch keine intensive Beziehung zu einem Kind aufgebaut hat. Meist empfinden wir ein Bild aber besonders dann als schön, wenn das Motiv völlig makellos dargestellt ist, wie etwa ein idealisierter Frauenkörper. Oder ein Blumenbild, das im wahrsten Sinne des Wortes übernatürlich

chenpackung zunächst die roten Bärchen essen: Sie versprechen, besonders reif, süß und nährstoffreich zu sein.

So ändert sich die Mode

Nicht nur die Kunstwelt, sondern auch die in unserem Leben allgegenwärtige Werbung ködert mit Schlüsselreizen – auf Plakaten oder in Werbefilmen. Leicht bekleidete Frauen beispielsweise – oder Gruppen lächelnder Menschen mit weißen Zähnen, die Gesundheit und Jugendlichkeit signalisieren sollen. Attribute, die Werber gern mit ihrem Produkt verbunden sehen.

Auch Modeschöpfer arbeiten mit Schlüsselreizen. Allerdings wechseln sie hin und wieder beim Blick auf einen Schlüsselreiz die Perspektive. In der Mode verändern sich gewissermaßen die „ausgestellten" Merkmale. Als stilsicherer Mensch darf man seine Umwelt nämlich nicht mit zu vielen Reizen „überfluten". Statt einem tiefen Dekolleté ist in der nächsten Saison ein kurzer Rock angesagt, also ein Blick auf die Beine. Auch wechseln wir die Kleidungsfarben mit den Jahreszeiten. Denn irgendwann gewöhnt man sich an Reize – Fachleute nennen das „habituieren". Und genau das gilt es zu verhindern, will man bei seinen Mitmenschen visuelle Aufmerksamkeit erreichen.

schön ist. Auf vielen Stillleben sind Gläser zu sehen, das ist kein Zufall: Kunstpsychologen meinen, die dargestellte Durchsichtigkeit stehe für Sauberkeit – auch das empfinden viele Menschen als schön.

Abbildungen, die reifes Obst zeigen, sind häufig in der Kunstwelt – also etwa rötliche Äpfel. Die Signalfarbe Rot signalisiert unserem Gehirn: Die Frucht ist reif, bereit, gegessen zu werden. Anders als eine verfaulte Frucht, die braun ist – oder eine gelbe Frucht, die noch nicht reif ist. Übrigens: Genau diese farbliche Information ist auch der Grund, weshalb die meisten von uns aus einer Gummibär-

> *„Kunst gibt nicht das Sichtbare wieder, sondern macht sichtbar."*
>
> Paul Klee (1879–1940)

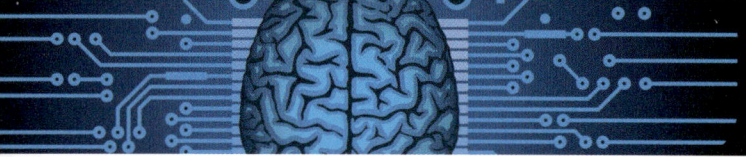

Testen Sie, wie gut das Unterdrücken unwichtiger Informationen funktioniert: www.youtube.com/watch?v=vJG698U2Mvo

Zaubertricks wie die von Houdini vorgeführte schwebende Jungfrau funktionieren meist nur aufgrund der Ablenkung der Zuschauer vom Relevanten. Rechts ein weiteres Beispiel für **reizgesteuerte Aufmerksamkeit**: Im linken Bild fällt der Kreis ins Auge, rechts muss man ihn suchen.

Selektive Wahrnehmung

Eine der Fähigkeiten unseres Gehirns ist es, gezielt bestimmte Aspekte der Umwelt „auszublenden". Oft ist das sehr praktisch, manchmal führt dieser Informationsfilter aber auch in die Irre.

Nehmen Sie einen Zeitungsartikel zur Hand, einen Text, der aus mehreren Hundert Wörtern besteht. Beobachten Sie sich nun selbst beim Lesen: Welche Informationen werden von Ihren Augen aufgenommen – und von Ihrem Gehirn verarbeitet? Überraschenderweise nicht jedes Wort, sondern nur jedes dritte oder jedes fünfte. Den Rest des Satzes interpretieren Sie im Geist dazu. Mit diesem Trick schaffen Sie problemlos etwa 400 Wörter pro Minute. Würden Sie indes jedes einzelne Wort ganz bewusst lesen, benötigten Sie für die gleiche Textpassage wahrscheinlich mehrere Minuten.

Informationsfilter

Um nicht in einer Flut von Reizen zu „ersticken", nehmen wir unsere Umwelt niemals komplett wahr. Selektive Wahrnehmung heißt dieser Prozess, der unseren Alltag erleichtert: Das Gehirn verarbeitet nur die Informationen, die es für

„Es gibt keine Fakten – Es gibt nur unsere Wahrnehmung davon."

Lew Nikolajewitsch Tolstoi (1828–1910)

wichtig hält – und setzt daraus ein Gesamtbild zusammen. Das gilt nicht nur fürs Lesen. Wie alltäglich die selektive Wahrnehmung ist, zeigt folgendes Experiment von Wissenschaftlern der Universität Ohio: Am Straßenrand spricht ein Mann Passanten an, fragt sie nach dem Weg und hält ihnen dabei einen Stadtplan vor. Vertieft in diesen Plan, bemerken die meisten Passanten nicht, dass sie – nach einer kurzen Ablenkung – plötzlich mit einem ganz anderen Mann sprechen. In dieser Situation konzentrierte sich das Gehirn der Passanten auf das Wesentliche – nämlich auf das Finden des Weges mithilfe der Karte. Wer sie angesprochen hatte, wurde als unwichtig eingestuft und ausgeblendet.

Illusionskünstler

Diesen Effekt machen sich übrigens auch Zauberer zunutze. Sie lassen Kaninchen verschwinden und Jungfrauen schweben. Allen Zaubertricks ist gemein: Die selektive Wahrnehmung der Zuschauer wird genutzt, um sie in die Irre zu führen. Lichteffekte beispielsweise lenken die Aufmerksamkeit auf Unwesentliches, während die für den Trick entscheidenden Dinge wie das Brett, auf dem die Jungfrau liegt, im Dunkeln verborgen bleiben. Nicht immer ist die selektive Wahrnehmung also hilfreich, manchmal versperrt sie die Sicht auf das wirklich Wichtige.

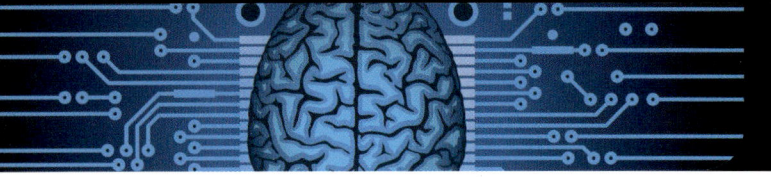

Leben ohne selektive Wahrnehmung

Der Brite Stephen Wiltshire hat eine außergewöhnliche Fähigkeit: Er betrachtet Objekte – und zeichnet sie anschließend detailgetreu nach. „Lebende Kamera" wird er deshalb genannt. Nach nur einem Hubschrauberflug hat er bereits komplette Ansichten von Weltstädten wie London und Rom detailgetreu gezeichnet – bis zu den einzelnen Fenstern von Hochhäusern. Bei Stephen Wiltshire ist, vereinfacht gesagt, die selektive Wahrnehmung außer Kraft. Er ist Autist mit einer Inselbegabung. **Autismus** ist eine Entwicklungsstörung, die mit einer angeborenen Wahrnehmungs- und Informationsverarbeitungsstörung des Gehirns verbunden ist. Und **Inselbegabung**, auch Savant-Syndrom genannt, bedeutet, dass ein Mensch mit kognitiver Beeinträchtigung eine außergewöhnliche Leistung in einem Teilbereich, einer „Insel", vollbringen kann. Für Stephen Wiltshire heißt das: Er nimmt mehr von seiner Umwelt wahr als „normale" Menschen – und kann diese Fülle an Details auch noch bildlich korrekt wiedergeben. Allerdings ist es für ihn ein Problem, Wichtiges von Unwichtigem zu trennen. So hat er Schwierigkeiten, seinen Alltag zu meistern.

Die genauen Ursachen für Autismus sind unklar. Eventuell spielen Funktionsstörungen in der linken Gehirnhälfte oder im Stammhirn eine Rolle – möglicherweise sind aber auch Regionen beeinträchtigt, die für die Verarbeitung von Sinneseindrücken verantwortlich sind. Hier besteht – ebenso wie bei der Inselbegabung – noch reichlich Forschungsbedarf.

Nur aus dem Gedächtnis heraus hat der Brite **Stephen Wiltshire** diese Panorama-Ansicht der Skyline von Singapur gezeichnet.

Getäuschte Wahrnehmung

Auf unterschiedlichste Weisen können unsere Sinne die Wirklichkeit verzerrt oder falsch wahrnehmen bzw. interpretieren. Besonders häufig und bekannt sind optische Täuschungen.

Unsere Sinnesorgane liefern dem Gehirn die unterschiedlichsten Informationen. Daraus baut das Gehirn ein einheitliches Bild der Umwelt zusammen. Hört man den Klang eines Musikstücks und wird dabei gleichzeitig körperlich berührt, dann werden diese beiden Informationen bereits in der sekundären Hörrinde zusammengefügt.

Informationen, die in unserem Gehirn ankommen, werden interpretiert: Die eingehenden Informationen werden mit Vorwissen verknüpft, sodass ein plausibles Gesamtbild entsteht. In gewisser Weise arbeitet das Gehirn dabei pragmatisch: Die Informationsflut wird in bereits vorhandene Schubladen einsortiert. Allerdings kann es dabei zu Fehlinterpretationen kommen – das Gehirn lässt sich täuschen. Ein typisches Beispiel dafür sind die Puppenredner: Wir hören eine Stimme und schreiben sie der Puppe zu, weil ihr Mund die für das Spre-

Das Gefühl, dass Puppen sprechen, wird durch die Mundbewegungen der Puppe hervorgerufen. Es beruht ebenso auf einer **Sinnestäuschung** wie die räumliche Wirkung einer Zeichnung.

chen typischen „Auf-und-zu"-Bewegungen macht.

Optische Täuschungen

Optische Täuschungen treten besonders häufig auf. Denn das Sehen ist normalerweise unser wichtigster Sinn. In unserem Gehirn entsteht ein Bild der Welt – hauptsächlich aufgrund der Wahrnehmung unserer Augen. Fachleute nennen diese Dominanz „visual capture" – also so viel wie „visuelles Einfangen" der Umwelt. Allerdings ist das, was wir sehen, nur selten eine exakte Kopie der Realität. Auch beim Sehen wird in der sekundären Sehrinde einiges verrechnet – bereits Bekanntes und Erfahrungen werden bei der Erstellung des Gesamtbilds mit einbezogen. Wir erwarten das, was wir kennen, und diese Erwartung beeinflusst die

Wahrnehmung. Blicken wir direkt auf ein Fenster oder einen Türrahmen, so sind wir es beispielsweise gewohnt, dort rechte Winkel zu sehen. Sind sie nicht rechtwinklig, interpretiert das Gehirn dies als perspektivisch. Wir gewinnen den Eindruck, von der Seite auf das Fenster oder die Tür zu blicken. Probieren Sie es aus: Zeichnen Sie viereckige Figuren mit rechtem Winkel auf – daneben schiefwinklige Figuren. Sie werden sehen, die schiefwinkligen interpretiert das Gehirn als dreidimensional. Künstler nutzen diesen Effekt, um in Bildern Räumlichkeit zu erzeugen.

„Um klar zu sehen, genügt oft ein Wechsel der Blickrichtung."

Antoine de Saint-Exupéry (1900–1944)

Bei der Wahrnehmung passieren Fehler. Das zeigt auch die sogenannte **Ebbinghaus-Täuschung**: Zeichnen Sie auf ein Blatt Papier zwei gleich große Kreise, vielleicht jeweils mit einem Durchmesser von etwa zwei Zentimetern. Malen Sie die Kreise schwarz aus. Um den ersten Kreis zeichnen Sie nun perlenschnurartig einen Ring kleiner, ausgemalter Kreise mit wenigen Millimetern Durchmesser. Zeichnen Sie auch um den zweiten Kreis einen Ring, jetzt aber mit großen, ausgemalten Kreisen, die einen Durchmesser von vier Zentimetern haben. Wie nehmen Sie die beiden zentralen Kreise nun wahr?

Der von den größeren Kreisen umringte erscheint deutlich kleiner als sein „Zwilling", der von den kleinen Kreisen umgeben ist. Die beiden Kreise, die gleich groß sind, werden also nicht mehr als gleich groß wahrgenommen.

Interessanterweise tritt die Ebbinghaus-Täuschung vor allem bei Erwachsenen auf: Kinder bis etwa zu einem Alter von sieben Jahren erkennen die Größe der bei-

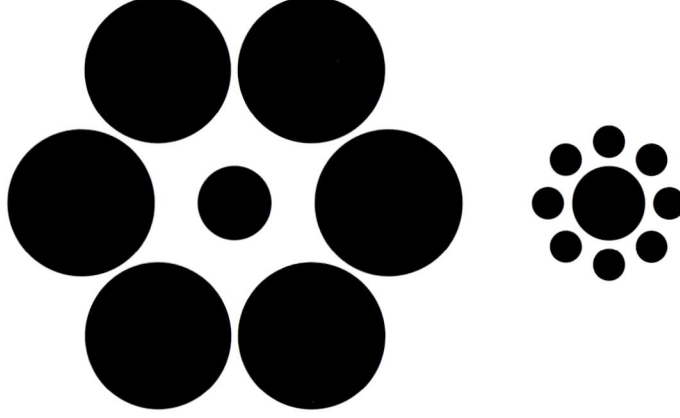

Beispiele für **optische Täuschungen:** Der Grauton im inneren Rechteck wirkt auf der linken Seite dunkler als rechts. Die geraden Querlinien wirken gebogen (Mitte). Nah am Horizont erscheint der Mond besonders groß (rechts).

den zentralen Kreise meist richtig – ihr Gehirn lässt sich nicht so schnell täuschen. Das erwachsene Gehirn dagegen bezieht den Bildkontext stärker mit ein. Das, was wir sehen, wird also immer im Verhältnis zu dem eingeordnet, was sonst noch zu sehen ist. Kinder dagegen betrachten Dinge eher isoliert.

Dass sich diese Wahrnehmung schnell wieder verändern lässt, zeigt sich, wie psychologische Tests ergeben haben, wenn die Ebbinghaus-Kreise Bilder enthalten. Zeigt der innere Kreis ein negatives Motiv, etwa eine Waffe, und die äußeren Kreise etwas Schönes, etwa eine Blume, dann nimmt das Gehirn die Abbildung anders wahr. Die zuvor wahrgenommene Täuschung verwischt. Negative

Reize erzeugen nämlich mehr Aufmerksamkeit. Der Bildkontext wird ausgeblendet. Nebeneffekt: Die Größe der Kreise wird nun korrekt wahrgenommen.

So wird der Mond zum Riesenlampion

Ist Ihnen schon einmal aufgefallen, dass der Mond, wenn er bei Vollmond nahe am Horizont hängt, wie ein Riesenlampion erscheint? Im Zenit hingegen wirkt er relativ klein. Auch hier ist der Bildkontext für die Größentäuschung verantwortlich: Nahe am Horizont nimmt das Gehirn die Größe des Mondes im Verhältnis zur Umgebung – zu Bäumen, Häusern oder Bergen – wahr. Anders, wenn der Mond weit oben am Himmel steht, umgeben von einigen als klein erscheinenden Sternen.

Doppelte **optische Täuschung:** Die nach innen kleiner werdenden Kreise erzeugen eine räumliche Wirkung, fixiert man sie länger, scheinen sie sich außerdem zu drehen.

So werden Zahlen im Gehirn bunt

Es gibt Menschen, die einen Zeitungsartikel lesen und dabei die Buchstaben nicht so sehen wie sie sind – also schwarz auf weiß – sondern bunt. Es gibt Menschen, die hören ein Musikstück und „schmecken" dabei Töne. **Synästhesie** wird dieses Phänomen genannt, bei dem sich zwei oder sogar drei Sinnesempfindungen miteinander vermischen. Vier Prozent aller Menschen könnten Synästhetiker sein, schätzen Wissenschaftler. Wie genau eine solche Wahrnehmung im Gehirn entsteht, ist nicht geklärt. Sicher ist, dass die Eigenschaft vererbt werden kann: Synästhetiker kommen häufiger in Familien vor, in denen das Phänomen bereits bekannt ist.

Interessant: Untersuchungen haben gezeigt, dass sich mithilfe von Hypnose Synästhesie-Wahrnehmungen erzeugen lassen. Würde man Sie beispielsweise hypnotisieren – und Ihnen dabei einre-

den, dass die Ziffer 8 blau ist, dann hätten Sie womöglich in späteren Tests, darauf weisen zumindest psychologische Untersuchungen hin, Schwierigkeiten, eine 8 auf blauem Hintergrund zu erkennen. Denn Hypnose, so meinen Wissenschaftler, lockere Hemmprozesse im Gehirn. Und genau diese Lockerung führe dazu, dass sich Wahrnehmungsprozesse, die eigentlich getrennt ablaufen, nun miteinander vermischen.

Schon mal gesehen: So entsteht ein Déjà-vu-Erlebnis

Manchmal spielt uns die Wahrnehmung einen ganz seltsamen Streich: Wir haben das Gefühl, eine tatsächlich neue Situation genau so schon einmal erlebt zu haben. Déjà-vu heißt ein solches Erlebnis. Das ist Französisch und bedeutet: „schon mal gesehen". Schätzungsweise 90 Pro-

Bekannte Synästhetiker

Leonardo da Vinci (Universalgelehrter, 1452–1519)

Johann Wolfgang von Goethe (Literat, 1749–1832)

Wassily Kandinsky (Maler, 1866–1944)

Paul Klee (Maler, 1879–1940)

David Hockney (*1937, Maler)

Franz Liszt (Komponist, 1811–1886)

Jean Sibelius (Komponist, 1865–1957)

Miles Davis (Musiker, 1926–1991)

Jimi Hendrix (Musiker, 1942–1970)

Richard Feynman (Physiker, 1918–1988)

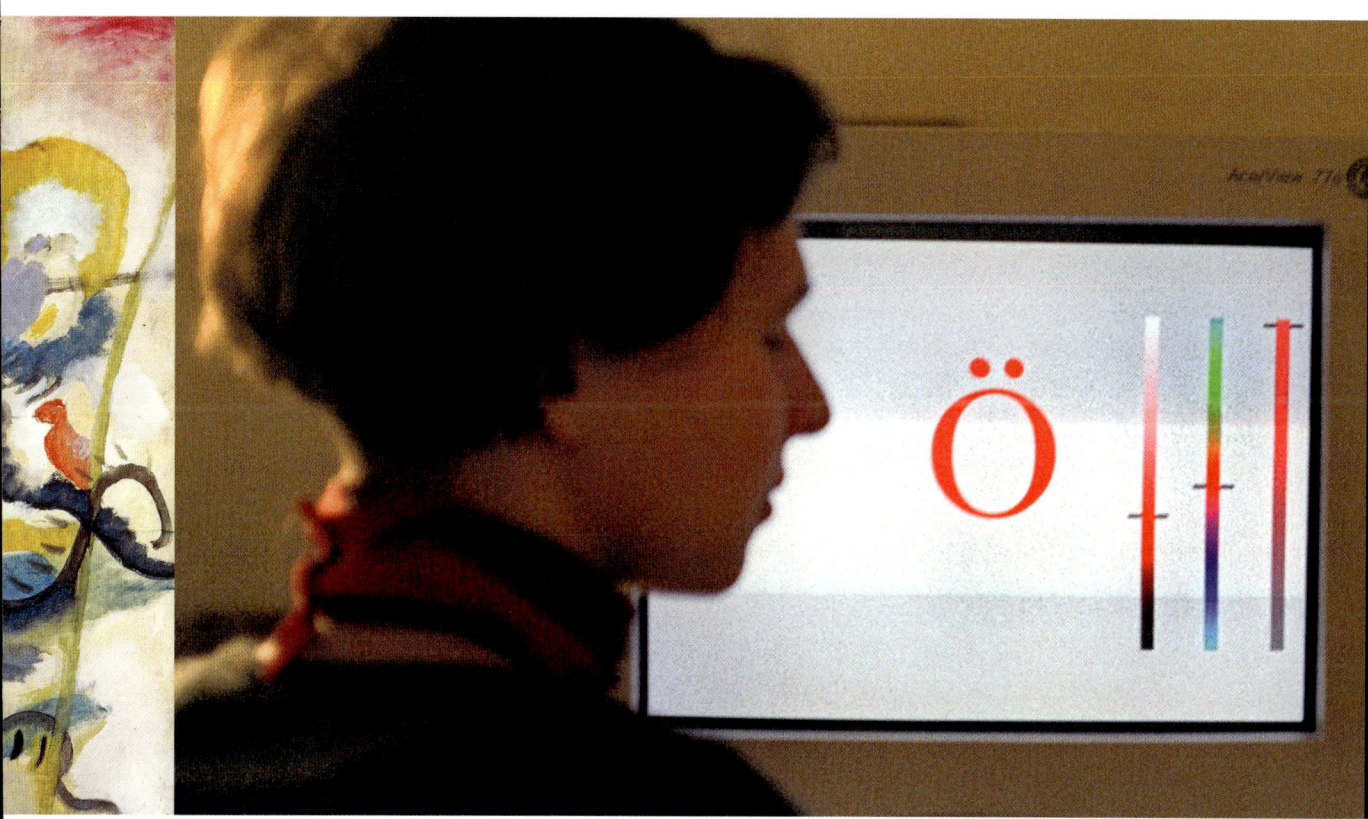

In seiner Kunst ordnete der Künstler Wassily Kandinsky (links sein Werk „Macchia nera I", 1912) jeder Farbe weitere Sinneseindrücke zu, etwa „weich" und „aromatisch" zu Blau. Rechts ordnet eine **Synästhetikerin** am Computer Farben denjenigen Buchstaben und Zahlen zu, die sie als dazugehörig empfindet.

zent aller Menschen hatten bereits mindestens einmal ein Déjà-vu. Manch einer zieht das als Beleg für die Vermutung heran, schon einmal gelebt zu haben und die Situation also aus diesem Leben schon zu kennen.

Wissenschaftler sehen das jedoch ganz anders. Ihre Theorie: Hat jemand ein Déjà-vu, beispielsweise in einer fremden Stadt, komme das dadurch zustande, dass der eigentlich neue Ort genau so – oder zumindest sehr ähnlich – aufgebaut ist wie ein bereits vertrauter Ort. In der fremden Stadt steht ein großes Haus neben einer Baumreihe, davor verläuft eine Straße – genau wie an einem Ort, den der Betreffende bereits kennt. Schon entsteht das Gefühl, hier schon einmal gewesen zu sein. Ähnlich auch, wenn man ein Geschäft betritt, in dem man

noch nie war. Die Waren sind aber so angeordnet, wie in einem vertrauten Geschäft – auch in dieser Situation kommt es häufig zu einem Déjà-vu. Neben solch praktischen Überlegungen gibt es auch eine wissenschaftliche. So gehen Forscher davon aus, dass bei einem Déjà-vu das **parahippocampale Areal** im Temporallappen der Großhirnrinde aktiv ist. Diese Region ist verantwortlich für das Gefühl der Vertrautheit. Ein Déjà-vu-Erlebnis tritt vor allem auf, wenn man müde ist – oder betrunken. Auch Epileptiker berichten häufig von Déjà-vus, und zwar während oder kurz bevor sie einen Anfall erleiden. In diesem Moment ist in ihrem Gehirn die elektrische Aktivität gestört. Die Region, die für Vertrautheit zuständig ist, wird nun fälschlicherweise stimuliert. Das belegen neurowissenschaftliche Untersuchungen.

Wie das Gehirn unser Leben steuert

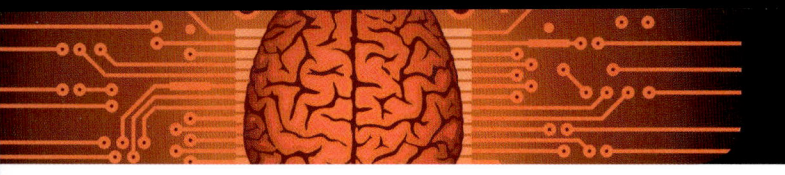

Das Kuchenbacken ist eine unter vielen möglichen frühkindlichen **Erinnerungen**. Fotos können die Erinnerung stützen.

Erinnerungen speichern

Das Gehirn ist der Ort des Erinnerns – und Vergessens. Ohne unser Gedächtnis wären Gedanken, Gefühle, Sprache, unser gesamtes Bewusstsein, nicht möglich.

Was sind die ersten Dinge in Ihrem Leben, an die Sie sich erinnern? Wie weit reichen Ihr Gedächtnis, Ihre Informationsspeicherung, zurück? Einige Menschen würden jetzt vielleicht antworten: Das Kuchenbacken mit meiner Großmutter – vom Teig durfte ich damals naschen, etwa vier Jahre war ich alt. Andere würden sagen, dass sie sich daran erinnern, wie sie am Strand spielten und mit ihrem Vater eine Sandburg bauten. Wieder andere vielleicht, dass sie auf einem Spielplatz mit anderen Kindern vor der Rutsche anstanden. Jeder Mensch hat seine ganz eigenen ersten Erinnerungen. Vier oder fünf Jahre war man damals alt.

An Dinge, die davor passiert sind, also im Baby- oder Kleinkindalter, kann man sich nicht erinnern. Das hat einen Grund, wie Entwicklungspsychologen wissen: Bevor man in der Lage ist, ein Gedächtnis aufzubauen, muss man zunächst einmal die wichtigsten „Grundpfeiler" im Leben kennengelernt haben: Wie verläuft ein Tag?

Wann gibt es etwas zu essen? Wann sind Schlafenszeiten? Und: Wer sind meine Bezugspersonen – meine Eltern, meine Großeltern, meine Geschwister? Wo bin ich zu Hause? Erst wenn man ein solches Lebens-Grundgerüst verinnerlicht hat, kann man darauf aufbauend im Gehirn Erinnerungen ansammeln und Erlebnisse abspeichern.

Vorraussetzungen für das Gedächtnis

Damit Kinder ein Gedächtnis aufbauen können, ist zudem das Erlernen von Sprache bedeutsam. Erinnerungen werden nämlich sprachlich kodiert. Um sich an Zurückliegendes erinnern zu können, muss man sich aber auch seiner eigenen Existenz bewusst sein. Man muss merken: „Ich bin es, dem diese Dinge passieren" – also eine Selbstwahrnehmung haben. Ob die Fähigkeit zur **Selbstwahrnehmung** bereits vorhanden ist, lässt sich bei kleinen Kindern leicht feststellen. Wissenschaftler überprüfen dies mit dem sogenannten Spiegeltest. Dabei bekommt ein Kind unbemerkt einen Punkt auf die Stirn gemalt. Dann bringt man es dazu, sich im Spiegel anzuschauen. Zeigt es dann auf den Spiegel oder tippt sich auf die Stirn, hat es sich selbst erkannt.

Die Fähigkeit, sich selbst wahrzunehmen, setzt mit etwa zwei bis drei Jahren ein. In diesem Alter beginnt auch das, was Psychologen als „Theory of Mind" bezeichnen, die Fähigkeit, sich gedanklich in andere Menschen hineinzuversetzen – und festzustellen, dass diese etwas anderes denken, fühlen oder wissen können als man selbst. Haben wir das erst einmal

erkannt, sind wir in der Lage, Erlebnisse mit dem eigenen Ich in Verbindung zu bringen. Übrigens: Wenn Sie meinen, sich an Dinge erinnern zu können, die bereits früher passiert sind, die Sie vielleicht als einjähriges Kind erlebt haben, dann liegt das sehr wahrscheinlich daran, dass es Fotos von diesem Erlebnis gibt – oder andere Menschen Ihnen später davon erzählt haben. Um Ihre eigenen Erinnerungen handelt es sich dabei nicht.

Wissens- und Verhaltensgedächtnis

Im Leben passiert so viel, an das wir uns später erinnern: Der erste Schultag, Lehrer, Mitschüler, der Schulabschluss, die

Für Bewegungsabläufe, beispielsweise das Radfahren, benötigen wir das **Verhaltensgedächtnis**. Eine Grundvoraussetzung für den Aufbau eines Gedächtnisses ist die Fähigkeit zur **Selbstwahrnehmung**.

„Unser Gedächtnis gleicht einem Sieb, dessen Löcher – anfangs klein –, wenig durchfallen lassen, jedoch immer größer werden und endlich so groß sind, dass das Hineingeworfene fast alles durchfällt."

Arthur Schopenhauer (1788–1860)

erste Fahrstunde. All das – und noch viel mehr – speichert unser Wissensgedächtnis. Daneben gibt es ein Verhaltensgedächtnis. Dieses merkt sich Bewegungsfolgen. So verdanken wir es unserem Verhaltensgedächtnis, dass wir wissen, was zu tun ist, wenn wir auf einem Fahrrad sitzen.

Unser Wissensgedächtnis unterteilt sich in Kurzzeit- und Langzeitgedächtnis. Im **Kurzzeitgedächtnis** werden Informationen nur wenige Sekunden bis Minuten abgespeichert (siehe Kapitel 2, Seite 89 ff.). Im **Langzeitgedächtnis** speichern wir langfristig sprachlich-begriffliches Wissen wie etwa die Vokabeln einer Fremdsprache, bildhaftes und episodisches Wissen. Also beispielsweise die Erinnerung daran, dass man als vierjähriges Kind mit der Großmutter einen Kuchen gebacken hat.

Wo im Gehirn das Gedächtnis sitzt, ist nach wie vor Gegenstand der Forschung: Lange galt unter Wissenschaftlern der Hippocampus als wichtiges Hirnzentrum, in dem Erinnerungen dauerhaft abgespeichert werden. Allerdings zeigen aktuelle Untersuchungen des Max-Planck-Instituts für medizinische Forschung in Heidelberg, dass Erinnerungen an verschiedenen Stellen der Großhirnrinde abgelegt werden.

Ein Stichwort der Souffleuse reicht aus, um der Schauspielerin mithilfe der **neuronalen Plastizität** eine ganze Textpassage ins Gedächtnis zu rufen. Die Möglichkeit, mithilfe von Sensoren die feinen elektrischen Aktivitäten der Nervenzellen im Gehirn aufzuzeichnen, hat der **Gedächtnisforschung** ganz neue Möglichkeiten eröffnet.

Der **Schläfenlappen** spielt vermutlich eine wichtige Rolle bei der Gedächtnisbildung, also der Fähigkeit, Informationen ins Langzeitgedächtnis zu holen. Entdeckt wurde dies an einem Epilepsiepatienten: Henry Molaison, abgekürzt H. M., ist ein berühmter Name in der Gedächtnisforschung, seine Geschichte wird in vielen Lehrbüchern zitiert: Im Jahr 1953 wurde ihm, weil sich seine Epilepsie medikamentös nicht behandeln ließ, beidseitig ein Teil des Schläfenlappens wegoperiert. H.M. hatte fortan keine epileptischen Anfälle mehr, konnte sich auch noch an Dinge erinnern, die vor der Operation passiert waren. Allerdings war er in der Vergangenheit gefangen: H.M. war nicht mehr in der Lage, Wissen langfristig abzuspeichern. Er konnte nichts Neues lernen.

Wie sich Nervenzellen beim Lernen verändern

Lernen ist die Fähigkeit, sich neues Wissen oder neue Fertigkeiten dauerhaft anzueignen. Um etwas zu lernen, müssen wir es oft wiederholen, damit es sich im Langzeitgedächtnis einprägt. Jeder kennt das: Reime oder Vokabeln müssen wiederholt werden, bis man sie schließlich beherrscht. Was genau aber passiert dabei im Gehirn? Das ist längst noch nicht im Detail erforscht. Neurowissenschaftler gehen derzeit davon aus, dass

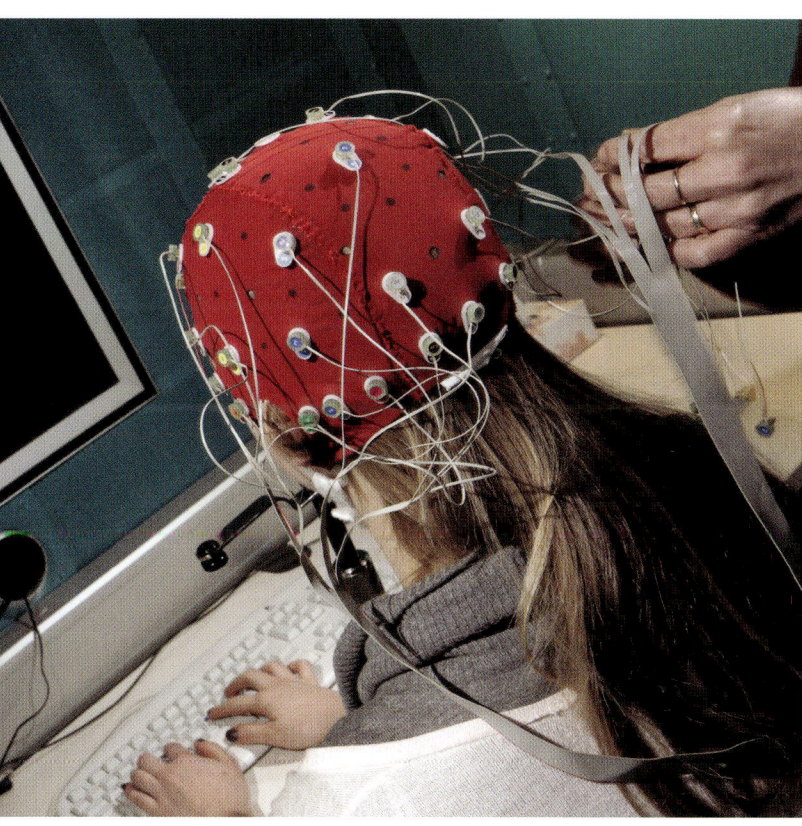

ihm einige Wörter zu – schon ist der gelernte Text wieder da. Zahlreiche Merkhilfen können im Alltag ein solcher Anstoß sein: Im Kalender steht unter einem Datum nur ein Stichwort. Allein dieses Stichwort reicht aus, damit wir an dem Tag wissen, was gemeint ist.

So wird Lernen effektiver

Eine große Hilfe beim Lernen ist, neben den bereits in Kapitel 2 erwähnten Memotechniken, das sogenannte **elaborierte Memorieren**.

Das heißt, etwas wird nicht mechanisch auswendig gelernt, sondern ausgearbeitet, von anderen Gesichtspunkten aus betrachtet. Ein zu lernender Text, vielleicht eine Rede, wird dann später nicht mechanisch heruntergespult, sondern kann mit eigenen Worten sinngemäß wiedergegeben werden. Beim elaborierten Lernen wird ein Text in seiner ganzen Bedeutung erfasst – und mit Bildern und eigenen Erlebnissen in Beziehung gesetzt. So ist es beispielsweise ein Unterschied, ob man zu einem historischen Ereignis nur stur ein paar Daten auswendig lernt, oder ob diese Daten mit Bildern, vielleicht einem Film oder Geschichten von Menschen, untermauert werden. Hilfreich ist es, wenn man beim Lernen möglichst viele Sinnesorgane einbezieht, etwa durch lautes Vorsprechen – vielleicht innerhalb einer Lerngruppe –, oder sich selbst Modelle aufmalt oder nachbaut.

sich im Gehirn die Verbindungen zwischen Nervenzellen verändern. Diese Fähigkeit nennt man **neuronale Plastizität**. Wir merken uns etwas, dabei werden mehrere Gruppen von Nervenzellen gleichzeitig aktiviert. Je häufiger diese Zellgruppen gemeinsam aktiviert worden, desto stabiler werden die Verbindungen der Nervenzellen untereinander. Und je stabiler dieses Nervennetz, desto fester „sitzt" das Wissen, und umso leichter wird es wiederum, das Gemerkte abzurufen. Manchmal reicht dann nur ein kleiner Anstoß, um das Abgespeicherte „wachzukitzeln". Im Theater beispielsweise: Der Schauspieler vergisst einen Teil seines Textes. Die Souffleuse flüstert

„Lernen und nicht denken ist unnütz. Denken und nicht lernen ist zwecklos."

Konfuzius (551–479 v. Chr.)

Lernen wird effektiver, wenn man dabei möglichst viele Sinnesorgane einbezieht, den Stoff also greifbar macht und ihn mit Zusatzinformationen wie Bildern und Geschichten anreichert.

Bewegungsabläufe wie beim Tanzen und Autofahren werden über **prozedurales Lernen** im Kleinhirn abgespeichert.

Erlernen einer Choreografie

Viele Bewegungsabläufe absolviert man, sobald sie erst einmal erlernt sind, ohne sich der einzelnen Schritte bewusst zu sein, also automatisiert. Sie werden im Verhaltensgedächtnis abgespeichert.

Ganz anders als unser Wissensgedächtnis „füllen" wir unser Verhaltensgedächtnis – also den Bereich, der komplexe Bewegungsabfolgen abspeichert. Und zwar Bewegungsfolgen, die irgendwann von selbst ablaufen, nachdem wir sie einstudiert haben. Das gilt etwa für eine Tanzchoreografie – also eine Aneinanderreihung von Bewegungen, die mehrere Minuten dauern kann. Beim Tanztraining wiederholen wir immer und immer wieder die einzelnen Elemente der Bewegungsabfolge – heben die Arme, drehen die Beine, verbiegen den Oberkörper. Irgendwann sagt man, „mir sind die Bewegungen in Fleisch und Blut übergegangen." Und zwar dann, wenn man das Gefühl hat, Arme, Beine und Oberkörper wüssten von selbst, wann sie sich heben, drehen oder verbiegen müssen.

Genau genommen ist es aber unser Gehirn, das den Muskeln vorschreibt, an welcher Stelle der Bewegungsabfolge sie

sich zu kontrahieren haben. Es ist, als würde man beim Lernen einer Choreografie auf ein Tonband sprechen, das später nur noch abgespult werden muss. Erlernen wir eine neue Choreografie, dann findet die Informationsverarbeitung zunächst im Frontallappen der Großhirnrinde statt: Unsere Augen und Ohren nehmen die Anweisungen des Tanzlehrers auf, der motorische Cortex sorgt dafür, dass wir die Bewegungen nachmachen. Dies ist ein aktiver Vorgang, der Konzentration und Aufmerksamkeit erfordert. Oft genug geübt, wird die Choreografie in unser Kleinhirn übertragen und dort abgespeichert. Von nun an wird die einstudierte Bewegungsabfolge vom Kleinhirn koordiniert. Ab diesem Moment haben wir das Gefühl, die Bewegungen liefen automatisch ab. Der Frontallappen ist wieder „frei", hat mit der Choreografie nichts mehr zu tun – und widmet sich neuen Aufgaben.

So lernt das Gehirn das Autofahren

Prozedurales Lernen heißt es, wenn wir Informationen auf diese Weise abspeichern. Für das Erlernen von Abläufen, davon gehen Wissenschaftler derzeit aus, sind aber auch Veränderungen an Nervenzellen wichtig. Dabei werden vermutlich ganz neue Verbindungen zwischen den Nervenzellen aufgebaut.

Der Fortschritt beim prozeduralen Lernen stellt sich erst nach und nach ein. Für das Tanztraining bedeutet das: Wir machen die Bewegungen zunächst langsam, vielleicht etwas hölzern nach, erst nach zahlreichen Wiederholungen gehen die Bewegungen flüssig ineinander über. Es dauert zwar länger, bis die Informationen im Verhaltensgedächtnis gespeichert sind, allerdings werden sie auch viel langsamer wieder vergessen als die im Wissensgedächtnis abgespeicherten. Beim Fahrradfahren beispielsweise dauert es eine Weile, bis man die richtigen Ausgleichsbewegungen beherrscht, um nicht seitlich umzukippen. Berrscht man das Fahrrad fahren aber erst einmal, ist es sehr unwahrscheinlich, dass man jemals wieder vergisst, wie das geht. Das Gleiche gilt für das Autofahren: Die ersten Fahrstunden sind für die meisten Menschen sehr mühsam. Man muss die Kupplung drücken, einen Gang einlegen, die Kupplung langsam kommen lassen und mit dem anderen Bein Gas geben. Mit der Zeit übernimmt das Kleinhirn die Koordination dieser Bewegungen. Dort sind sie fortan gespeichert. Setzt man sich später in ein Auto, laufen Kuppeln und Gasgeben wie von selbst ab. Das ist auch gut so: Nun kann man sich ausschließlich auf den Verkehr konzentrieren – und achtet nicht mehr darauf, was die Beine machen.

Das Kleinhirn ist also der entscheidende Speicherort für komplexe Bewegungsabfolgen. Nimmt es Schaden, sind wir möglicherweise nicht mehr in der Lage, Bewegungsabfolgen abzurufen. Nach einem Schlaganfall beispielsweise, aber auch, wenn man betrunken ist. Alkohol ist für das Kleinhirn pures Gift. Der Versuch, eine zuvor einstudierte Tanzchoreografie in betrunkenem Zustand vorzuführen, sorgt vielleicht bei den Zuschauern für Erheiterung, wird aber niemals so ablaufen, wie einst einstudiert.

Eine Tanzchoreografie er-
lernt man durch Übung und
Erfahrung, weniger durch
theoretische Tätigkeiten wie
Zuschauen. Man nennt dies
prozedurales Lernen.

Das Essverhalten

Das Gehirn steuert unser Ess- und Trinkverhalten. Eine gesunde Ernährung steigert die Leistungsfähigkeit des Gehirns und begünstigt eine gute körperliche und mentale Verfassung.

M an ist, was man isst. Dieser altbekannte Satz steckt voller Wahrheit. Unsere Nahrung hat nämlich einen enormen Einfluss auf die unterschiedlichsten Stoffwechselprozesse in unserem Körper – und damit auch auf unser Gehirn. Mit der Nahrung können wir sogar beeinflussen, welche Stimmungslage das Gehirn generiert. Probieren Sie es aus: Nehmen Sie tryptophanreiche Lebensmittel zu sich, also beispielsweise Sonnenblumenkerne, Haferflocken oder Cashewnüsse – und dazu Kohlenhydrate, also vielleicht ein Vollkornbrot. Was passiert? Sie werden sehen, Ihr Wohlbefinden steigt. Aus der Aminosäure Tryptophan baut das Gehirn nämlich den stimmungsaufhellenden Neurotransmitter Serotonin zusammen. Und eine hohe Kohlenhydratzufuhr erleichtert dem Tryptophan den Weg ins Gehirn. Ernähen Sie sich dagegen eiweißreich, konkurrieren verschiedene Aminosäuren um denselben Weg ins Gehirn – Tryptophan wird dann nur in

Neben der Notwendigkeit der Nahrungsaufnahme gibt es noch zusätzliche Reize wie Düfte und appetitliches Aussehen, die das Essen beeinflussen.

„Man soll dem Leib etwas Gutes bieten, damit die Seele Lust hat, darin zu wohnen."

Winston Churchill (1874–1965)

geringen Konzentrationen aufgenommen. Die Serotoninproduktion kommt ins Stocken. Vereinfacht lässt sich also sagen: Was im Gehirn vor sich geht, wird auch von unserer Nahrung bestimmt.

Und ob wir Hunger haben oder nicht, entscheidet ohnehin das Gehirn. Genauer gesagt ist es vor allem der Hypothalamus, der bestimmt, ob wir Nahrung aufnehmen wollen oder nicht. Er erhält Signale aus dem Körper, die ihn über einen möglichen Bedarf an Energie informieren. Überbracht werden diese Informationen von verschiedenen Botenstoffen. Gewissermaßen bestellt sich der Körper im Gehirn etwas zu essen. Über die Mechanismen ist bei

Weitem noch nicht alles bekannt. Ernährungswissenschaftler gehen derzeit davon aus, dass im Hypothalamus vor allem zwei Regionen entscheiden, ob wir uns etwas Essbares in den Mund stecken oder nicht: Der **Nucleus arcuatus** und der **Nucleus paraventricularis**.

So werden wir satt

Stellen Sie sich vor, Sie haben ein leckeres Mittagessen zu sich genommen, vielleicht ein Schnitzel mit Bratkartoffeln und Salat– als Nachspeise noch ein Eis. In Ihrem Körper füllen sich nach und nach die Fettdepots. Sind die Fettzellen gefüllt, geben sie das Hormon **Leptin** ins Blut ab. Über die Blut-Hirn-Schranke (dazu mehr

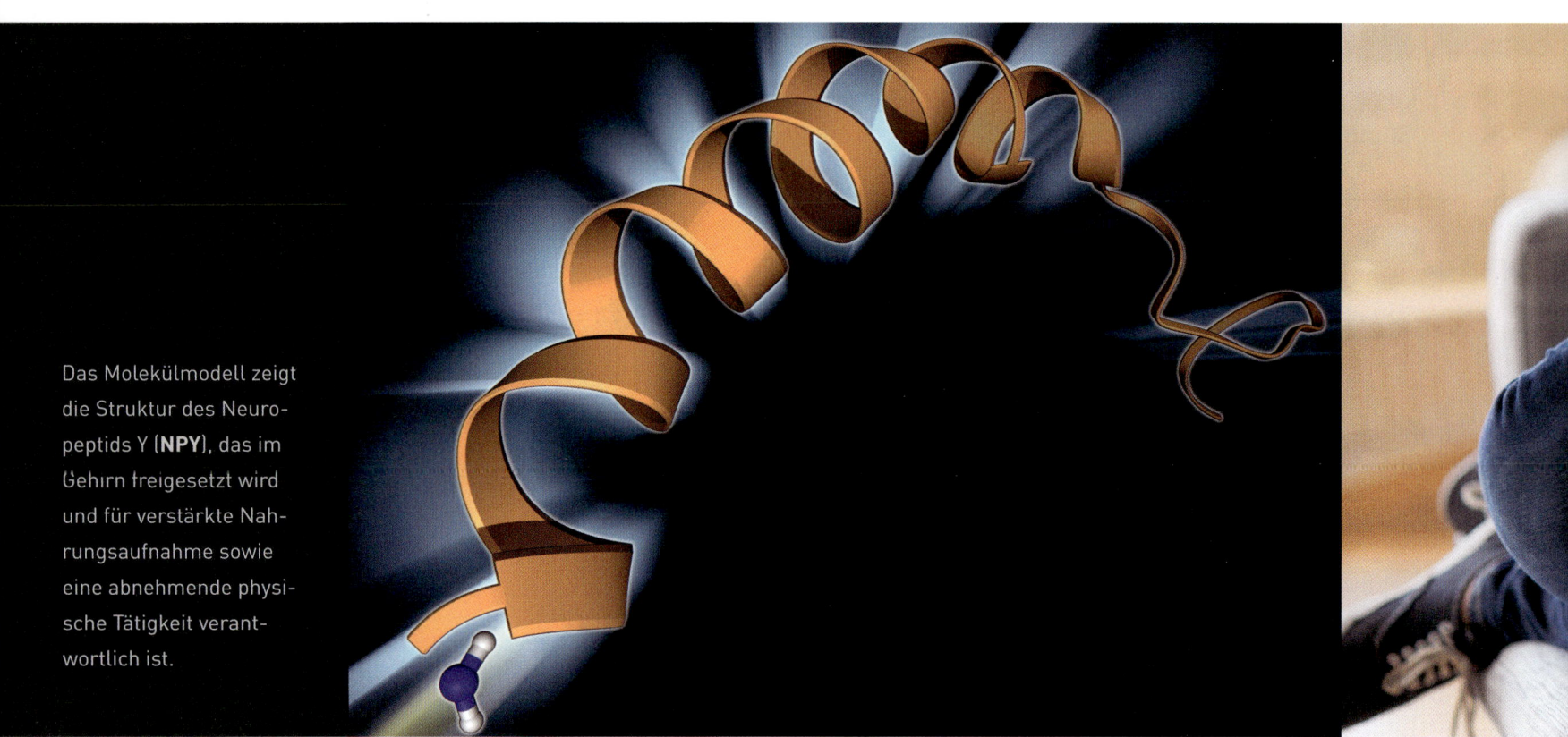

Das Molekülmodell zeigt die Struktur des Neuropeptids Y (**NPY**), das im Gehirn freigesetzt wird und für verstärkte Nahrungsaufnahme sowie eine abnehmende physische Tätigkeit verantwortlich ist.

in Kapitel 5, Seite 219 ff.) gelangt Leptin in Ihr Gehirn. Dort hemmt es im Hypothalamus, genauer: im Nucleus arcuatus, die Freisetzung des sogenannten Neuropeptids Y (NPY). **NPY** ist derzeit der stärkste be-kannte Stimulator für Nahrungsaufnahme. Versuche an Ratten haben gezeigt, dass NPY-Infusionen zu einer über mehrere Tage anhaltenden Nahrungsaufnahme führen. Leptin hemmt also die Wirkung von NPY – genau wie auch die von weiteren „Appetitauslösern" im Hypothalamus: **AGRP** beispielsweise, das Agouti-related protein.

Gleichzeitig stimuliert Leptin im Hypothalamus die Ausschüttung von alpha-MSH, einem Hormon, das für das Gefühl der Sattheit verantwortlich ist. Alpha-MSH bindet an die sogenannten MC-

4-Rezeptoren am Nucleus paraventricularis. Interessant: Untersuchungen haben gezeigt, dass beim Menschen genetische Defekte des MC-4-Rezeptors für starkes Übergewicht verantwortlich sein können. Sinkt der Leptinspiegel wieder, entsteht das typische Hungergefühl. Wie wir bereits in Kapitel 1 (siehe Seite 45) gesehen haben, unterliegt der Leptinspiegel einer biologischen Tagesrhythmik: Nachts, wenn wir schlafen, wird besonders viel Leptin ausgeschüttet, deshalb haben wir in dieser Zeit normalerweise keinen Hunger.

So steigt der Appetit

Über das Auftreten des Hungergefühls entscheiden neben dem Leptinweg weitere Mechanismen: Auf einigen Zellen im Hypothalamus sitzen Insulinrezeptoren –

Übergewicht durch Leptinmangel?

Auch bei übergewichtigen Menschen produzieren die Fettpolster in der Regel das die Nahrungsaufnahme hemmende Hormon Leptin – weltweit sind nur wenige Fälle bekannt, bei denen eine unzureichende körpereigene Leptin-Produktion für Fettleibigkeit verantwortlich ist. Allerdings reagiert der Körper – zumindest bei einigen Betroffenen – nur unzureichend auf das „Sattmacher-Hormon" Leptin; es besteht eine Leptinresistenz. Meist haben „ein paar Kilos zu viel" andere Ursachen. Ernährungswissenschaftler gehen derzeit davon aus, dass ein Überangebot an Nahrung, gekoppelt mit Bewegungsarmut, Hauptursache für die Zunahme von Übergewicht in den Industrienationen ist.

also „Andockstellen" für Insulin. Insulin wird vom Körper bei der Nahrungsaufnahme ausgeschüttet, passiert ebenfalls die Blut-Hirn-Schranke, bindet an diese Rezeptoren und übermittelt so ebenfalls ein Signal für Sattheit.

Ob wir etwas essen oder nicht bestimmen aber nicht nur die „Sattmacherbotenstoffe": Jeder weiß beispielsweise, dass in Stresssituationen oder bei Angst der Hunger ausbleibt – obwohl man schon länger nichts mehr gegessen hat. Denn der Sympathikus stellt den Körper in diesem Moment auf Flucht oder Kampf ein. Fürs Essen hat man nun im wahrsten Sinne des Wortes keinen „Nerv". Appetitfördernd ist dagegen ein angenehmer Duft: Sie sitzen in der Wohnung, sind eigentlich satt, plötzlich riechen Sie einen leckeren

Kuchen, der gerade erst aus dem Ofen kommt. Zu gern würden sie davon jetzt ein Stück naschen.

Essen hat über die Nahrungsaufnahme hinaus auch eine soziale Funktion: Menschen treffen sich, um gemeinsam zu speisen. In Gesellschaft wiederum verzehrt man mehr, als wenn man allein wäre. Und dass wir uns bei der Wahl von Speisen hauptsächlich für etwas Herzhaftes oder etwas Süßes entscheiden, liegt daran, dass diese Geschmacksrichtungen dem Gehirn signalisieren, besonders energie- und nährstoffreich zu sein, wie wir aus Kapitel 3 (vgl. S. 134 ff.) wissen.

So wird Essen zum Genuss

Wir essen gern – haben Freude am Essen. Dafür verantwortlich ist das sogenannte

Fettzellen sind ein Energiedepot des Körpers. Verbrauchen wir weniger Nahrung, als wir zu uns nehmen, lagert sich Fett in den Zellen ein, die dann auf das 200-Fache ihrer ursprünglichen Größe anwachsen können. Die Anzahl der Fettzellen wird in der Kindheit festgelegt. Zwischen 40 und 120 Milliarden Fettzellen besitzt dann der erwachsene Körper. Wissenschaftler haben herausgefunden, dass selbst eine strikte Diät die Anzahl der Fettzellen nicht reduzieren kann.

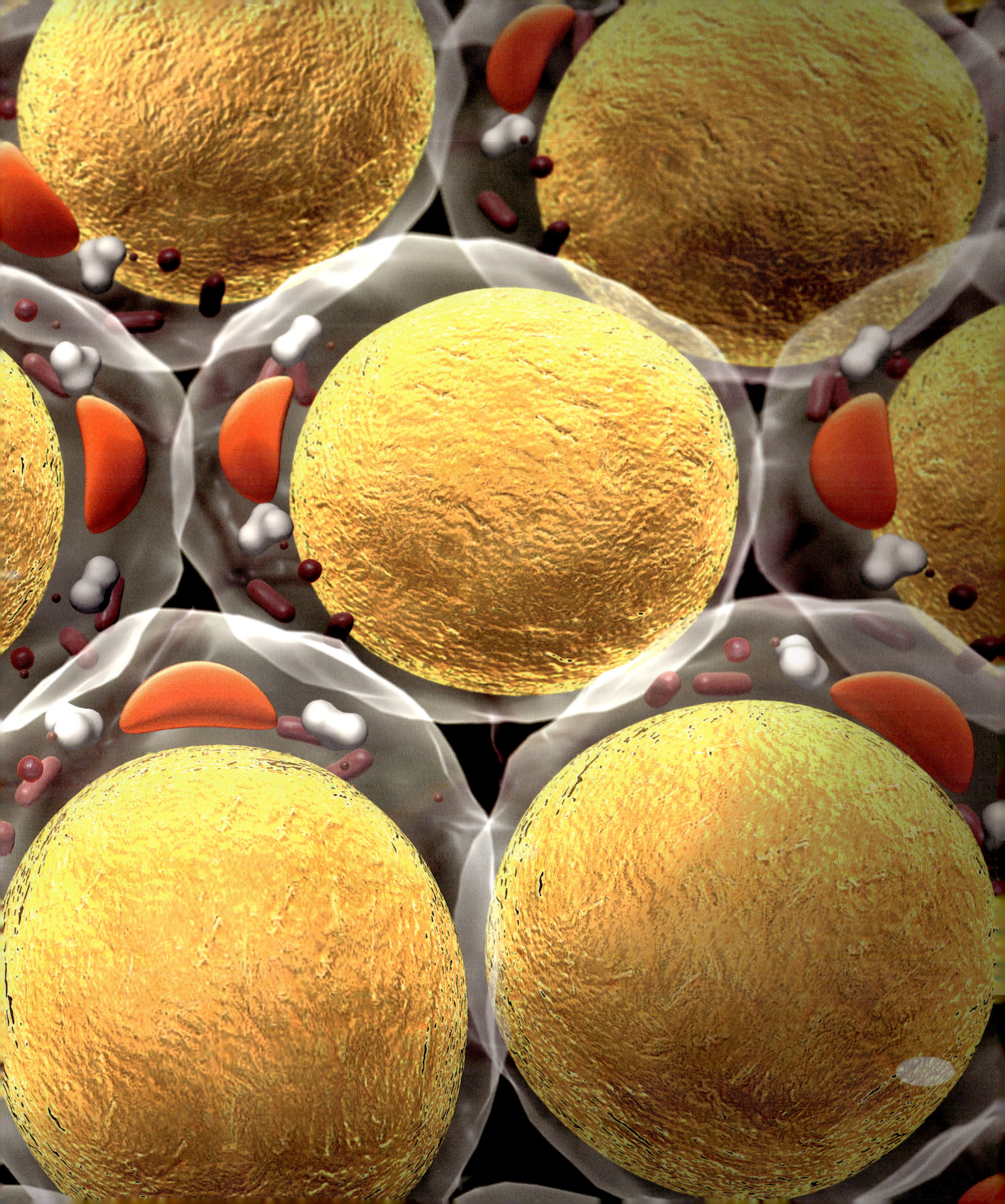

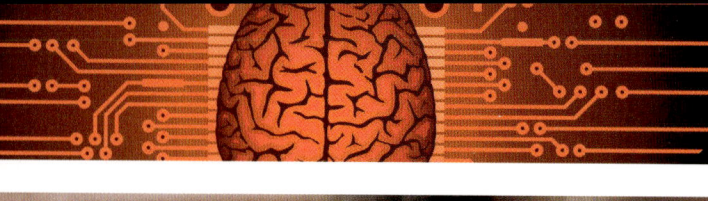

Belohnungssystem im Gehirn. Der **Nucleus accumbens** im Vorderhirn ist der Sitz des menschlichen Belohnungssystems. Dieses wird von Zellen im ventralen Tegmentum, einer Struktur im Mittelhirn, mit dem Botenstoff **Dopamin** stimuliert – unter anderem beim Essen. **Dopamin** ist auch bekannt als „Glückshormon". Hat dieser Botenstoff an den Nucleus accumbens angedockt, empfinden wir ein Gefühl der Freude und Zufriedenheit.

Das ist der Grund, weshalb die meisten Menschen Essen mit Lust und Genuss in Verbindung bringen.

Das Belohnungssystem wird nicht nur beim Essen stimuliert, sondern bei vielen anderen Dingen, die uns Freude bereiten, beispielsweise beim Küssen, beim Sport oder auch beim Sex. Ein Trick der Natur: Das Gehirn belohnt uns mit einem Glücksgefühl, wenn wir etwas essen oder uns

Beim Essen wird das Glückshormon Dopamin ausgeschüttet, das uns **Genuss** empfinden lässt. Auch leckere **Düfte** steigern die Bereitschaft zur Nahrungsaufnahme.

fortpflanzen. Wir wollen diese Dinge immer und immer wieder tun. So erhalten wir uns selbst und unsere Art.

Ein fehlgeleitetes Belohnungssystem, das meinen zumindest einige Ernährungswissenschaftler, kann die Ursache für Übergewicht sein. Studien weisen beispielsweise darauf hin, dass übergewichtige Menschen mehr Nahrung konsumieren müssen, um denselben „zufriedenstellenden" Dopaminspiegel zu erreichen wie Normalgewichtige. Oder auch, dass sie öfter zu Essbarem greifen, um Befriedigung zu erlangen. Auch das sogenannte Frustessen lässt sich so erklären: Menschen essen viel, weil ihnen andere Dinge keine Freude mehr bereiten. Nur noch das Essen kann ihr Belohnungssystem stimulieren.

Bausteine für ein fittes Gehirn

Unser Gehirn hat einiges zu tun – dafür braucht es viel Energie, die man zum Beispiel in Form von Glukose zu sich nehmen kann. Vor einer geistigen Anstrengung, etwa einer Prüfung, nehmen viele Menschen deshalb ein Stück Traubenzucker zu sich. Sie meinen, so gelange Glukose schnell ins Blut und die Konzentrationsfähigkeit steige. Das ist allerdings nicht zu Ende gedacht: Traubenzucker wird schnell vom Darm aufgenommen. Der Blutzuckerspiegel steigt dann rasch an. Insulin wird von der Bauchspeicheldrüse ausgeschüttet, der Blutzuckerspiegel sinkt daraufhin schnell wieder – und damit auch die Konzentrationsfähigkeit.

Will man dem Gehirn etwas Gutes tun, ihm also Energie anbieten, die länger

Was das Gehirn braucht

A **Kohlenhydrate** bestehen aus Kohlenstoff, Wasserstoff und Sauerstoff. Sie kommen vor allem in pflanzlichen Lebensmitteln vor.

B **Proteine** (Eiweiße) sind natürlich vorkommende Stoffe, die vor allem aus Aminosäuren bestehen.

C **Fette und Öle** sind energiereiche Naturstoffverbindungen. Fett ist bei Raumtemperatur fest, Öl flüssig.

anhält, dann sollte man **Kohlenhydrate** zu sich nehmen, die der Körper nur langsam zu Glukose abbauen kann. Dazu gehören Kohlenhydrate aus Vollkorngetreiden, Hülsenfrüchten und Gemüse. Der Blut–zuckerspiegel bleibt dadurch länger konstant. Und auch die Konzentrationsfähigkeit besteht über einen längeren Zeitraum hinweg. Weißbrot, Marmelade oder Honig sind also nicht ideal, um dem Gehirn morgens auf die Sprünge zu helfen. Der Blutzuckerspiegel steigt zu schnell an. Vollkornbrot mit Quark oder Müsli mit Milch, Joghurt und frischem Obst sind die bessere Wahl.

Das Gehirn braucht außerdem **Proteine**. Denn diese sind aus **Aminosäuren** aufgebaut, die wiederum Vorstufen der Neurotransmitter sind, also der Botenstoffe, die Reize weitergeben und damit die Informationsvermittler im Nervensystem sind. Aus den Aminosäuren Serin und Methionin kann Cholin und daraus wiederum der am häufigsten im Gehirn vorkommende Botenstoff Acetylcholin hergestellt werden. Proteine, die das Gehirn gut verwerten kann, sind beispielsweise enthalten in Fisch, Milchprodukten, Hülsenfrüchten, Hafer, Sojaprodukten und Nüssen.

Flüssigkeitsmangel senkt die Leistungsfähigkeit von Körper und Gehirn. Unter anderem fällt es dann schwerer, komplexe Zusammenhänge zu verstehen. Durch regelmäßiges und **genügendes Trinken** sollte man vermeiden, dass das Warnsignal „Durst" überhaupt auftritt.

> *„Wenn ich gut gegessen habe, ist meine Seele stark und unerschütterlich; daran kann auch der schwerste Schicksalsschlag nichts ändern."*
>
> Jean-Baptiste Molière (1622–1673)

Darüber hinaus benötigt das Gehirn **Fett** – insbesondere die sogenannten ungesättigten Omega-3-Fettsäuren. Diese sind am Aufbau der Nerven- und Gehirnzellen beteiligt. Reich an Omega-3 sind Kaltwasserfische wie Hering, Makrele und Lachs, außerdem Nüsse und Pflanzenöle wie Oliven-, Raps-, Soja- und Distelöl.

Essen wir zu viel auf einmal, dann wird das Gehirn träge. Unsere Verdauung verbraucht nämlich viel Energie – die dem Gehirn dann fehlt. Nach einem opulenten Menü wird niemand mehr zu geistigen Höchstleistungen fähig sein. Braucht man also sein Gehirn in Topform, weil man sich beispielsweise auf eine Prüfung vorbereiten will, dann ist es gut, wenn man – über den ganzen Tag verteilt – zu mehreren kleinen, leichten Mahlzeiten greift.

Flüssigkeit für das Gehirn

Für die Fitness des Gehirns ist es außerdem wichtig, viel zu trinken. Unser Gehirn besteht zu 75 Prozent aus Wasser. Um diesen Anteil aufrechtzuerhalten, müssen die Nervenzellen kontinuierlich mit Flüssigkeit versorgt werden. Wird der Anteil des Körperwassers nur um 1 bis 2 Prozent reduziert, machen sich Müdigkeit und Konzentrationsschwäche bemerkbar. Vielleicht haben Sie es schon erlebt: Hat man länger nichts getrunken, nimmt die Leistungsfähigkeit des „Denkorgans" ab. Deshalb sollte man über den Tag verteilt 1,5 bis 2 Liter Flüssigkeit trinken.

Aktiv im Schlaf

Etwa ein Drittel des Tages verbringt der Mensch im Schlaf. Die Frage, was in dieser Zeit im Gehirn passiert, bewegt uns seit jeher. In den letzten Jahrzehnten hat die Hirnforschung viele spannende Erkenntnisse gewonnen.

Im Schlaf verändert sich das Gehirn. Das entdeckte unter anderem der amerikanische Schlafforscher Allan Rechtschaffen im Jahr 1968. Feststellen konnte er das per Elektroenzephalogramm (EEG) an der Kopfhaut von schlafenden Probanden. Rechtschaffen bemerkte, dass sich die elektrische Aktivität im Gehirn beim Einschlafen verlangsamt – nach 90 Minuten aber wieder ansteigt. Ein Vorgang, der sich mehrmals pro Nacht wiederholt. Zyklisch verändern sich also die Gehirnwellen während des Schlafs (mehr zu Gehirnwellen auch in Kapitel 2, Seite 111).

Die Schlafphasen

Im normalen Wachzustand sind Betawellen per EEG an der Kopfhaut messbar. Schlafen wir ein, nimmt die Frequenz der Gehirnwellen langsam ab, sie erreicht den Bereich der Alphawellen. Wie wir bereits wissen, versetzen uns Alphawellen in einen Zustand der Gelassenheit.

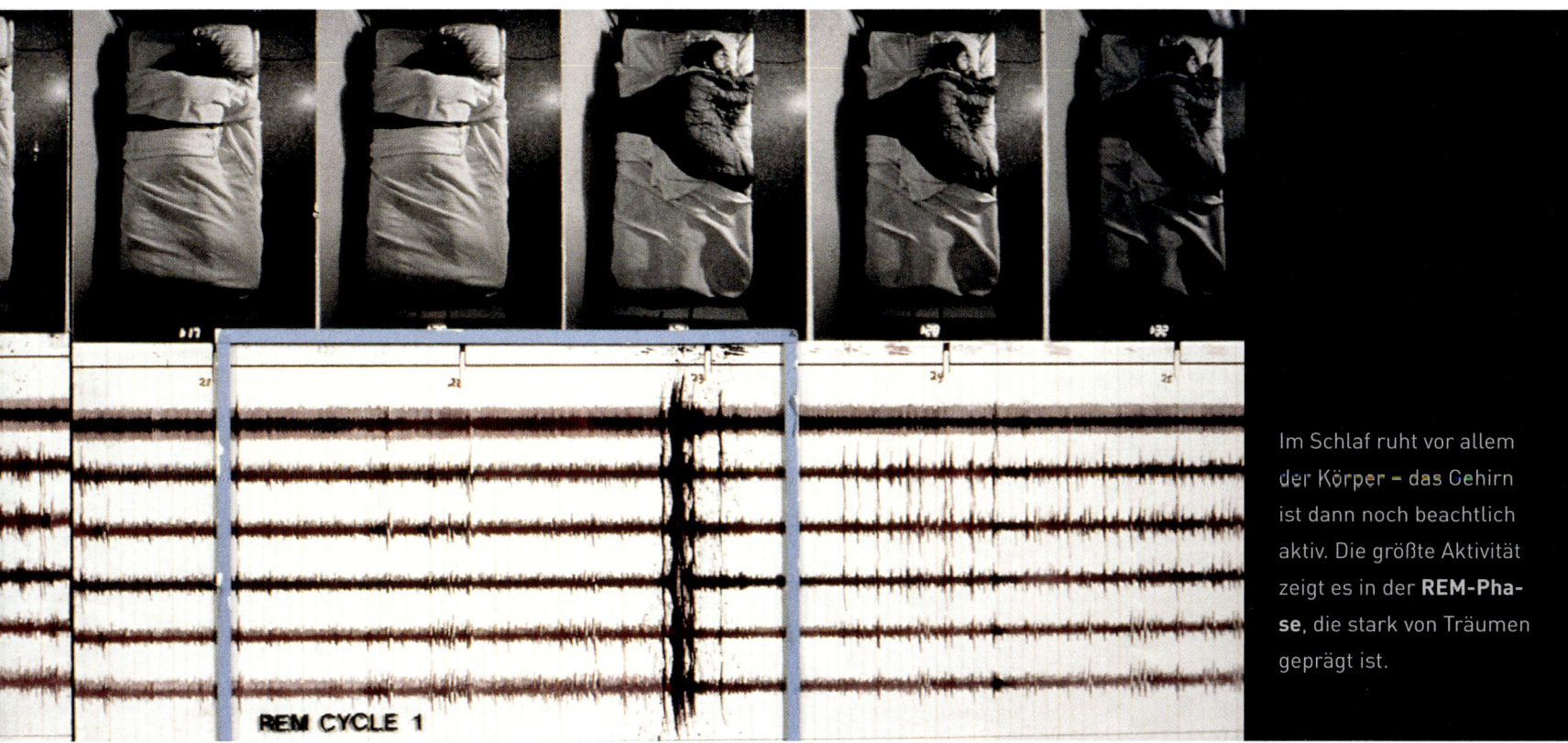

REM CYCLE 1

Im Schlaf ruht vor allem der Körper – das Gehirn ist dann noch beachtlich aktiv. Die größte Aktivität zeigt es in der **REM-Phase**, die stark von Träumen geprägt ist.

„Schlaf ist für den Menschen,
was das Aufziehen für die Uhr."

Arthur Schopenhauer (1788–1860)

Nach etwa 15 Minuten Schlaf folgen die kleineren Thetawellen, bis schließlich in der ersten Tiefschlafphase vor allem Deltawellen im EEG sichtbar werden. Es wäre sehr schwierig, jemanden in dieser Schlafphase zu wecken. Wissenschaftler nennen die Tiefschlafphase auch SWS: Das steht für „slow wave sleep", also Schlaf mit langsamen EEG-Wellen. Etwa 90 Minuten nach Schlafbeginn zeigt sich im EEG eine Mischung aus Alpha-, Beta-, Theta- und Deltawellen. Zu diesem Zeitpunkt verbraucht das Gehirn genauso viel Energie wie im Wachzustand. Die Augen rollen hektisch unter den geschlossenen Liedern hin und her – „rapid eye movements", abgekürzt **REM**,

wird diese Schlafphase daher auch genannt. Nicht nur, aber vor allem in der REM-Phase träumen wir. Die für Logik zuständigen Gehirnzellen sind jetzt so gut wie abgeschaltet. Im Traum scheinen die Gesetze der Physik außer Kraft: Einige Menschen können im Traum fliegen. Andere träumen von Dingen, die am Vortag passiert sind – oder malen sich die Zukunft aus. Surreale Szenen sind im Traum häufig: Verschiedene Episoden aus dem Leben, gemischt vielleicht mit Filmszenen und anderen Dingen, die eigentlich gar nicht zusammengehören. Nach etwa zehn Minuten endet die erste REM-Phase der Nacht. Die Frequenz der Gehirnwellen sinkt wieder, eine erneute

Tiefschlafphase beginnt. Danach folgt die nächste REM-Phase. Pro Nacht gibt es etwa vier bis sechs solcher Zyklen. Mit zunehmender Schlafdauer nimmt die Dauer der REM-Phase zu – in den Morgenstunden nimmt sie bis zu 50 Minuten ein.

Schlaf ist lebenswichtig. Während wir schlafen, finden in Organen und im Gewebe Regenerationsprozesse statt. Auch für die Gedächtnisbildung scheint der Schlaf bedeutsam zu sein: Faktenwissen wird wohl vor allem in Tiefschlafphasen abgespeichert, vermuten Wissenschaftler. Für den Aufbau des Verhaltensgedächtnisses sind wahrscheinlich vor allem die REM-Phasen wichtig.

Der Sinn von Träumen

Es ist umstritten, was genau der Sinn von Träumen ist. Sigmund Freud war einst der Ansicht, Träume würden dem Unterbewusstsein unsere intimsten Wünsche entreißen. Dazu passt eine neue Theorie: Sie besagt, der Traum sei der Hüter des Schlafes – er hindere uns daran, aufzuwachen. Im Traum können wir nämlich Dinge tun, die wir schon immer tun wollten. Dinge, die uns befriedigen oder Anerkennung bringen. Dinge, die uns im wahren Leben vielleicht (noch) nicht gelingen. Warum dann also aufwachen? Wir schlafen weiter – und der Körper zieht derweil sein Regenerationsprogramm durch. Eine andere Theorie besagt, Träume würden helfen, Unnützes zu vergessen. Und dann gibt es noch die Theorie, nach der wir träumen, um unschöne Dinge zu verarbeiten. Dinge, mit denen wir uns im Wachzustand nicht beschäftigen wollen.

Tiere schlafen anders

Beim Menschen schläft das gesamte Gehirn. Anders in der Tierwelt: Bei Delfinen schläft nur eine Gehirnhälfte. Ein Auge behält die Umwelt immer im Blick. Auch einige Vogelarten schlafen nur zur Hälfte. So laufen die Tiere nie Gefahr, im Schlaf unangenehme Überraschungen zu erleben.

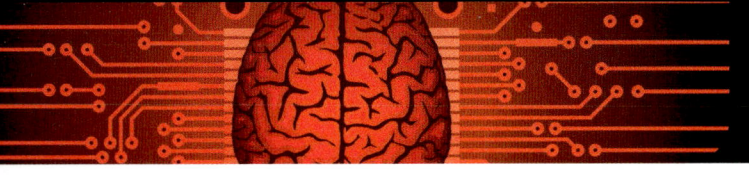

Glücklich und zu Tode betrübt: Das sind Extreme des Spektrums menschlicher **Emotionen**, die im limbischen System entstehen.

Vom Reiz zur Emotion

Wissenschaftlich betrachtet sind Emotionen Muster für schnelle Reaktionen, die das Gehirn für verschiedene Standardsituationen parat hält und die unser Handeln auch gegen die Vernunft steuern können.

Stellen Sie sich vor, Sie laufen nachts eine einsame Straße entlang. Links und rechts liegen dunkle Gärten. Plötzlich hören Sie einen Schrei. Ihr Herz schlägt schneller. Sie beginnen zu schwitzen. Sie haben Angst. Aber warum eigentlich?

Angst, Freude, Ärger, Überraschung, Trauer und Ekel sind Emotionen. Emotionen wiederum sind Prozesse, die durch einen äußeren Reiz ausgelöst werden. Ein Schrei ist ein Reiz, der Angst auslöst. Im Gehirn zuständig für die Produktion von Emotionen ist eine Gruppe mehrerer Gehirnareale – das sogenannte **limbische System** im Inneren des Großhirns. Dazu gehören die Amygdala (der Mandelkern), der Hippocampus und ein Teil des Thalamus. Einige Wissenschaftler rechnen weitere Gehirnareale dazu.

Wie Angst entsteht

Die Emotion Angst entsteht in der **Amygdala**. Allerdings müssen dort erst einmal

Wenn das Gehirn einen Reiz als bedrohlich einstuft, wird die Emotion **Angst** ausgelöst. Sie macht uns die Gefährlichkeit einer Situation bewusst.

die Informationen über einen äußeren Reiz ankommen. Zwei Wege gibt es: Einen schnellen, aber fehleranfälligen – und einen langsamen aber dafür gründlich überprüften. Ausgangspunkt ist immer der Thalamus. Hier gehen Informationen aus den Sinnesorganen ein. Hören wir beispielsweise einen Schrei, leitet der Thalamus diese Information weiter an den lateralen Amygdalakern – den Eingang der Amygdala. Dort wird der Reiz „Schrei" mit angeborenem und erlerntem Wissen abgeglichen und so hinsichtlich seiner emotionalen Bedeutung und seiner Bedrohlichkeit untersucht. Wird der Reiz als bedrohlich eingestuft, wird der zentrale Kern der Amygdala aktiviert. Jetzt wird auch der Hypothalamus eingeschaltet. Die Folge sind typische körperliche Angstreaktionen wie ein rasendes Herz und schwitzende Hände. Der Körper

macht sich bereit, könnte die Flucht ergreifen. Auch die Großhirnrinde wird informiert: Die Angstsituation wird uns bewusst.

Wissenschaftler nennen diesen Informationsweg „quick and dirty", also schnell und schmutzig. Daneben gibt es auch eine „high road" – den anspruchsvollen, aber langsamen Weg. Auf ihm werden die Eindrücke etwas genauer bewertet, bevor sie die Amygdala erreichen. Eine wichtige Aufgabe übernimmt dabei der präfrontale Cortex im vorderen Teil des Frontallappens: Hier wird ein Gesamtbild der Situation generiert. Erst jetzt merken Sie, dass der Schrei, den Sie gehört haben, ein Freudenschrei war, der aus einem etwa 100 Meter entfernten Garten kam, wo gerade eine Gartenparty stattfindet.

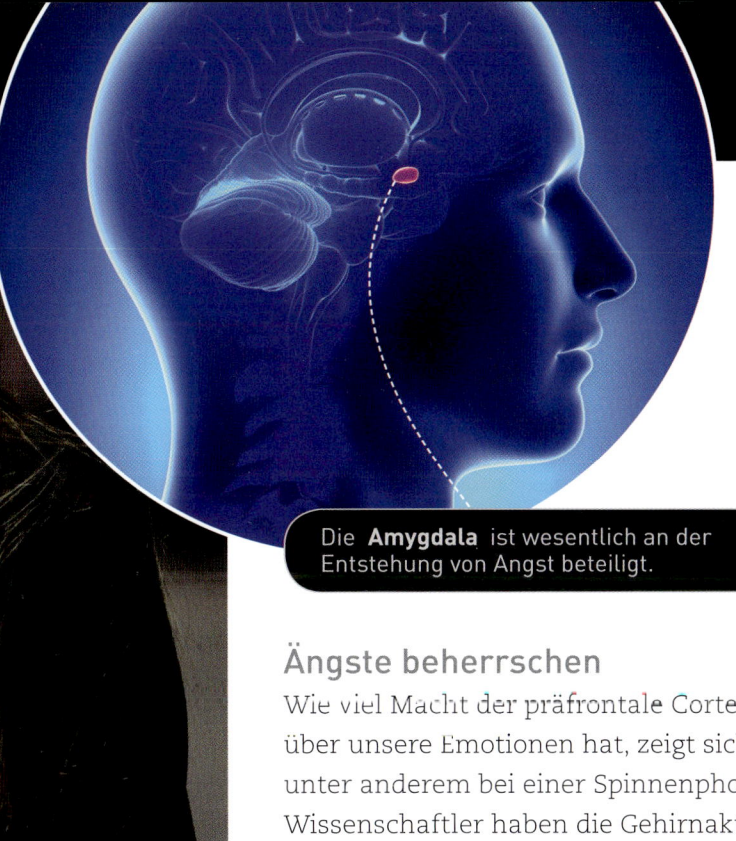

Die **Amygdala** ist wesentlich an der Entstehung von Angst beteiligt.

Ängste beherrschen

Wie viel Macht der präfrontale Cortex über unsere Emotionen hat, zeigt sich unter anderem bei einer Spinnenphobie. Wissenschaftler haben die Gehirnaktivität von Menschen analysiert, die Angst vor Spinnen haben: Kommt das Tier auf sie zu, dann ist ihre Amygdala übermäßig aktiv, produziert also die Emotion Angst. Auch die Sehrinde und der präfrontale Cortex sind aktiv. Schaffen die Betroffenen es, vielleicht nach einer Verhaltens-

therapie, ihre Angst zu kontrollieren, können die Forscher auch das messen. Die Amygdala ist weiterhin aktiv. Der präfrontale Cortex ist jedoch noch aktiver als zuvor. Die ehemaligen Spinnenphobiker bewerten den angstauslösenden Reiz jetzt neu – generieren ein anderes Gesamtbild. Sie haben gelernt, keine Angst mehr vor Spinnen zu haben.

So bleiben uns emotionale Momente im Gedächtnis

Der erste Kuss, die Beerdigung des Großvaters oder die bestandene Führerscheinprüfung – das sind Erlebnisse, die wir als besonders emotional empfunden haben und die uns für immer in Erinnerung bleiben. Was allerdings an dem Tag davor oder an dem Tag danach passiert ist, haben wir längst vergessen. Wissenschaftler haben herausgefunden: Je aktiver die Amygdala in einer bestimmten Situation ist, desto besser kann man sich später an diese erinnern. Die Forscher vermuten, dass in emotionalen Momenten zelluläre Prozesse in Gang gesetzt werden, welche die Verbindungen zwischen Nervenzellen verbessern, also Prozesse, die für die Gedächtnisbildung essenziell sind.

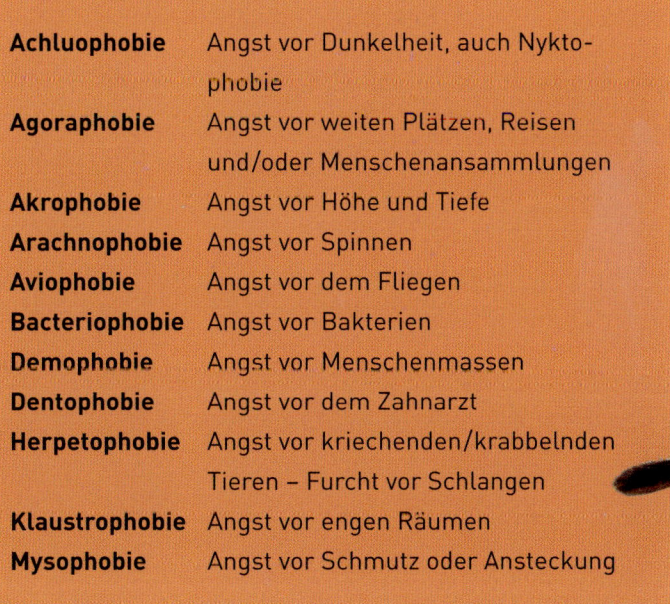

Fachbegriffe bekannter Phobien

Achluophobie	Angst vor Dunkelheit, auch Nyktophobie
Agoraphobie	Angst vor weiten Plätzen, Reisen und/oder Menschenansammlungen
Akrophobie	Angst vor Höhe und Tiefe
Arachnophobie	Angst vor Spinnen
Aviophobie	Angst vor dem Fliegen
Bacteriophobie	Angst vor Bakterien
Demophobie	Angst vor Menschenmassen
Dentophobie	Angst vor dem Zahnarzt
Herpetophobie	Angst vor kriechenden/krabbelnden Tieren – Furcht vor Schlangen
Klaustrophobie	Angst vor engen Räumen
Mysophobie	Angst vor Schmutz oder Ansteckung

Während die Angst eher Fluchtreflexe auslöst, veranlasst **Freude** uns dazu, uns an etwas oder jemanden anzunähern. Freude ist auch stark mit dem Fortpflanzungstrieb verbunden.

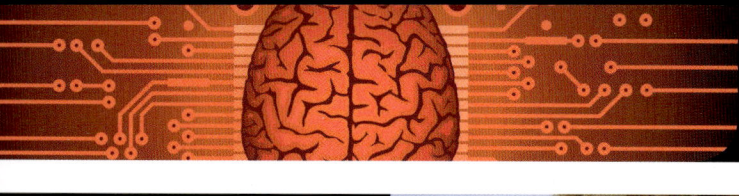

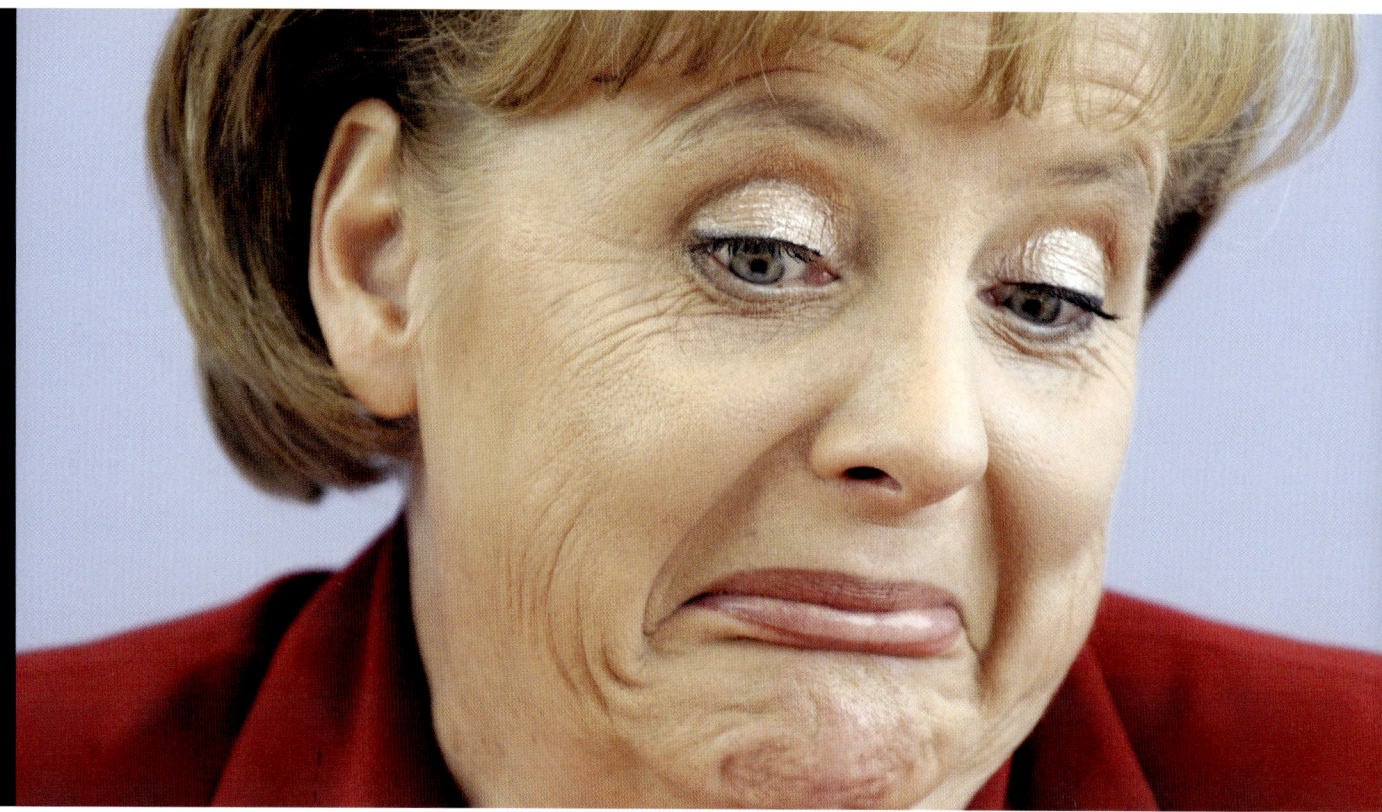

Mimik und Körpersprache

Weltweit werden Gesichtsausdruck und Körperhaltung gleich interpretiert. Vor allem in der Mimik spiegeln sich Gefühle, die man damit – nicht selten ungewollt – zum Ausdruck bringt.

„Ich hatte den Eindruck, sie wollte mich mit ihren Blicken töten." Eine solche Aussage haben Sie sicherlich schon 100-fach gehört oder gelesen und wissen: Hier wird jemand mit einem besonders verärgerten Gesichtsausdruck beschrieben. Aussagen, die Emotionen und Gesichtsausdrücke miteinander in Verbindung bringen, sind in unserem Alltag geläufig. Der Grund ist einfach: Problemlos und blitzschnell analysiert unser Gehirn die Mimik – also den Gesichtsaus-

druck – unserer Mitmenschen. Egal aus welchem Kulturkreis oder welchem Land jemand kommt – die Ausdrücke von Freude, Überraschung, Wut, Trauer, Ekel und Angst sind universell. Interpretieren wir Gesichter, dann achten wir vor allem auf die Augen und die Mundpartie.

Gesichtsausdrücke
Ein Lächeln weckt Sympathien. Allerdings darf es nicht übertrieben sein. Zeigt jemand beim Lächeln alle Zähne,

Manche Pose dieses Models wirkt gekünstelt und **unecht**.

dann wirkt das eher oberflächlich. Und verändert sich bei einem Lachen nur der Mund, nicht aber der Rest des Gesichts, ist das Lachen aufgesetzt und unglaubwürdig – jemand spielt uns vor, er sei sympathisch. Ein „echtes" Lachen dagegen beinhaltet hochgezogene Wangen und Fältchen um die Augen. „Er lacht über das ganze Gesicht" ist ein Ausdruck, der ein solches Lachen be-schreibt. Sind die Mundwinkel indes nach unten gezogen, die Lippen zusammengepresst, so

ist derjenige unzufrieden, unsicher oder verbittert.

Emotionen in den Gesichtern unserer Mitmenschen zu erkennen ist seit Urzeiten eine überlebenswichtige Fähigkeit: Wenn man plötzlich im Gesicht eines anderen den Ausdruck von Angst oder Aggression entdeckt, ist mit einer akuten Gefahr zu rechnen – man muss sich bereit machen zu handeln, vielleicht zu flüchten oder gar zu kämpfen.

Beim Gesichterlesen spielt sich im Gehirn Folgendes ab: Die visuellen Eindrücke erreichen den Thalamus. Ab diesem Moment gibt es einen bewussten und einen unbewussten Weg der Verarbeitung. Der bewusste Weg verläuft über die primäre Sehrinde. Von dort werden die Informationen an den Temporallappen übergeben. Der Temporallappen – genauer gesagt: dort der *Gyrus fusiformes* – erkennt die individuellen Merkmale eines Gesichts, Freunde und Bekannte werden so identifiziert. Die Mimik wird vor allem im hinteren superioren temporalen Sulcus im Temporallappen interpretiert, hier werden Ausdruck und Lippenbewegung verarbeitet. Von dort gelangen die Informationen zur Amygdala, wo Emotionen hinter den Gesichtsausdrücken analysiert werden. Schließlich erreichen all diese Informationen den Frontallappen der Großhirnrinde. Der unbewusste Weg indes verläuft vom Thalamus direkt zur Amygdala: Sehen wir jemandem mit aggressivem oder ängstlichem Gesichtsausdruck, so sorgt dieser Weg dafür, dass wir bereit sind, schnell zu reagieren und gegebenenfalls zu flüchten.

Körpersprache

Nicht nur der Gesichtsausdruck, sondern auch der Rest des Körpers lässt sich bei unseren Mitmenschen deuten, wie Psy-

„Wir haben keinen Dialog gebraucht, wir hatten Gesichter."

Billy Wilder (1906–2002)

In Gesichtern kann man weltweit lesen. Der **Stummfilm** machte sich das zunutze, und auch dieser Anhängerin der brasilianischen Fußballnationalelf sieht man ihre Gefühlslage an.

Handzeichen dagegen sind kulturell geprägt und können sehr unterschiedliche Bedeutung haben. So zeigt der Fingerkreis in Deutschland Zustimmung an, andernorts steht er beispielsweise für Geld oder mangelndes Verständnis bzw. dient als Beleidigung.

chologen in zahlreichen Tests herausgefunden haben. Legt jemand beispielsweise den Finger an die Nase, ist das ein Zeichen dafür, dass er sich konzentriert, über etwas nachdenkt. Legt jemand die Hand vor den Mund, ist das meist ein Hinweis auf Unsicherheit. Ein Händereiben deutet auf Selbstzufriedenheit hin. Trommelt jemand mit den Fingern auf den Tisch, so ist er ungeduldig oder nervös. Gefaltete Hände werden als Zeichen der Überlegenheit interpretiert. Herumspielen mit den Fingern zeugt von Unkonzentriertheit oder Desinteresse. Ein auf die Hände gestützter Kopf steht für Nachdenklichkeit oder Erschöpfung. Verschränkte Arme bedeuten bei Männern Ablehnung und Verschlossenheit – bei Frauen hingegen Unsicherheit oder Ängstlichkeit.

Im Fußball lassen sich Erfolg und Misserfolg leicht an der **Körpersprache** ab-lesen: Die Sieger jubeln und könnten die ganze Welt umarmen, den Verlierern mit ihren hängenden Schul-tern ist die Enttäuschung anzusehen.

Das Gehirn und die Liebe

Dass das Herz der Sitz der Liebe ist, lässt sich wissenschaftlich nicht halten. Wie für alle anderen Emotionen gehen die entscheidenden Steuersignale dafür vom Gehirn aus.

Ein Kribbeln im Bauch. Schlaflose Nächte. Alle Gedanken drehen sich nur noch um eine Person. Und am liebsten würde man die ganze Welt umarmen. Verliebtheit ist eines der wunderbarsten Gefühle überhaupt. Warum wir in diesen Zustand geraten? Platon, griechischer Philosoph der Antike, schuf in *Symposion* einen Mythos: Danach waren Mann und Frau einst körperlich vereint – als Kugelmenschen mit vier Gliedmaßen und zwei Köpfen. Diese Wesen jedoch versuchten

die Götter zu entmachten. Zur Strafe schnitt Gott Zeus sie in zwei Hälften. Seitdem, so Platon, gibt es nur noch „halbe" Menschen, die auf der Suche nach ihrer zweiten Hälfte sind. Haben sie ihr Gegenstück gefunden, verlieben sie sich.

Über 2000 Jahre nach Platon haben Verhaltensbiologen eine durchaus nüchternere Sicht auf die Dinge. Sie meinen, dass bei der Partnerwahl vor allem Schlüssel-

Äußere Zeichen der **Liebe** gibt es viele – sei es, dass Nicole und Nico sich per Vorhängeschloss ewig binden, sei es körperliche Vertrautheit gepaart mit gleichen Interessen. Nüchtern betrachtet ist sie Ergebnis **biochemischer Prozesse**.

„Verliebtsein ist nur ein außerordentlicher Fall von freiwilliger Blindheit."

Honoré de Balzac (1799–1850)

reize eine Rolle spielen. Männer wollen junge Frauen mit breitem Becken und großer Oberweite, Frauen also, die Gebärfähigkeit ausstrahlen. Die Frauen wiederum sind auf der Suche nach starken, breitschultrigen und erfolgreichen Männern, die sie beschützen und eine Familie ernähren können. Sicherlich, evolutionsbiologisch sind diese Auswahlkriterien nicht unrelevant, geht es doch darum, gesunde Nachkommen auf die Welt zu bringen – und diese dann auch großziehen und ernähren zu können.

Allerdings ist das nicht alles, wie jeder weiß. Die Sache mit der Liebe ist weitaus komplizierter: Es gibt Frauen, die sich in nichtbreitschultrige Männer verlieben. Und nicht jede Frau, in die sich ein Mann verliebt, ist ein junges, wohlproportioniertes Model. Vielmehr ist es so, dass Aussehen und Status beim anderen Geschlecht zwar Aufmerksamkeit erwecken, aber nicht unbedingt der Ausgangspunkt einer großen Liebe sind.

Lernen wir einen potenziellen Kandidaten kennen, dann „scannen" unsere Sinnesorgane ihn zunächst ab: Welche Augenfarbe hat er, welche Haarfarbe, wie sehen sein Gesicht, seine Zähne, die Hände aus, wie klingt seine Stimme und wie riecht er? Lediglich drei Sekunden brauche das Gehirn dafür, sagen Psycho-

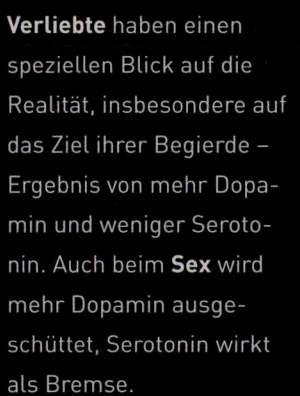

Verliebte haben einen speziellen Blick auf die Realität, insbesondere auf das Ziel ihrer Begierde – Ergebnis von mehr Dopamin und weniger Serotonin. Auch beim **Sex** wird mehr Dopamin ausgeschüttet, Serotonin wirkt als Bremse.

logen. Passt der Kandidat in unser unterbewusstes Beuteschema, beginnen im Körper biochemische Prozesse. Das Gehirn produziert Dopamin und dieses Glückshormon sorgt für Euphorie. Wie ein natürliches Aufputschmittel zaubert es ein Lächeln ins Gesicht. Verliebte schweben auf Wolke sieben, haben einen Tunnelblick – nur noch Augen für den Traummann oder die Traumfrau –, alles andere wird unwichtig. Bei frisch Verliebten produziert das Gehirn weniger Serotonin, das normalerweise für Ausgeglichenheit und innere Ruhe sorgt. Kein Wunder also, dass Verliebte oft etwas aufgedreht wirken. Auch der Hypothalamus schaltet sich ein: Verliebt sein bedeutet nämlich Stress – vor allem, wenn der oder die Angebetete in der Nähe ist: Die Knie werden weich, das Herz rast, wir beginnen zu schwitzen, im Bauch rumort es – das typische Kribbeln entsteht.

So stimuliert das Gehirn die Geschlechtsorgane

Auch beim Sex ist im Gehirn einiges los: Sobald Menschen sexuell erregt sind, ist Dopamin der Stoff, der dafür sorgt, dass man nicht mehr aufhören möchte. Dopamin stimuliert das Belohnungssystem, erzeugt Freude, nicht anders als beim Essen. Nach dem sexuellen Höhepunkt ist der Körper – zumindest beim Mann – eine Weile nicht für sexuelle Stimuli empfänglich. Denn nach dem Orgasmus wird verstärkt Serotonin ausgeschüttet, das eine erneute Erregung blockiert. Als Hirnbotenstoffe stimulieren Dopamin und Serotonin bestimmte Nervenbahnen,

Dafür, dass ein Paar das traditionelle Versprechen ewiger **Liebe** erfüllen kann, ist nicht zuletzt das Bindungshormon Oxytocin zuständig.

hemmen wiederum andere, und leiten so die Information „Erregung" über das Rückenmark an die Geschlechtsorgane weiter. Berührungssignale beim Sex steigern auch die Aktivität des Hypothalamus – bei einem Orgasmus werden große Mengen des Bindungshormons Oxytozin ausgeschüttet.

So wird Verliebtheit zu Liebe

Oxytocin ist ein wichtiger Stoff für alle Liebesangelegenheiten, wie wir bereits aus Kapitel 1 (vgl. S. 61 ff.) wissen. Dieses Hormon entscheidet auch darüber, ob wir eine dauerhafte Liebesbeziehung aufbauen. Denn es ist ein gewaltiger Unterschied, ob man „nur" verliebt ist oder ob man liebt: Verliebtsein ist der Wunsch, jemandem näher zu kommen, selbst

wenn man ihn noch nicht gut kennt. Es ist der Wunsch nach körperlicher Intimität.

Liebe indes bedeutet Vertrautheit, sie ist das Gefühl starker Verbundenheit zu jemandem, den man bereits länger kennt. Liebe bedeutet auch, die Eigenheiten des anderen zu mögen. All dieses stimuliert Oxytocin. Das Bindungshormon sorgt für den „Kitt", will man mit dem Liebsten eine Familie gründen. Babys brauchen viel Aufmerksamkeit. Dann ist es nur gut, dass sich Mutter und Vater gemeinsam für das Kind verantwortlich fühlen.

Liebe in der Großhirnrinde

Ob Verliebtsein oder Liebe – auch im Gehirn sind unterschiedliche Regionen aktiv, wie unter anderen Helen Fisher von

von der Rutgers Universität in New Jersey, eine der bekanntesten Forscherinnen in Liebesangelegenheiten, herausgefunden hat: Das Verliebtsein spielt sich mehr in den älteren, archaischen Hirnregionen ab, etwa im Zwischenhirn. Bei der Liebe dagegen sind verschiedene Regionen im Großhirn bedeutsam. Der Neurowissenschaftler Andreas Bartels wollte es genauer wissen. Mithilfe eines sogenannten funktionellen Kernspintomografen (fMRI) untersuchte er das Gehirn von 17 Liebenden, während diese entweder Bilder von ihrem Partner sahen oder Aufnahmen von Menschen gleichen Alters und Geschlechts. Das Ergebnis: Es sind vor allem vier Bereiche im Gehirn, die beim Anblick des Partners aktiv sind: Teile der medialen Insula und des anteri-

oren Cingulus der Großhirnrinde sowie tiefer liegende Areale des Nucleus caudatus und des Putamen.

Hirnregionen jedoch, die für die Wahrnehmung von Angst zuständig sind, oder für die kritische Bewertung anderer, waren beim Anblick der geliebten Person weniger aktiv als im „Normalzustand". Das heißt also: Beim Anblick des Partners fühlen wir uns sicher – sehen ihn aber weniger kritisch als andere Menschen. Hat die Liebe also einmal von uns Besitz ergriffen, dann kann man nicht nachvollziehen, wenn Freunde oder Familie Bedenken hinsichtlich der Partnerwahl äußern. Die Redewendungen „Liebe macht blind" und „den Partner durch eine rosarote Brille sehen" stecken also auch aus der Sicht von Gehirnforschern voller Wahrheiten. Und auch für die Gültigkeit der Ausage „Liebe macht süchtig" kann die Wissenschaft mit Nachweisen dienen: Das Gehirn von Liebenden reagiert auf Bilder des Angebeteten genau so wie das Gehirn von Drogensüchtigen auf ein Bild ihrer Droge.

Nur noch Augen füreinander

Ob jemand verliebt ist, kann man an seiner Körpersprache ablesen: Die Sinnesorgane von Verliebten konzentrieren sich

„Die Erfahrung lehrt uns, dass Liebe nicht darin besteht, dass man einander ansieht, sondern dass man gemeinsam in gleicher Richtung blickt."

Antoine de Saint-Exupéry (1900–1944)

Die **Körpersprache** ist ein zentrales Indiz dafür, ob jemand verliebt ist. Zärtliche Berührengen zeigen, dass nichts wichtiger ist als der Partner, die sonstige Umgebung verliert an Bedeutung.

auf den Partner. Verliebte blenden ihre Umwelt aus, schauen sich verliebt in die Augen, wollen sich gegenseitig riechen. Verliebte Männer strecken ihren Körper, um größer zu wirken. Sie stehen und sitzen breitbeinig. Er signalisiert der Frau: Ich bin stark und kann dich beschützen. Frauen indes wecken beim Mann Beschützerinstinkte: Sie zeigen besonders verletzliche Körperstellen wie den Hals. Oder Sie tragen taillierte Kleidung, um ihr Becken zu betonen. Verliebte Menschen tun also ganz merkwürdige Dinge. Auch das beobachtete Platon einst – und zog daraus den Schluss: „Liebe ist eine schwere Geisteskrankheit."

Können Tiere lieben?

Wissenschaftler sind sich weitgehend darüber einig, dass auch Tiere Gefühle zeigen – bekannte Beispiele sind freudig mit dem Schwanz wedelnde Hunde und trauernde Affen. Dafür spricht, dass Gefühle im Limbischen System entstehen, das der Mensch evolutionsgeschichtlich mit vielen Säugetieren teilt. Die Forscher warnen aber davor, menschliche Eigenschaften auf Tiere zu übertragen. Beispielsweise ist auch das Verliebtsein bei Tieren zu beobachten. Ob man bei ihnen aber von Liebe sprechen kann, wird angezweifelt. Dafür spricht jedoch, dass offenbar auch bei einigen Tieren in der Paarungszeit das Bindungshormon Oxytocin ausgeschüttet wird.

Wenn sich das Gehirn verändert

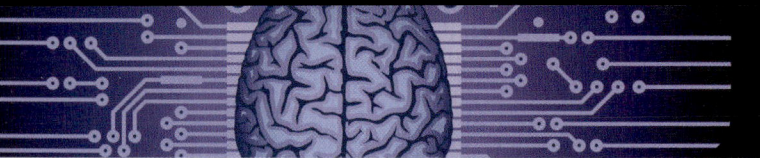

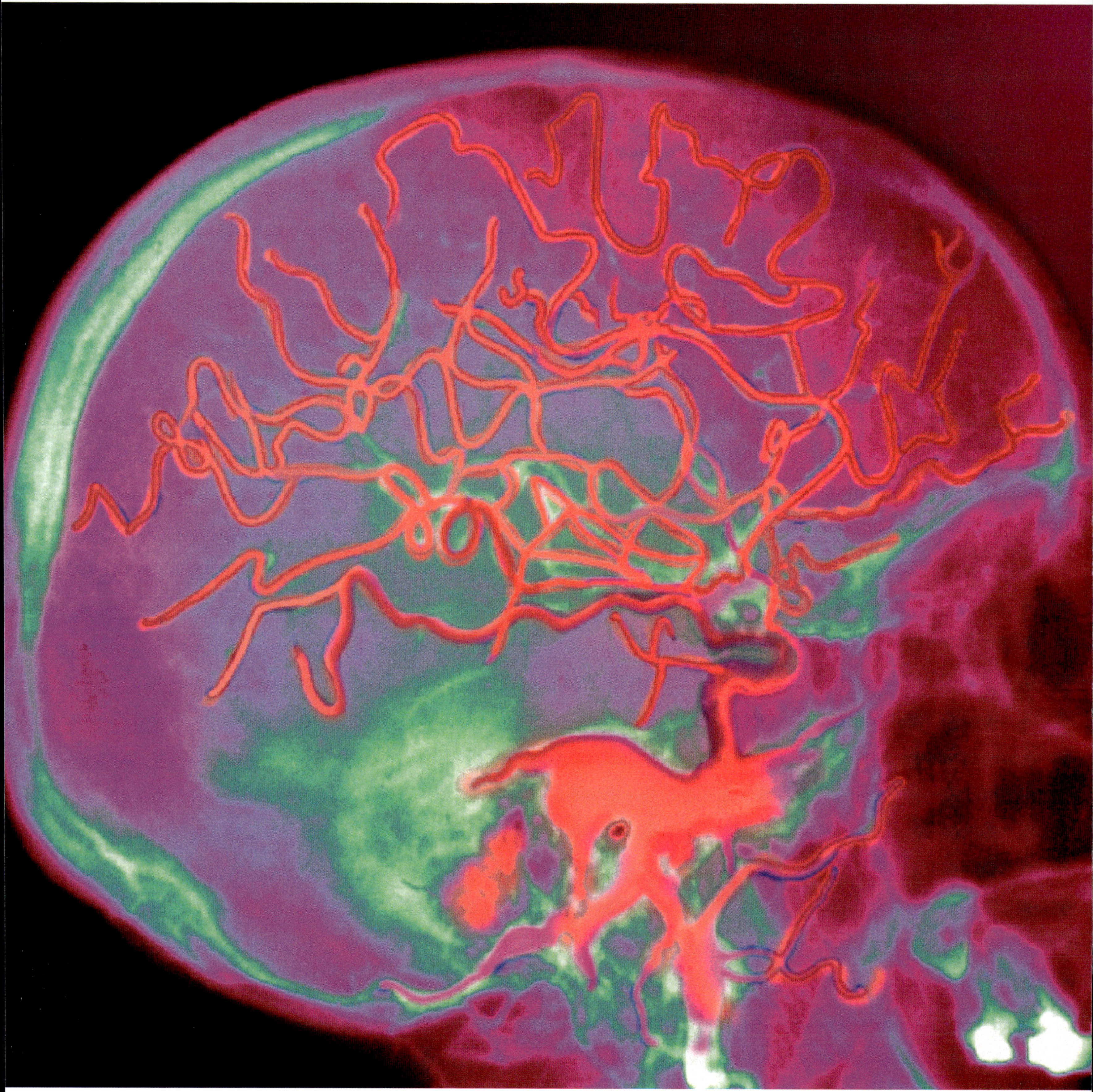

Durchblutung Gehirn
Links ist die Arteriografie eines gesunden Gehirns zu sehen - also die Darstellung der arteriellen Blutgefäße.

Die Blut-Hirn-Schranke

Die Blut-Hirn-Schranke schottet das Gehirn vom Blutkreislauf ab und verhindert so, dass über das Blut Krankheitserreger und Giftstoffe ins Gehirn gelangen.

Ihre Kreativität ist gefordert – bei folgender Aufgabe: Sie haben einen großen Garten mit sehr unterschiedlichen Pflanzen, die alle bewässert werden müssen. Dafür steht ihnen allerdings nur ein langer, poröser Gartenschlauch zur Verfügung, der an vielen Stellen tröpfchenweise Wasser verliert. Kein Problem, denken Sie: Sie legen den Schlauch der Länge nach dicht an die Wurzeln der Pflanzen – so kommt überall Wasser an. Ein Hindernis gibt es allerdings: Eine Pflanze, die mitten im Garten steht, darf

kein Wasser abbekommen. Was tun Sie? An dieser Stelle isolieren Sie den Schlauch: Eine Klebebandummantelung soll dafür sorgen, dass die Schlauchwand dort wasserundurchlässig ist.

So etwas Ähnliches spielt sich in unserem Körper ab. Unser Blutkreislauf lässt sich mit dem oben beschriebenen Schlauch vergleichen, die verschiedenen Pflanzen, die über den Schlauch versorgt werden, sind unsere Organe. Die Pflanze, die nicht bewässert werden darf, ist das

Gehirn. Die besondere Isolation am Schlauch „Blutkreislauf" heißt dort Blut-Hirn-Schranke: Eine Barriere, die den Blutkreislauf vom Zentralnervensystem trennt. Eine Barriere, die Ihr Gehirn vor Krankheitserregern oder Giftstoffen schützt, die im Blut zirkulieren. Unsere Gehirnzellen werden gewissermaßen verbarrikadiert, damit dort gespeicherte Informationen nicht zerstört werden können – und die zahlreichen Steuerungsfunktionen reibungslos ablaufen.

So (un-)durchlässig ist die Blut-Hirn-Schranke

Aber wie entsteht eine solche Barriere? Anders als im restlichen Körper sind im Gehirn die Zellen der Blutgefäßwände dicht miteinander verbunden. Und zwar über spezielle Eiweißbänder, die sogannten **Tight Junctions**. Außerdem sind die Blutgefäße von weiteren Zellen ummantelt – den **Astrozyten**. Die Blut-Hirn-Schranke besteht also aus einer doppelten Barriere: Die Gefäßwände sind besonders undurchlässig, die Astrozyten bieten eine zusätzliche Isolationsschicht.

Dennoch darf die Blut-Hirn-Schranke den Austausch zwischen Blutkreislauf und Nervensystem nicht vollkommen verhindern: Sauerstoff und Nährstoffe, die das Gehirn braucht, müssen durchgelassen werden. Abfallstoffe, die bei Stoffwechselvorgängen in den Gehirnzellen entstehen, müssen abtransportiert werden. Um auf diese Weise „selektiv durchlässig" zu sein, besitzt die Blut-Hirn-Schranke verschiedene Transportmechanismen oder auch Kanäle, die Stoffe passieren lassen.

Das Immunsystem im Gehirn

Die Blut-Hirn-Schranke sorgt außerdem dafür, dass Zellen und Antikörper des Immunsystems nicht in das Gehirn eindringen. Zellen und Antikörper nämlich, die im restlichen Körper bei einer Entzündungsreaktion aktiv werden: Beispielsweise, wenn Sie sich an der Haut verletzt haben – und sich an dieser Stelle Bakterien ausbreiten. Immunzellen gelangen dann – über die Blutgefäße – an den Entzündungsort. Dort „fressen" sie die Bakterien, gehen dabei nicht zimperlich vor: Immunzellen zerstören mitunter umliegendes Gewebe. So etwas gilt es im Gehirn zu verhindern.

Ganz ohne **Immunabwehr** kommt das Gehirn jedoch nicht aus: Denn die Blut-Hirn-Schranke hält nicht alle Krankheitserreger ab. Meningokokken und Streptokokken kommen durch – sie könnten eine Hirnhautentzündung auslösen. Dann wird die soganannte **Mikroglia** aktiv – das sind Zellen im Gehirngewebe, die Krankheitserreger aufspüren und vernichten. In Ausnahmesituationen kann es aber geschehen, dass die Mikroglia Hilfe von auswärts bekommt: Einige ausgewählte Zellen des Immunsystems dürfen dann doch ins Gehirn. Allerdings verläuft eine Entzündung im Gehirn etwas anders als im restlichen Körper – weniger „spektakulär": Rötungen, Schwellungen und Schmerzen bleiben aus. Fachleute nennen eine Entzündung im Nervensystem auch Neuroinflammation.

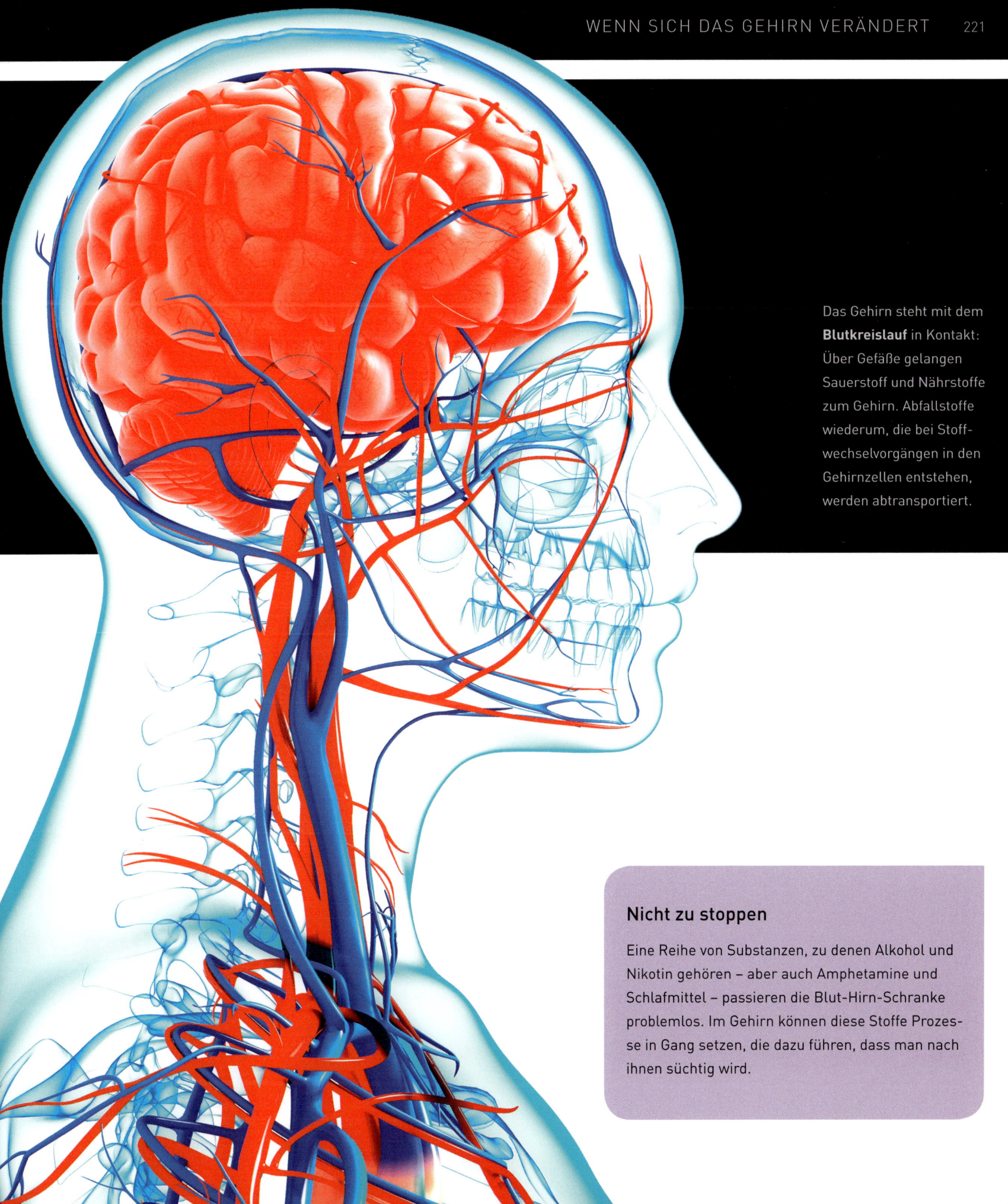

Das Gehirn steht mit dem **Blutkreislauf** in Kontakt: Über Gefäße gelangen Sauerstoff und Nährstoffe zum Gehirn. Abfallstoffe wiederum, die bei Stoffwechselvorgängen in den Gehirnzellen entstehen, werden abtransportiert.

Nicht zu stoppen

Eine Reihe von Substanzen, zu denen Alkohol und Nikotin gehören – aber auch Amphetamine und Schlafmittel – passieren die Blut-Hirn-Schranke problemlos. Im Gehirn können diese Stoffe Prozesse in Gang setzen, die dazu führen, dass man nach ihnen süchtig wird.

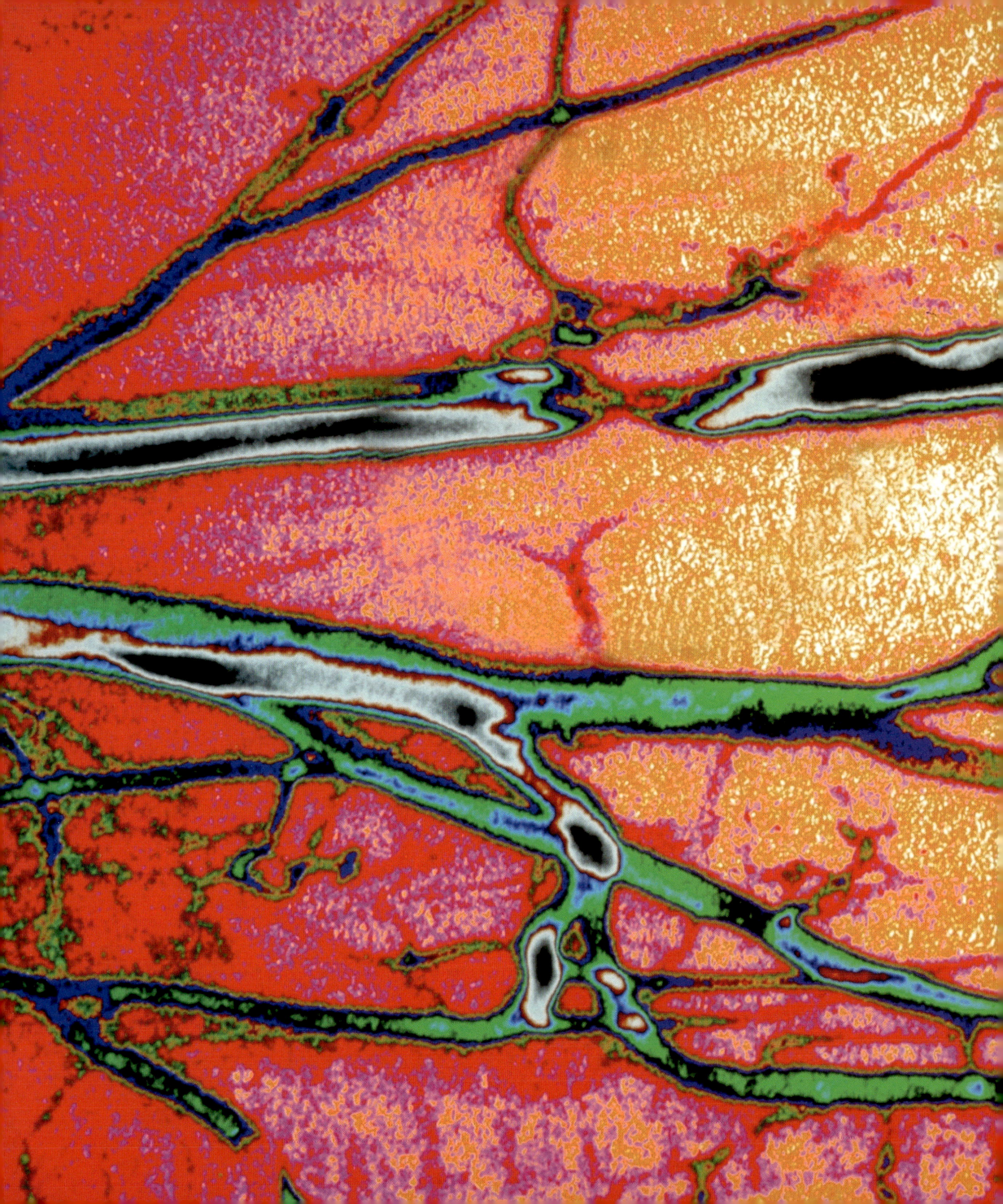

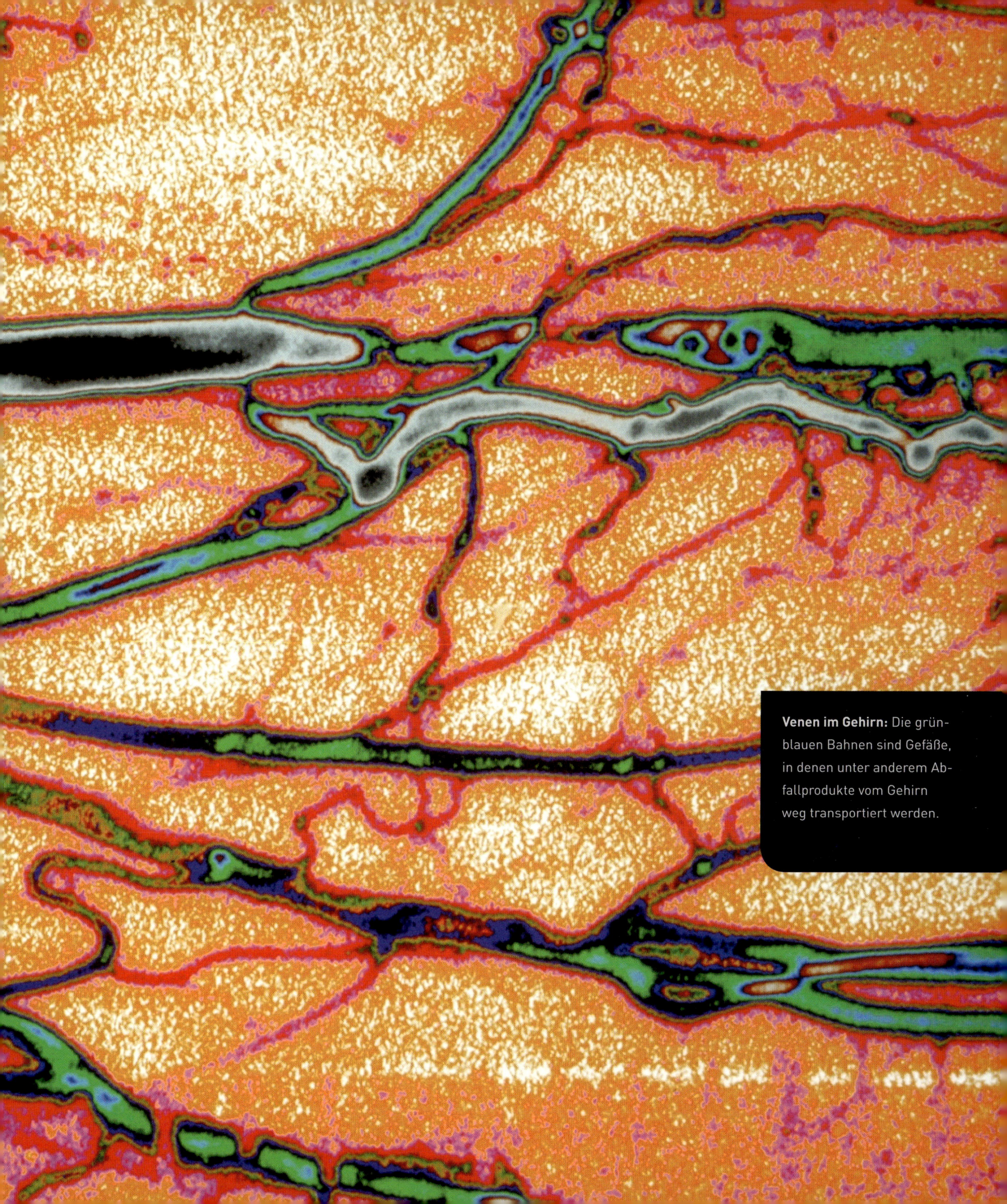

Venen im Gehirn: Die grün-
blauen Bahnen sind Gefäße,
in denen unter anderem Abfallprodukte vom Gehirn
weg transportiert werden.

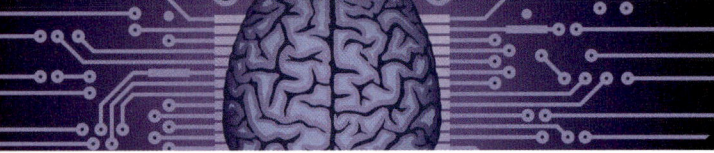

Wie Sucht entsteht

Im Normalfall wird das Belohnungssystems im Gehirn aktiv, wenn wir existenzielle Bedürfnisse des Körpers wie Schlafen und Essen befriedigen. Allerdings wirken auch Drogen über das Belohnungssystem.

Sophia ist Studentin. Mehrmals täglich loggt sie sich bei Facebook ein. Um mit Freunden in Kontakt zu bleiben, die in anderen Städten studieren, wie sie sagt. Aber auch, um sich zu verabreden, Termine vor Ort zu vereinbaren. Oder einfach nur so, um zu schauen, was in ihrem Netzwerk los ist. Sobald sie ihren Laptop hochfährt und der Bildschirm die weiß-blaue Seite zeigt, stellt sich bei ihr ein Gefühl von Freude und Zufriedenheit ein.

So ein Gefühl stellt sich auch ein, wenn wir etwas essen, bei einem Kuss, beim Sex. Und – das haben Forscher der amerikanischen Harvard University herausgefunden – eben auch, wenn wir in sozialen Netzwerken unterwegs sind – wie etwa bei Facebook.

Unser Gehirn belohnt uns, wenn wir Dinge tun, die für uns nützlich sind: Essen, Sex und soziale Kontakte sichern das Überleben. Unser Belohnungssystem wird aktiv.

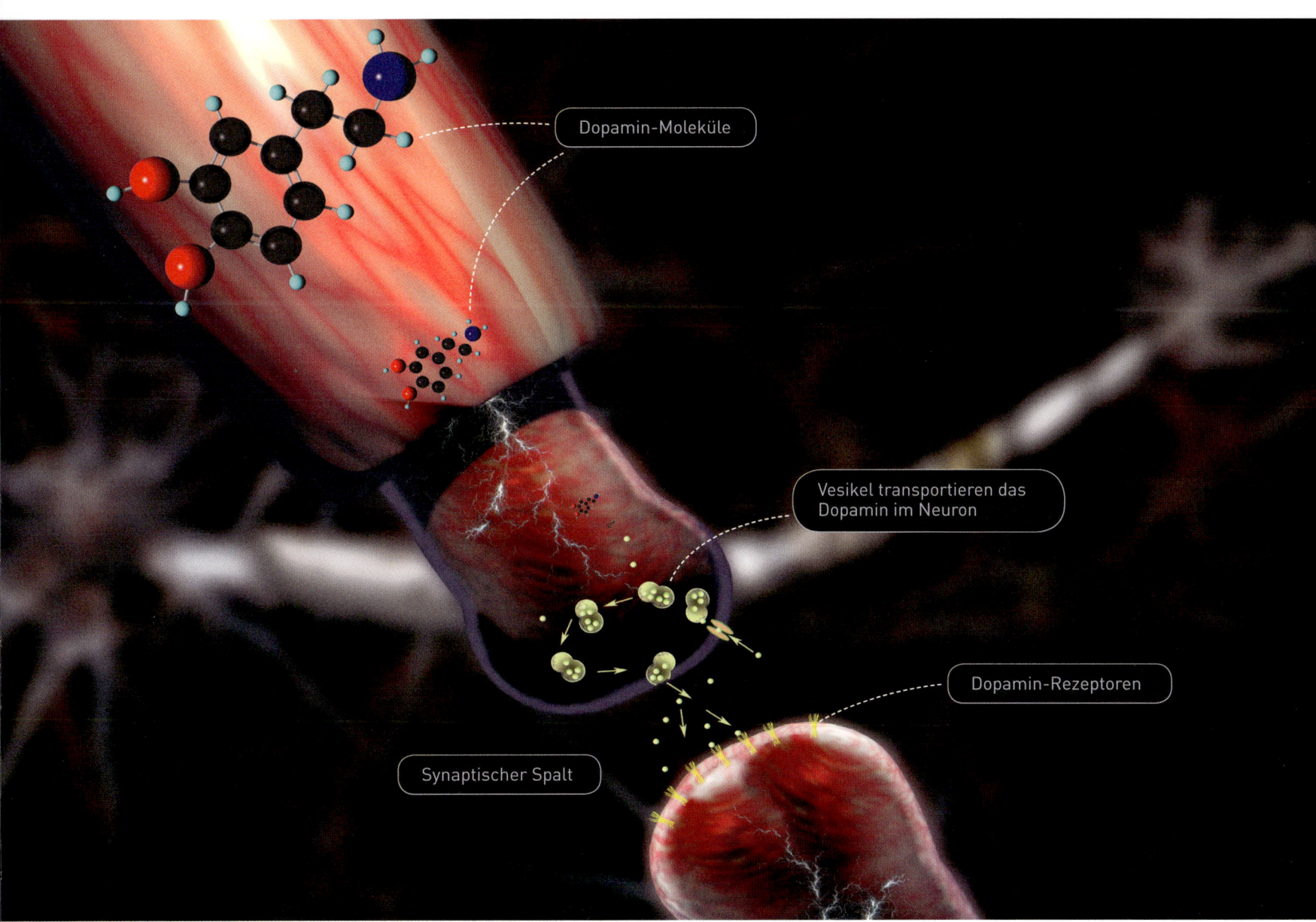

Dopamin-Moleküle

Vesikel transportieren das
Dopamin im Neuron

Dopamin-Rezeptoren

Synaptischer Spalt

Genauer gesagt: **Dopamin** stimuliert den Nucleus accumbens im Vorderhirn und das erzeugt ein Glücksgefühl – wie wir aus Kapitel 4 (Seite 189) wissen. Allerdings wird diese Gehirnregion auch von Dingen stimuliert, die für unser Überleben weniger nützlich sind: Drogen wirken ebenfalls über das Belohnungssystem. Je öfter man nach der Droge greift, desto mehr Dopamin schüttet das Gehirn aus. Wird man süchtig, ist das nichts anderes als eine Störung des Belohnungssystems.

Beobachten Sie nur einmal einen Raucher, wie er seine Sucht regelrecht zelebriert, während im Gehirn die Belohnung winkt: das Öffnen der Zigarettenpackung, das Anzünden und genüssliche Ziehen am Glimmstängel. Zehn Sekunden dauert es, bis das Nikotin im Gehirn ankommt. Dort bindet es an die sogenannten Acetylcholinrezeptoren. Das wiederum regt die Dopaminproduktion an. Und das stimuliert das Belohnungssystem. Übrigens: Weitere Prozesse im Rauchergehirn werden angestoßen, die auch das vegetative Nervensystem mit einbeziehen: Der Parasympathikus kurbelt die Verdauung an. Der Sympathikus veranlasst die Steigerung der Herzfrequenz und den Abbau von Fettreserven.

Die Wirkung von Drogen

Auf ganz unterschiedliche Weise greifen Drogen in den Belohnungsmechanismus ein: Kokain aktiviert beispielsweise das Gehirn dazu, Dopamin freizusetzen. Opiate, Alkohol, Barbiturate und Benzodiazepine indes hemmen den Neurotransmitter Noradrenalin. Diese Hemmung wiederum verstärkt die Wirkung von Dopamin. Letztlich aber haben alle Drogen im Gehirn die gleiche Wirkung: Sie sorgen dafür, dass die Dopaminandockstellen im Nucleus accumbens aktiviert werden. Und zwar länger und stärker als es eine „natürliche" Belohnung wie Essen tun würde: Amphetamine – auch „Speed" genannt – veranlassen eine 50-fach höhere Dopaminausschüttung als Nahrung bei einem Hungrigen.

Sucht – ein mächtiger Gegner

Jeder, der schon einmal einen Süchtigen im Bekanntenkreis hatte, weiß: Sucht verändert Menschen. Häufig wird alles andere im Leben unwichtig: Familie, Freunde und die berufliche Existenz werden vernachlässigt. Beziehungen zerbrechen. Den Süchtigen treibt nur noch eine Frage an: Wie komme ich an die nächste Dosis meiner Droge? Drogen sind ein starker Motivator: Sie motivieren, immer wieder nach ihnen zu greifen. Der Süchtige gerät in einen Strudel, der ihn nach

unten zieht: Die Dosis der Droge muss immer weiter erhöht werden, um dasselbe Gefühl der Freude und Zufriedenheit zu erreichen. Denn das Belohnungssystem gewöhnt sich an die Droge, es stumpft ab: Ihm müssen immer größere Mengen dargeboten werden, damit es befriedigt wird.

Schwieriger Entzug

Hat man sich einmal für den Entzug entschieden, steht dem Gehirn ein schwerer Kampf bevor: Bleibt der Stoff aus, fällt die Dopaminkonzentration. Das Belohnungssystem ist alles andere als befriedigt. Das Gegenteil von Glücksgefühl macht sich bemerkbar: Depressionen,

Tabak, Medikamente und Alkohol gehören für viele Menschen zum Alltag. Zur Sucht ist es dann nur noch ein kleiner Schritt.

„Mit dem Rauchen aufzuhören ist kinderleicht.
Ich habe es schon hundertmal geschafft."

Mark Twain (1835–1910)

Angstzustände, Gereiztheit sind nur einige Merkmale von Entzugserscheinungen.

Um Entzugserscheinungen zu minimieren, empfehlen Psychologen beispielsweise bei der Raucherentwöhnung langsam vorzugehen, ein abruptes Absinken der täglichen Nikotindosis also zu vermeiden. Hat man einmal den Absprung geschafft, genügen kleinste Auslöser und der Teufelskreis beginnt von Neuem: Stress kann schnell dazu führen, dass das Gehirn erneut nach der Droge giert. Denn es hat sich gemerkt, welcher Stoff ein Gefühl der Freude und Zufriedenheit auslöst.

Wie Spielen zur Sucht wird

Es gibt Süchte, die nicht mit dem Konsum von Zigaretten, Alkohol oder auch Medikamenten einhergehen: die stoffungebundenen Süchte. Bei einer Spielsucht beispielsweise suchen Betroffene mehrmals pro Woche ein Spielcasino oder einen Spielautomaten auf. Auch hierbei spielt das Belohnungssystem eine Rolle: Spielsüchtige, denen Bilder eines einarmigen Banditen gezeigt werden, zeigen Aktivität im Nucleus accumbens.

Sicherlich sind Sie nicht gleich spielsüchtig, nur weil Sie sich ab und zu mit Freunden zum Pokerspielen treffen, hin und wieder einen Lottoschein abgeben

Die **Spielsucht** ist ein altes Phänomen, während die **Kaufsucht** ein Kind unserer Zeit ist und noch nicht in jeder einschlägigen Statistik erscheint.

oder die neuesten Computerspiele ausprobieren. Die Schwelle zur Spielsucht hat man überschritten, wenn man sich gegen den immer wiederkommenden Drang, spielen zu wollen, nicht mehr wehren kann. Spielsüchtige wollen immer öfter und immer intensiver spielen, obwohl sie genau wissen, dass damit Probleme verbunden sind – zum Beispiel, dass ihre finanziellen Ressourcen das nicht hergeben. Das Bundesgesundheitsministerium schätzt, dass in Deutschland etwa 500 000 Menschen spielsüchtig sind.

Kaufsucht

Etwa neun Prozent aller Deutschen haben ein weiteres Problem, von dem viele Menschen gar nicht wissen, dass es sich dabei um eine Sucht handelt: die Kaufsucht. Betroffen sind häufig junge Frauen zwischen 20 und 30 Jahren. Den Kaufsüchtigen ist es vollkommen egal, was sie einkaufen, es geht ihnen einzig um den Akt des Kaufens. Wird dieser Drang nicht befriedigt, drohen Entzugserscheinungen: Unruhe, Schwitzen, Aggressionen oder Depressionen machen sich bemerkbar.

Eine Untersuchung der Universität Erlangen aus dem Jahr 2009 an 30 Kaufsüchtigen zeigte, dass Kaufsucht möglicherweise nur der Ausdruck anderer psychischer Probleme ist: 80 Prozent der Betroffenen leiden unter schweren Ängsten, 63 Prozent unter Depressionen und 23 Prozent unter Essstörungen. Mit dem Kaufen wollen diese Menschen meist lediglich ein anderes Problem kompensieren, mei-

Abhängigkeiten und Süchte in Deutschland

1　Raucher: 14,7 Millionen

2　Medikamentenabhängige: 2,3 Millionen

3　Alkoholabhängige: 1,8 Millionen

4　Drogensüchtige: 600 000

5　Internetsüchtige: 560 000

6　Glücksspielsüchtige: 500 000

Quelle: Bundesgesundheitsministerium 18.11.2014

nen Psychologen, beispielsweise die Tatsache, dass sie keine wirklich sinnvolle Beschäftigung im Leben haben. Kaufsucht-Betroffene sind oftmals in ärmlichen Verhältnissen aufgewachsen – wollen sich selbst beweisen: „Schau nur, was ich mir alles leisten kann."

Es ist vor allem die Vorfreude aufs Kaufen, die Aktivität im Nucleus accumbens auslöst, wie Neurowissenschaftler festgestellt haben – übrigens auch bei Nicht-Kaufsüchtigen: Kaum haben sie bezahlt, fällt den Kaufsüchtigen allerdings auf, dass sie den neuen Gegenstand gar nicht brauchen. Mit schlechtem Gewissen und meist unausgepackt stellen Sie die ergatterte Beute zu Hause in die Ecke – zu all den anderen, meist nie wieder beachteten Lustkäufen.

Dies ist also ein Problem, dem man sich stellen muss, sonst droht der finanzielle Ruin. Psychologen raten Kaufsüchtigen, mit Bargeld zu zahlen. Denn dann sieht man, wieviel Geld man ausgibt, und das regt zur Sparsamkeit an. Hilfreich sei es auch, nur in Begleitung einzukaufen, Sachen zurücklegen zu lassen – und dann die Kaufentscheidung nochmals zu überdenken. Zumindest dieser Sucht lässt sich also mit relativ einfachen Mitteln entgegentreten.

„Die Vergnügungssucht ist unersättlich und frisst am liebsten – das Glück."

Marie von Ebner-Eschenbach (1830–1916)

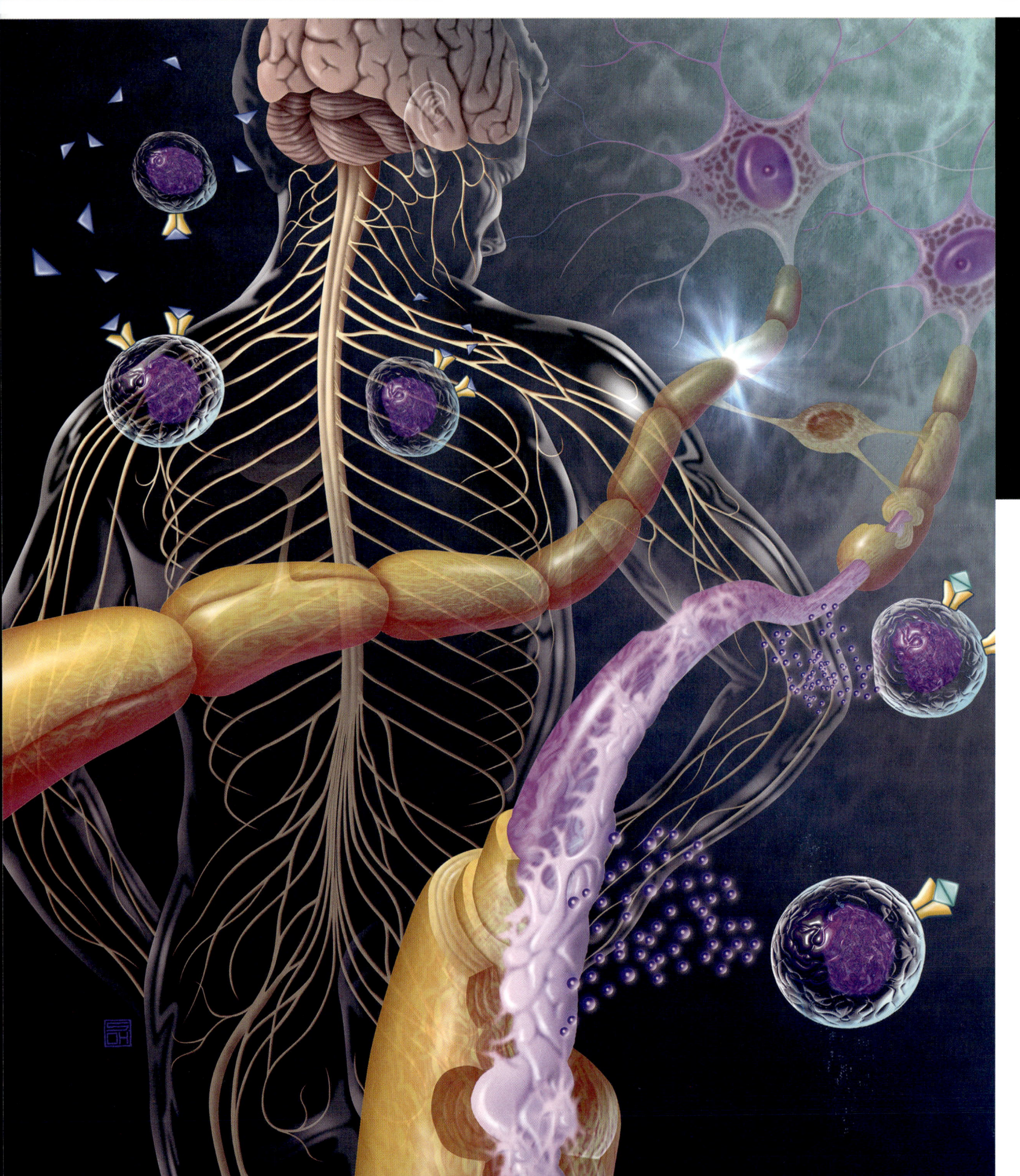

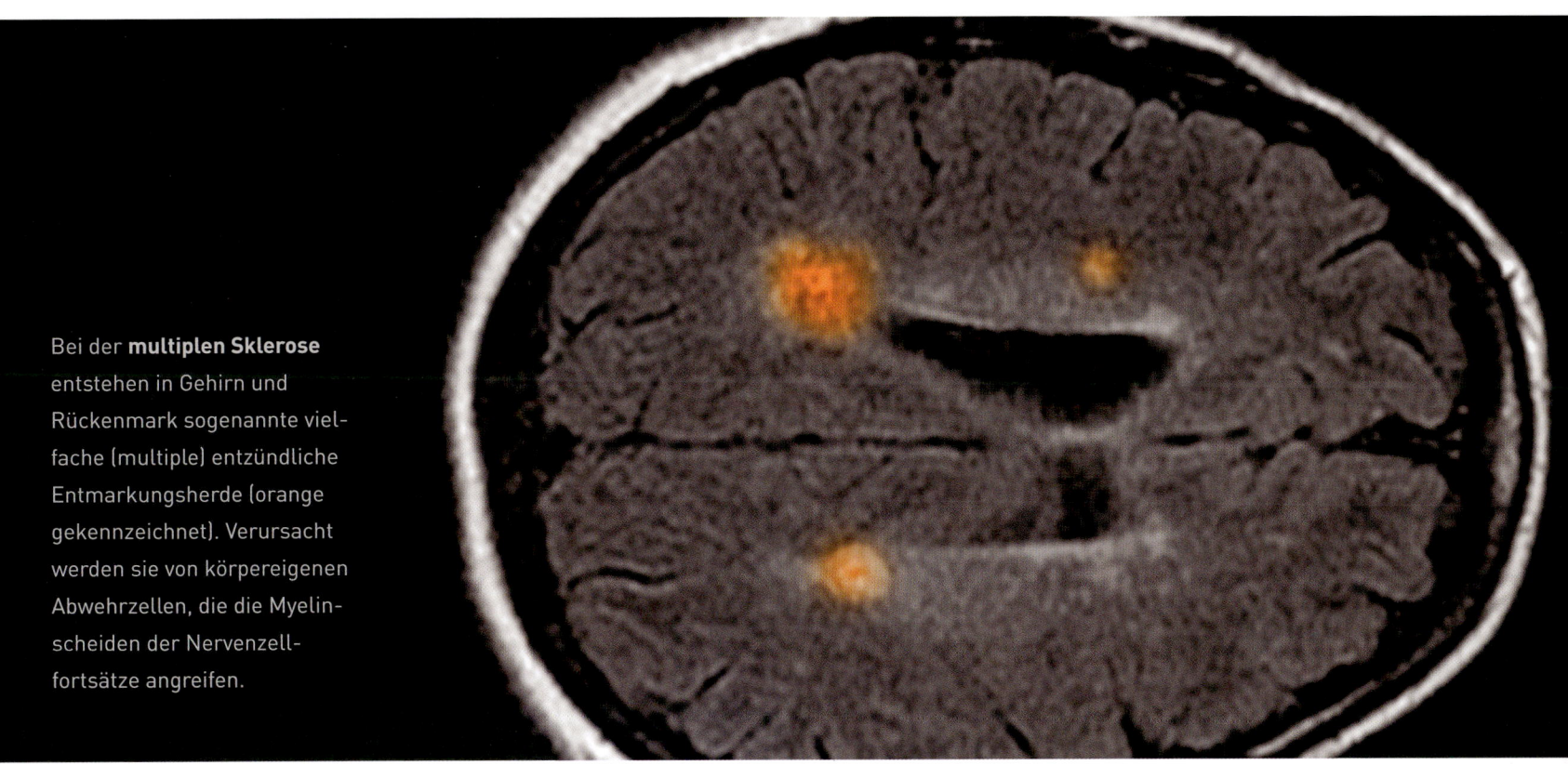

Bei der **multiplen Sklerose** entstehen in Gehirn und Rückenmark sogenannte vielfache (multiple) entzündliche Entmarkungsherde (orange gekennzeichnet). Verursacht werden sie von körpereigenen Abwehrzellen, die die Myelinscheiden der Nervenzellfortsätze angreifen.

So erkrankt das Gehirn

Wenn das Gehirn, die Schaltzentrale unseres Körpers, erkrankt, kann das besonders schwerwiegend sein – oft werden dabei wichtige Nervenzellen zerstört, oft funktioniert das Gehirn anders, als es sollte.

Unser Nervensystem ist ein komplexes Netzwerk – Milliarden von Nervenzellen sind miteinander verbunden, tauschen Informationen aus, leiten Befehle weiter. Allerdings ist dieses Netzwerk verletzbar: Ihm drohen Durchblutungsstörungen, ein Mangel an Botenstoffen, ein Verlust an Nervenverbindungen oder gar ein Absterben von Nervenzellen. Alles Dinge, die dazu führen, dass unser Nervensystem nicht mehr korrekt arbeitet. Welche dramatischen Folgen das haben kann, zeigt sich beispielsweise bei der Erkrankung Multiple Sklerose: Zellen des Immunsystems greifen das körpereigene Myelin an, wie wir aus Kapitel 1 wissen (Seite 59). Informationen gelangen dann, wenn überhaupt, nur noch verzögert zum Gehirn. Je nachdem, welche Bereiche des Nervensystems betroffen sind, leiden Menschen mit **Multiple Sklerose** an Sehstörungen oder können sich nur noch sehr eingeschränkt bewegen.

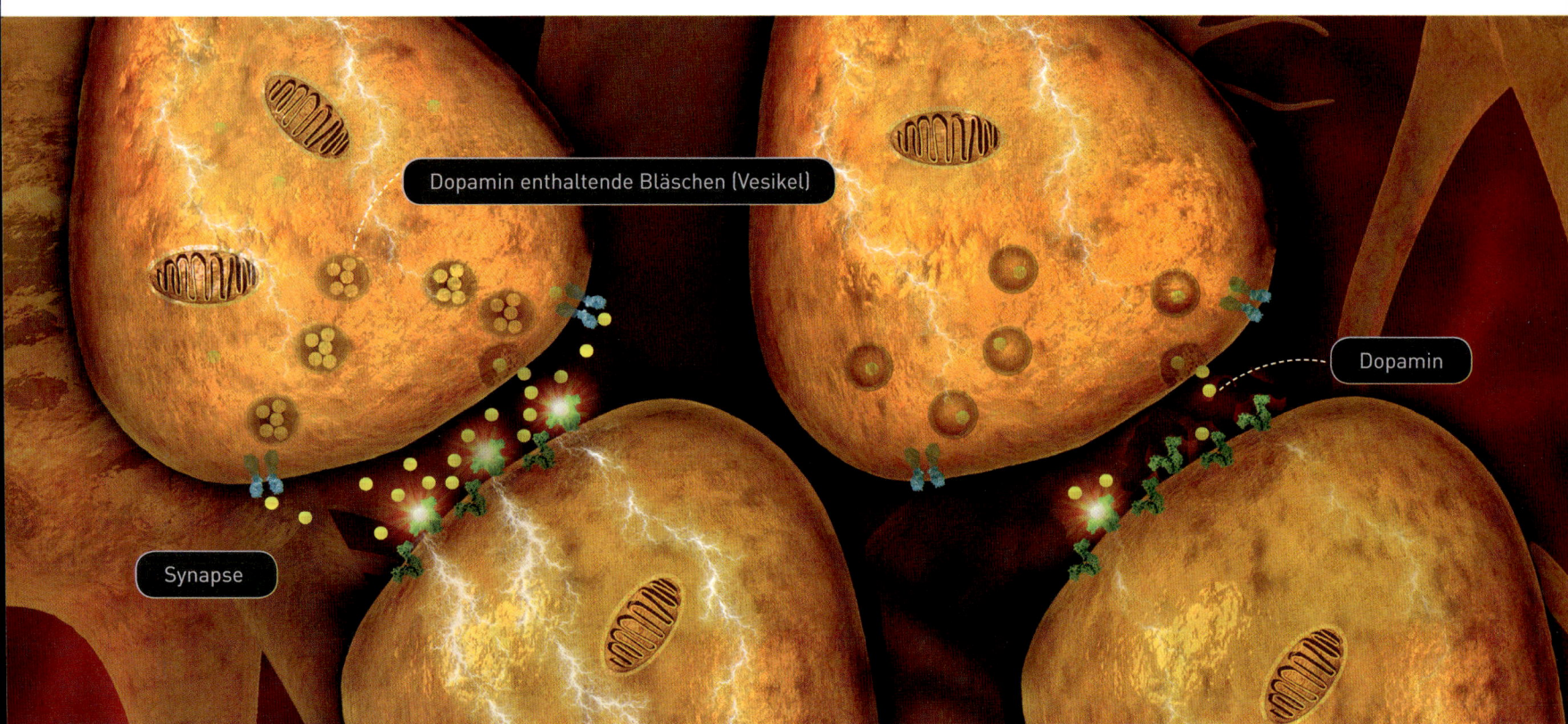

Dopamin enthaltende Bläschen (Vesikel)

Dopamin

Synapse

Die Illustration zeigt eine normale Nervenzelle (links) und eine von der **Parkinson-Krankheit** befallene
Nervenzelle (rechts). Im Gegensatz zur gesunden Zelle schüttet die von Parkinson befallene nur sehr wenig
Dopamin zur Synapse aus.

Erkrankungen des Nervensystems

Es gibt viele weitere Erkrankungen des Nervensystems: Die **Parkinson-Krankheit** ist neben Alzheimer-Demenz eine der häufigsten. Wie wir aus Kapitel 3 (Seite 147) wissen, liegt die Ursache für Parkinson in den Basalganglien. Basalganglien haben normalerweise die Aufgabe, störende Bewegungen zu hemmen. Ist diese Gehirnregion jedoch geschädigt, sind Zittern, Muskelstarre und Bewegungseinschränkungen die Folge. Genauer gesagt: Zu den Basalganglien gehören Gehirnregionen, die als Schwarze Subs-tanz oder auch Substantia nigra bezeichnet werden. Der Farbstoff Melanin verleiht den dortigen Nervenzellen die Schwarzfärbung. In dieser Region wird auch der Botenstoff Dopamin gebildet. Aufgrund bislang unbekannter Ursachen sterben bei der Parkinson-Erkrankung die Zellen in der Schwarzen Substanz ab. Die Folge: Es wird weniger Dopamin produziert und die Nervenzellen der Basalganglien können untereinander nicht mehr mithilfe dieses Botenstoffs kommunizieren. Das wiederum führt dazu, dass sie auch ihre Aufgaben nicht mehr erfüllen können.

Parkinson-Krankheit:
Sind etwa 60–70 Prozent
der Dopamin herstellen-
den Zellen im Gehirn ab-
gestorben, zeigen sich
die typischen Auswirkun-
gen auf die Motorik: Ne-
ben einem gehemmten
Gang kommt es zu Zit-
tern, Kopfwackeln und
Ungeschicklichkeit.

Kopfschmerzen

Kopfschmerzen können als Symptom einer Krankheit auftreten, aber auch als selbstständige Beschwerde. Manche davon wie Migräne und Cluster-Kopfschmerzen werden im Gehirn ausgelöst.

Etwa zehn Prozent aller Deutschen haben ein gemeinsames Problem – anfallartige, pulsierende Kopfschmerzen, mitunter begleitet von einer starken Lichtempfindlichkeit: Sie leiden unter immer wiederkehrenden **Migräneattacken**. Einige Stunden zuvor kündigt sich – zumindest bei einigen Betroffenen – die Attacke mit einer sogenannten Aura an: Blitze in den Augen, Heißhunger und starke Unruhe machen sich bemerkbar. Als mögliche Migräneauslöser im

Gespräch sind Stress, Alkohol, Schlafmangel, hormonelle Schwankungen und auch bestimmte Nahrungsmittel wie Käse oder Schokolade.

Längst ist noch nicht alles bekannt über die Erkrankung. Neurologische Untersuchungen konnten Veränderungen im Gehirn von Migränepatienten nachweisen – auch wenn diese gerade nicht unter einer Attacke litten. In Regionen, die an der Schmerzweiterleitung beteiligt sind,

Die meisten Menschen behandeln Kopfschmerzen mit dem Griff zur Schmerztablette. Aber auch alternative Therapien wie die osteopathische **Cranio-Sacral-Therapie** werden angeboten.

war die Hirnrinde im Vergleich zu Nicht-Migränegeplagten in den Frontallappen dünner. Dicker indes sind Gehirnregionen, die gesehene Bewegung verarbeiten. Möglicherweise lässt sich so erklären, warum Migränepatienten schmerzanfälliger sind – und intensiv auf visuelle Reize reagieren.

Ursache und Wirkung

Lange glaubten Wissenschaftler, Kopfschmerzen kämen zustande, weil sich während eines Migräneanfalls Blutgefäße im Kopf erweiterten und dadurch Schmerzrezeptoren in den Gefäßen gereizt würden. Allerdings zeigen neuere Untersuchungen, dass das nur eine Folge, nicht aber die Ursache der Migräneschmerzen sein könnte.

Auch bei den **Cluster-Kopfschmerzen** lassen sich erweiterte Blutgefäße beobach-

ten – sind aber ebenfalls wohl nur eine Folge. Bei Cluster-Kopfschmerzen leiden die Betroffenen einseitig im Bereich von Schläfe und Auge unter starken Schmerzen. Wissenschaftler vermuten, dass die Krankheit vom Hypothalamus ausgeht, also von dem Teil des Gehirns, der unseren Tagesrhythmus steuert. Dafür spricht, dass die Schmerzintensität im Lauf des Tages schwankt. Und auch, dass Reisen in andere Zeitzonen, die also unseren Tag-Nacht-Rhythmus durcheinander wirbeln, bei vielen Menschen Cluster-Kopfschmerzen auslösen.

Keine Ursache im Gehirn haben indes die sogenannten Spannungskopfschmerzen. Sie treten auf bei schlechter Körperhaltung. Muskelverspannungen an Hals und Kopfhaut sind die Folge.

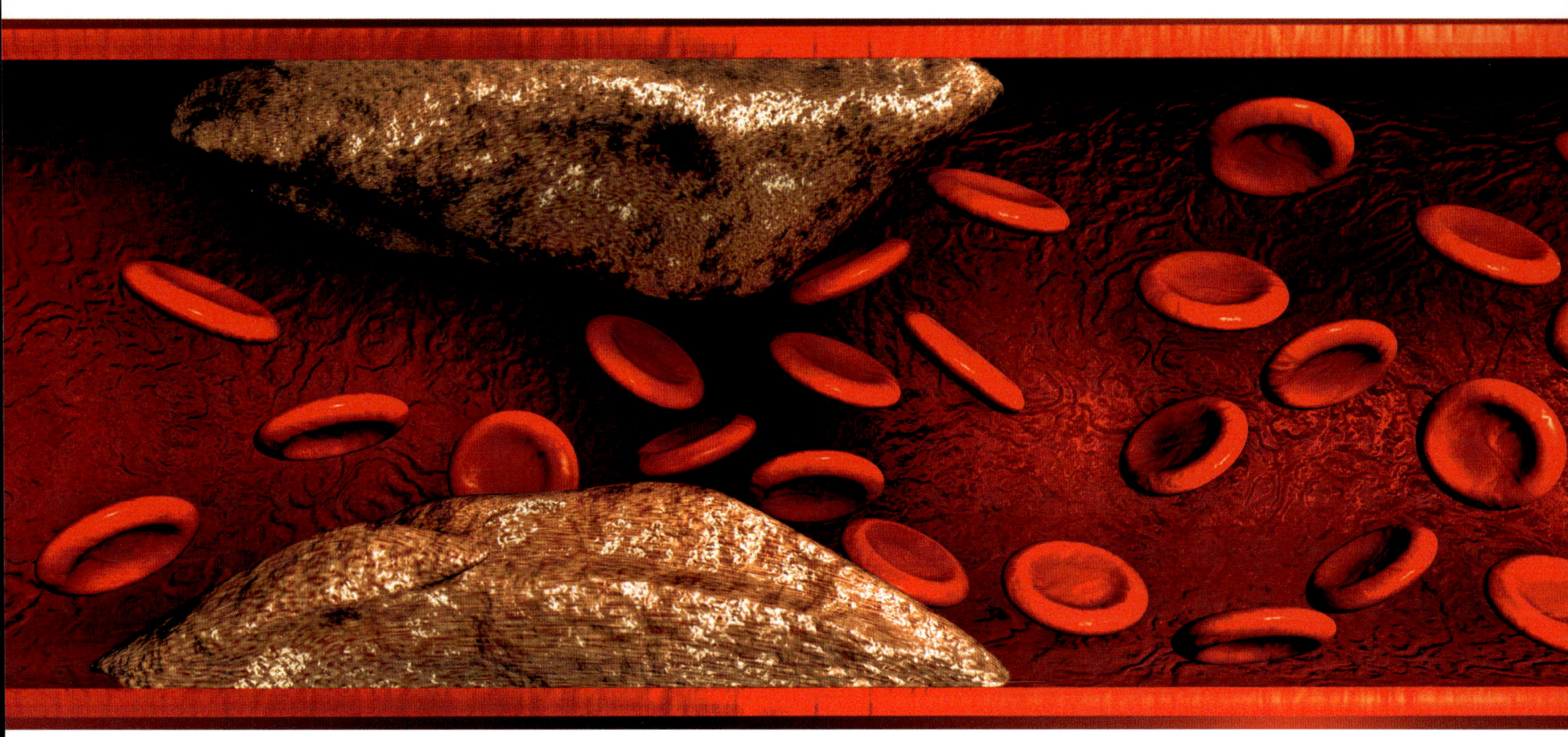

Schlaganfall

Wird das Gehirn wie nach einem Schlaganfall nicht mehr ausreichend mit Sauerstoff versorgt, können die betroffenen Areale ihre Aufgaben nicht mehr korrekt ausführen.

D ie Zahlen sind erschreckend: Jedes Jahr erleiden etwa 220 000 Menschen in Deutschland einen Schlaganfall. Jeder vierte Betroffene stirbt an den Folgen. Etwa neun von zehn Schlaganfällen werden von Blutgerinnseln ausgelöst – also von einem Pfropf, der aus Blutzellen, Kalk- und Fettablagerungen entstanden ist, und der die Blutgefäße regelrecht „verstopft". Die Folge: Teile des Gehirns werden nicht mehr ausreichend mit Sauerstoff versorgt – Gehirnzellen

sterben ab. Das entsprechende Gehirnareal kann seine Aufgaben vorübergehend oder dauerhaft nicht mehr erfüllen. Bei einem Drittel der Überlebenden bleiben Schäden wie Lähmungen oder Sprachstörungen zurück.

Anzeichen erkennen

Die Anzeichen eines Schlaganfalls sind vielfältig: Manchmal hängt ein Mundwinkel des Betroffenen etwas herunter. Andere Patienten wiederum können

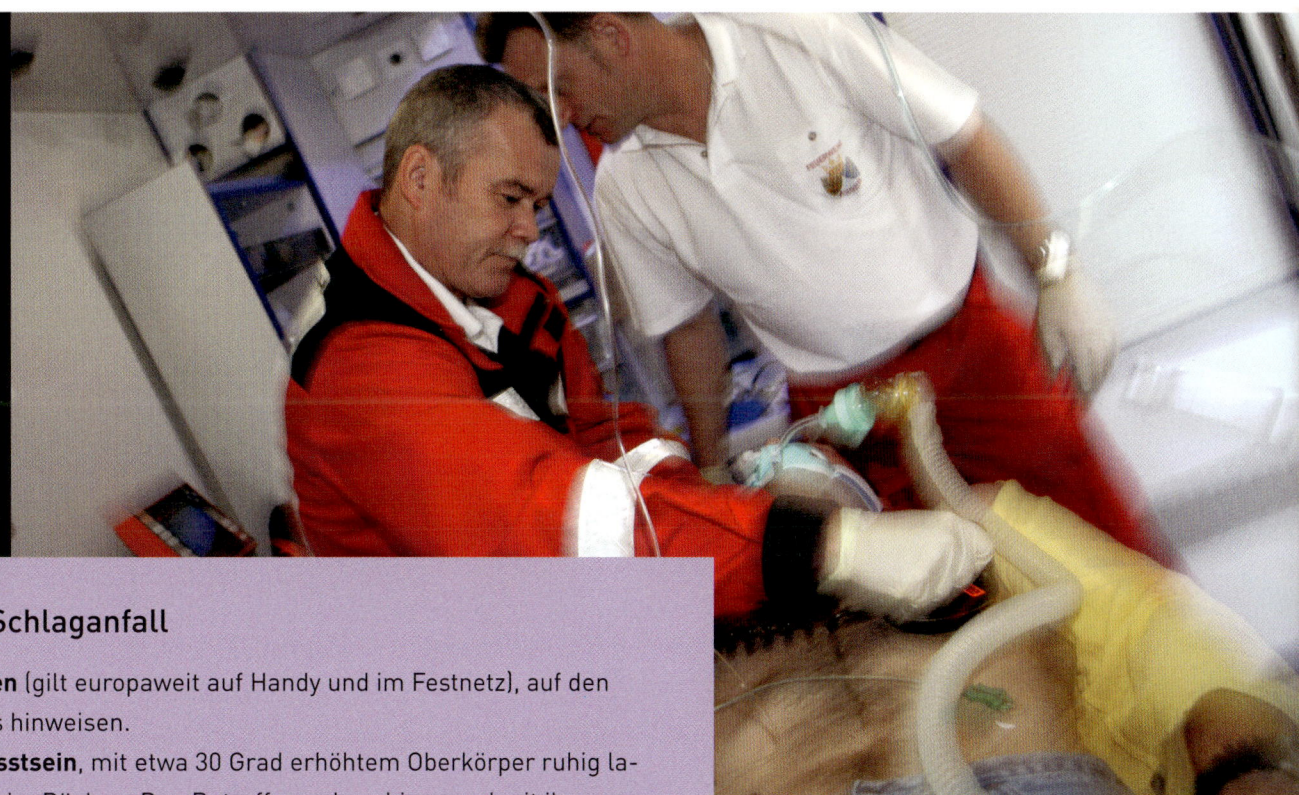

Ablagerungen in den Gefäßen können dafür verantwortlich sein, dass Gehirnareale nicht mehr ausreichend durchblutet werden. Kommt es zu einem **Schlaganfall**, ist schnelle medizinische Hilfe oft überlebenswichtig.

Erste Hilfe bei einem Schlaganfall

Sofort den Notruf 112 wählen (gilt europaweit auf Handy und im Festnetz), auf den Verdacht eines Schlaganfalls hinweisen.

Ist der Betroffene bei Bewusstsein, mit etwa 30 Grad erhöhtem Oberkörper ruhig lagern, etwa mit einem Kissen im Rücken. Den Betroffenen beruhigen und mit ihm sprechen. Nichts zu Essen oder zu Trinken geben, das Schluckverhalten könnte gestört sein!

Bei Erbrechen oder Bewusstlosigkeit: Den Betroffenen in die stabile Seitenlage bringen, immer wieder Puls und Atmung kontrollieren.

Kein Puls/keine Atmung feststellbar: Legen Sie den Betroffenen auf dem Rücken auf den Boden und beginnen Sie unverzüglich mit Wiederbelebungsmaßnahmen.

nicht mehr sprechen oder ihre Arme oder Beine nicht bewegen. Auch Schwindel, Probleme beim Gehen, Übelkeit oder auch extrem starke Kopfschmerzen deuten darauf hin, dass jemand einen Schlaganfall hatte. Treten die Symptome nur kurzzeitig auf, dann sprechen Neurologen von einer vorübergehenden (transistorischen) **ischämischen Attacke** – einer sogenannten TIA. Eine TIA ist bereits nach fünf bis zehn Minuten vorbei. Dennoch sollte man auch diese kurzzeitigen Symptome ernst nehmen und einen Arzt oder den Rettungsdienst unter der Nummer 112 rufen. Denn oft ist eine TIA nur der Vorbote eines

Schlaganfalls. Unter Fachleuten gilt das Motto „Zeit ist Hirn". Je schneller einem Betroffenen geholfen wird, umso besser lassen sich bleibende Gehirnschäden verhindern. Ärzte behandeln zunächst mit Medikamenten, sogenannten Thrombolytika, die möglichst schnell eine Thrombolyse ermöglichen, also ein Auflösen des Blutgerinnsels.

Übrigens: Das Thema betrifft nicht nur ältere Menschen. Neurologen schätzen, dass etwa fünf bis zehn Prozent der Schlaganfälle bei unter 50-Jährigen auftreten. Sogar kleine Kinder kann es treffen.

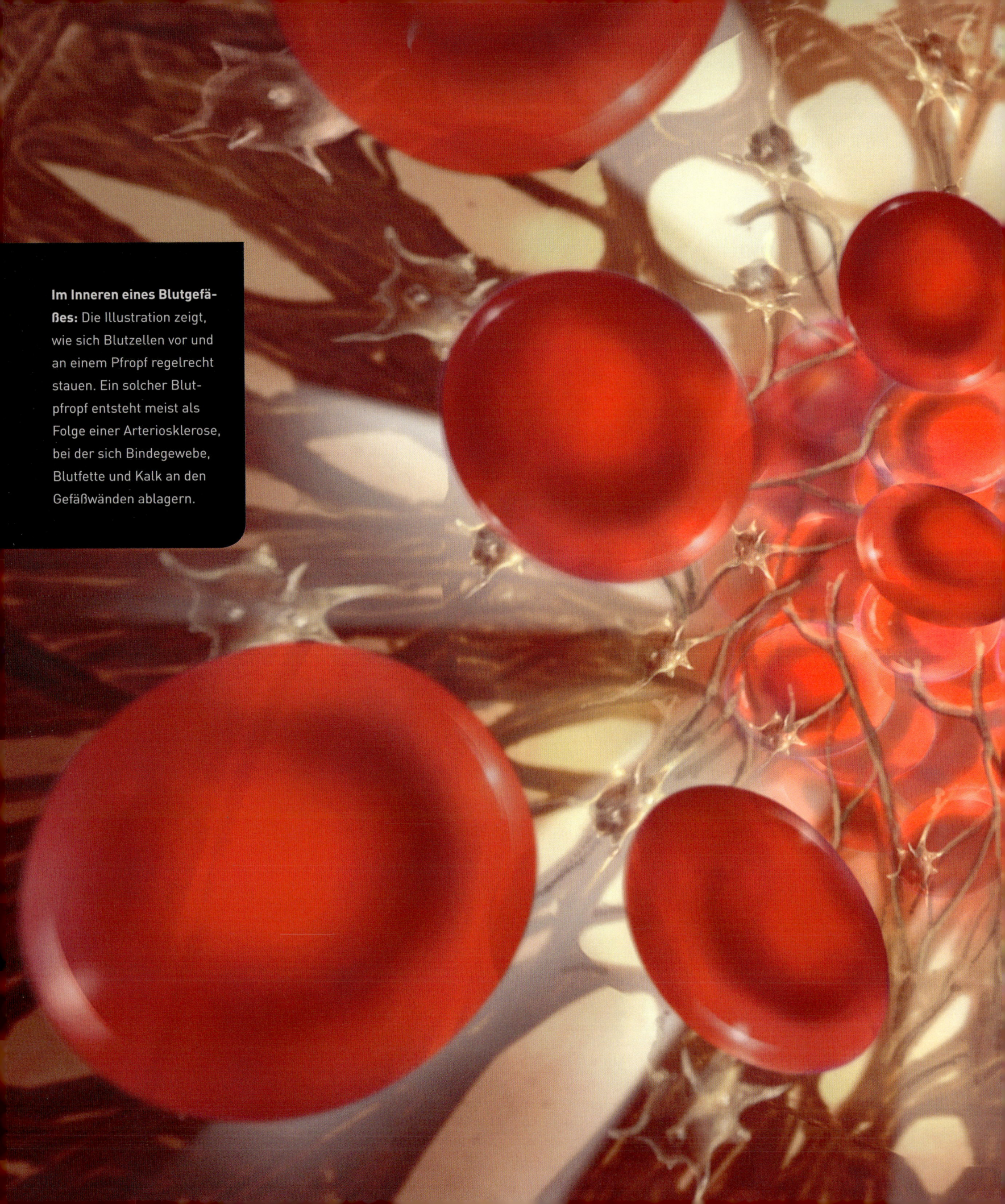

Im Inneren eines Blutgefäßes: Die Illustration zeigt, wie sich Blutzellen vor und an einem Pfropf regelrecht stauen. Ein solcher Blutpfropf entsteht meist als Folge einer Arteriosklerose, bei der sich Bindegewebe, Blutfette und Kalk an den Gefäßwänden ablagern.

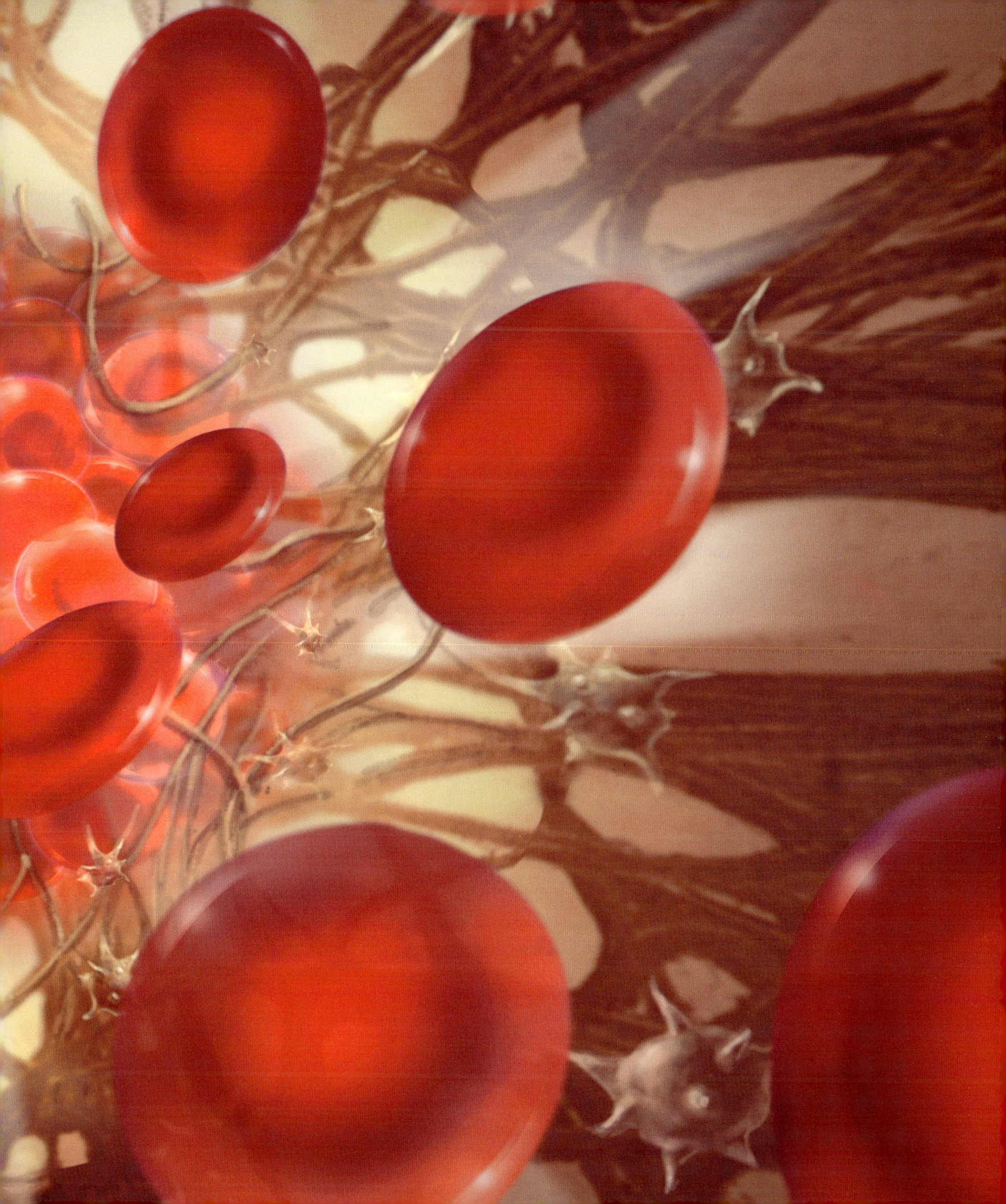

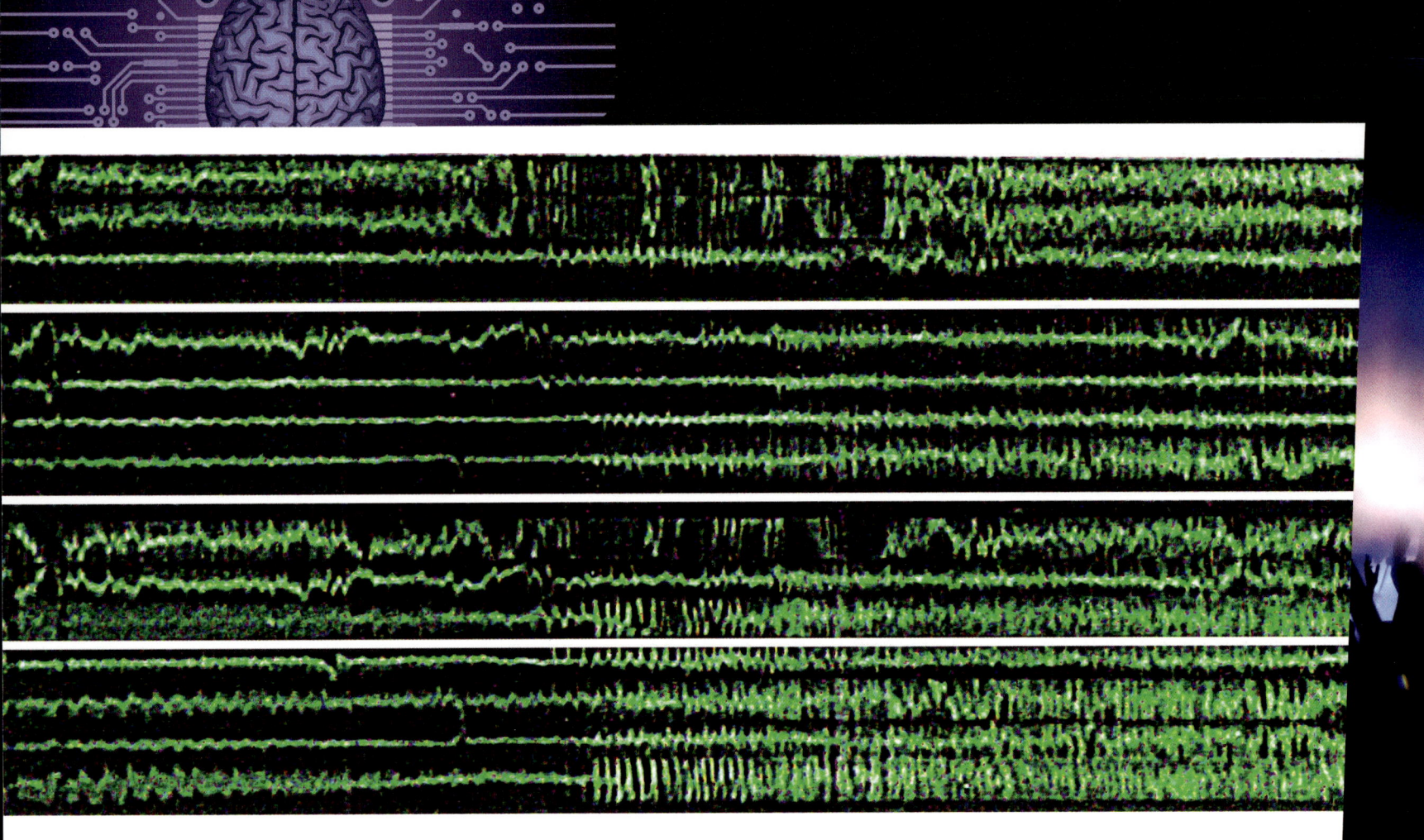

Epilepsie

Bis ins 20. Jahrhundert stand die Medizin der Epilepsie weitgehend ratlos gegenüber. Dank moderner Techniken wird sie immer besser erforscht. Heute können viele Patienten fast ohne Einschränkungen leben.

Gehören auch Sie zu den etwa fünf bis zehn Prozent aller Menschen, die bereits am eigenen Leib einen epileptischen Anfall erlebt haben? Ein Epileptiker sind Sie deswegen aber nicht: Erst wenn sich diese Anfälle häufen, spricht man von einer Epilepsieerkrankung. Davon betroffen sind in Deutschland etwa 500 000 Menschen. Einige Epileptiker kennen die Ursache ihrer Erkrankung nicht. Bei anderen lässt sie sich zurückführen auf eine Durchblutungsstörung oder Entzündung im Gehirn, eine genetische Veränderung, eine Hirnhautentzündung oder auf eine Narbe, die nach einer Hirnverletzung zurückgeblieben ist. Einige Epilepsiepatienten kennen sogenannte provozierende Faktoren, die bei ihnen das Auftreten eines Anfalls fördern. Hierzu zählen beispielsweise flackerndes Licht, Schlafmangel und Alkoholkonsum. Außerdem gibt es Arzneistoffe, die epileptische Anfälle verursachen können.

Die dichter werdenden Linien des **EEGs** links zeigen einen epileptischen Anfall an. Flackerndes grelles Licht, wie man es häufig in Nachtclubs oder auf Rock- und Popkonzerten wahrnimmt, gehört zu den Faktoren, die einen **epileptischen Anfall** auslösen können.

Ursachen und Diagnose

Doch wie kommt es zu einer Epilepsie? Und was genau ist sie überhaupt? Bei gesunden Menschen ist im Gehirn die Aktivität von Milliarden Nervenzellen aufeinander abgestimmt. Jede dieser Gehirnzellen steht wiederum mit weiteren Nervenzellen des Körpers in Verbindung. Auf diese Weise kontrolliert das Gehirn alle Vorgänge in unserem Körper. Bei einem epileptischen Anfall jedoch verliert das Gehirn die Kontrolle: Tau-

sende von Nervenzellen sind gleichzeitig aktiv. Wie bei einem Flächenbrand stimulieren sie weitere Nervenzellen. Im Gehirn herrscht Chaos, ein regelrechtes „Gewitter" zieht durch den Kopf. Sehr unterschiedlich kann ein Anfall ablaufen – beispielsweise nur aus einer kurzen geistigen Abwesenheit bestehen. Diese dauert nur wenige Sekunden und wird von Betroffenen und Angehörigen meist gar nicht bemerkt. Dann aber gibt es Anfälle, die mit Zuckungen und Verkrampfungen einhergehen. Der dramatischste aller Anfälle ist der „Grand-mal-Anfall": Meist beginnt er mit einem Schrei, in den ersten 10 bis 20 Sekunden wird die Muskulatur steinhart, der Betroffene verliert das Bewusstsein und sinkt in sich zusammen. Dann zucken für weitere 30 bis 60 Sekunden seine Muskeln. Währenddessen gibt er Laute von sich. Nach einigen Minuten klingen diese Anfallserscheinungen wieder ab.

Ob man ein Epilepsiepatient ist, muss von einem Arzt geklärt werden. Unter anderem wird er ein **Elektroenzephalogramm** (EEG) erstellen. Bei den Betroffenen ist nämlich die elektrische Aktivität im Gehirn verändert – auch wenn sie keinen Anfall haben. Allerdings lassen sich nicht immer Veränderungen der Gehirnwellen an der Kopfhaut ausmachen. Vielleicht auch, weil die Veränderungen tiefer im Gehirn liegen, sich per EEG nicht nachweisen lassen. Dann hilft ein **Magnetenzephalogramm** (MEG). Ein MEG erfasst magnetische Signale, die von Nervenzellen ausgehen. Hier wird eine veränderte Hirnaktivität auch in tiefer gelegenen Regionen erkannt.

Epilepsie in der Geschichte

Die Epilepsie mit ihrem auffälligen Krankheitsbild ist eine seit Jahrtausenden bekannte und oft beschriebene Krankheit. Schon in der Antike erkannte man (wahrscheinlich Hippokrates) ihre organischen Ursachen, doch ging dieses Wissen im europäischen Mittelalter wieder verloren. In dieser Zeit wurde sie vor allem mit übernatürlichen Kräften – Geistern, Hexen und Dämonen – in Zusammenhang gebracht. Erst Mitte des 19. Jahrhunderts wurde das Gehirn als Ausgangspunkt epileptischer Anfälle identifiziert, auch das erste wirksame Mittel gegen epileptische Anfälle wurde in dieser Zeit entdeckt (Brom). Als im 20. Jahrhundert die Hirnströme sichtbar gemacht wurden (EEG), war dies ein Durchbruch für die weitere Forschung und die Ende des 20. Jahrhunderts verstärkt aufkommende Epilepsiechirurgie.

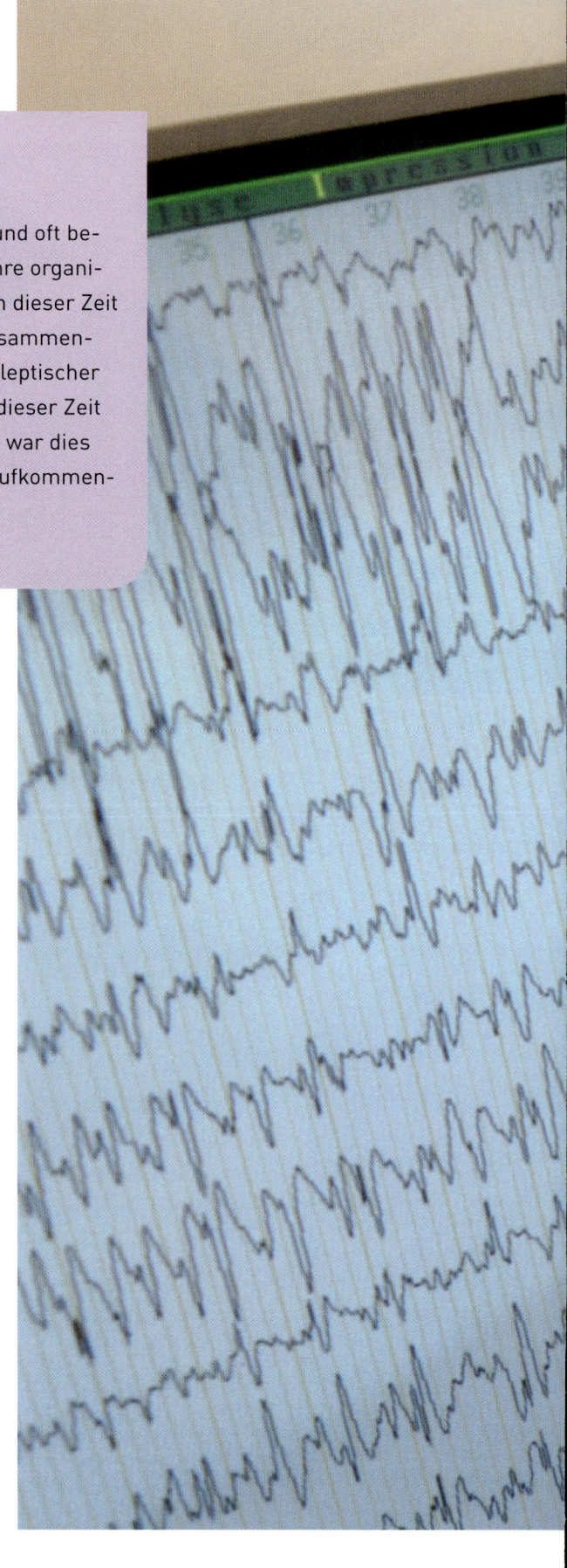

Dem deutschen Neurologen und Psychiater Hans Berger gelang 1924 die Erstellung des ersten **Elektroenzephalogramms**. Die Tragweite dieser Leistung wurde erst 1934 erkannt, heute ist das EEG nicht mehr aus der Hirnmedizin wegzudenken.

Ob und welche Therapie nötig ist, muss mit einem Arzt besprochen werden. Meist erfolgt erst eine Behandlung, wenn mehr als zwei Anfälle pro Jahr auftreten. Manchen Betroffenen hilft es bereits, die auslösenden Faktoren zu umgehen: Also keinen Alkohol zu trinken oder grelles, flackerndes Licht zu meiden. Medikamentös werden sogenannte Antikonvulsiva eingesetzt. Vereinfacht gesagt hemmen diese die Erregbarkeit von Nervenzellen oder die Erregungsweiterleitung. Sie verhindern also gewissermaßen, dass sich im Kopf ein Gewitter zusammenbrauen kann.

Wirken die Medikamente nicht, kann in bestimmten Fällen auch eine Operation in Erwägung gezogen werden. Insbesondere dann, wenn sich im Gehirn eine bestimmte Region für die epileptischen Anfälle verantwortlich machen lässt. Also beispielsweise wenn eine Narbe einer früheren Gehirnverletzung der Ausgangspunkt ist – und diese als „Herd" die umliegenden Nervenzellen irritiert.

Die **Magnetoenzephalografie** (MEG) stellt die Magnetfelder dar, die durch Hirnaktivität entstehen und identifiziert deren Veränderungen während verschiedener Aktivitäten des Gehirns.

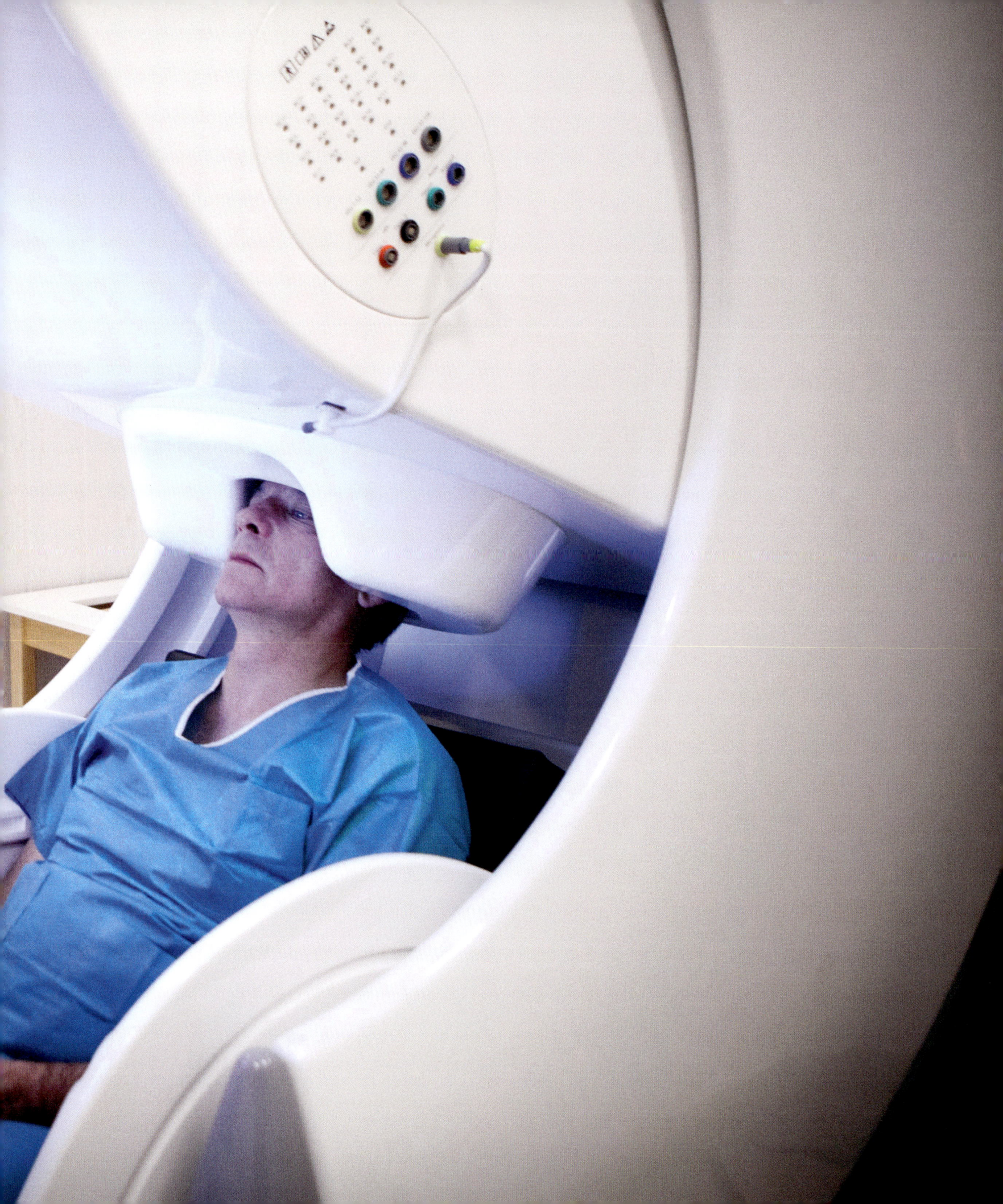

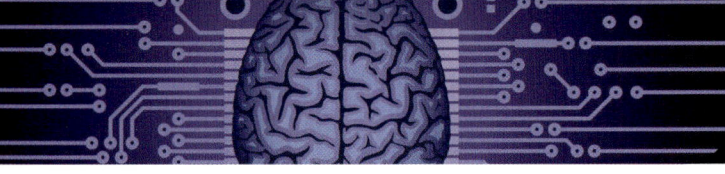

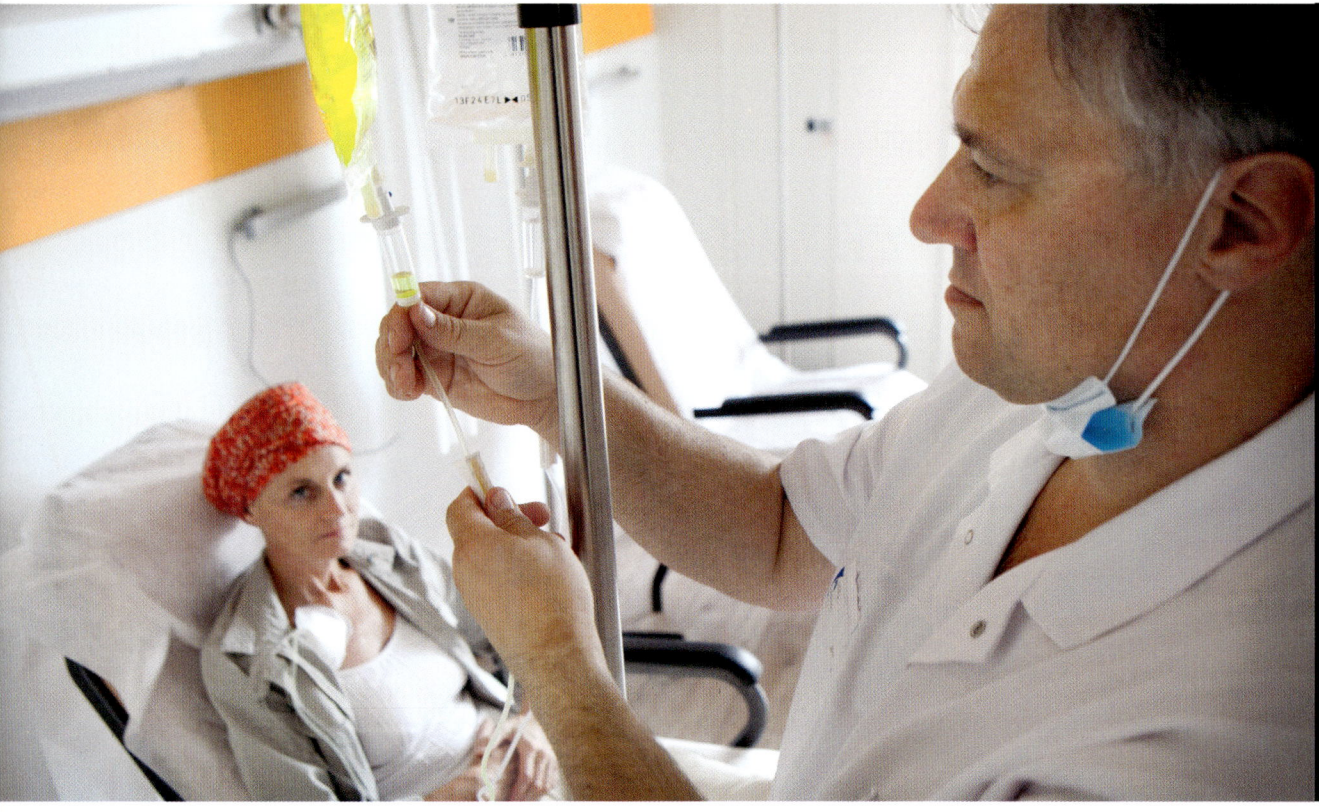

Gehirntumor

Ein Gehirntumor ist eine Krebserkrankung im Gehirn, die laut Statistik zu zwei Dritteln gutartig und zu einem Drittel bösartig ist. Insgesamt machen Gehirntumore etwa zwei Prozent aller Krebserkrankungen aus.

Epilepsie kann übrigens auch von einem Gehirntumor verursacht werden. Allerdings macht sich ein solcher Tumor meist zunächst anhand von Kopfschmerzen bemerkbar, die oftmals verstärkt nachts auftreten. Das Gewebe um den Tumor ist nämlich angeschwollen – Gewebe, das durchblutet wird. Liegt man dann in der Nacht, so wird mehr Blut durch den Kopf gepumpt – also auch durch das Gewebe um den Tumor. Der Druck im Schädel steigt. Selbst Schmerzmittel helfen dann oftmals nicht. Neben den Kopfschmerzen wird man von Übelkeit und Erbrechen geplagt. Die weiteren Symptome eines Gehirntumors sind vielfältig – abhängig davon, wo genau er im Gehirn sitzt: Sehstörungen, Sprachstörungen oder Lähmungserscheinungen können auftreten.

Wenn ein Gehirntumor entsteht, wachsen Zellen ungebremst. Bildet er sich aus Gehirnzellen, sprechen Ärzte von einem

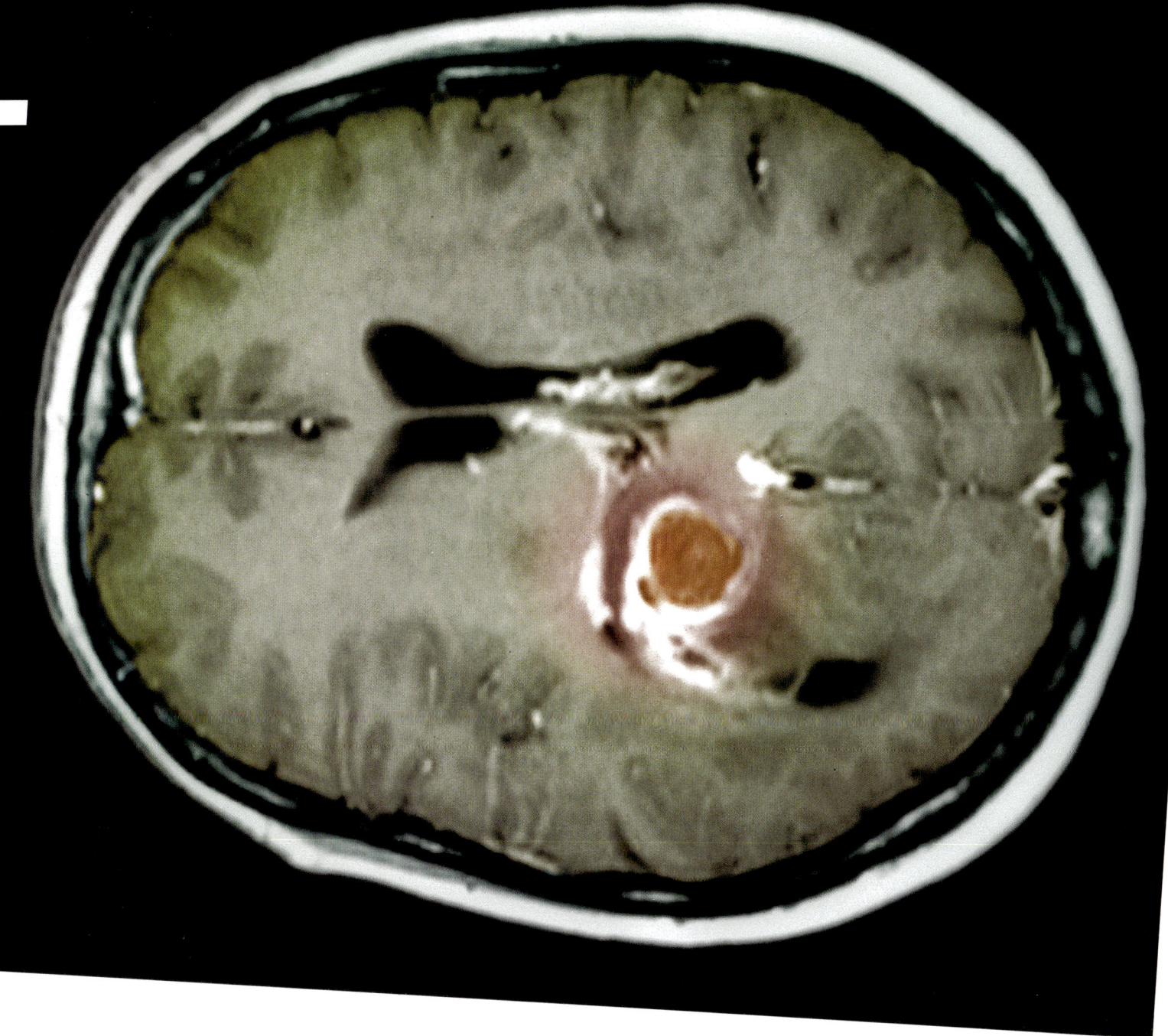

primären Tumor. Entsteht er dagegen aus Tochtergeschwülsten, also aus Metastasen eines anderen Tumors im Körper, die in das Gehirn eingewandert sind, spricht man von einem **sekundären Tumor.**

Warum sich Gehirntumore bilden, ist noch nicht geklärt. Genetische Ursachen sind ein Grund – die Erkrankung tritt familiär gehäuft auf. Möglicher Auslöser könnten auch Chemikalien sein oder radioaktive Strahlung. Dass die oftmals verdächtigten Handys oder Hochspannungsmasten Verursacher sind, konnte bislang nicht nachgewiesen werden. Ein Tumor wird meist operiert, oft wird er dabei nur zum Teil entfernt, da ansonsten die Gefahr besteht, gesunde Teile des Gehirns zu verletzen. Nachbehandelt wird mit Strahlen- und Chemotherapie. Da die Behandlung aufgrund technischer Fortschritte immer schonender und zielgenauer geworden ist, sind die Überlebenschancen in den letzten Jahren gestiegen.

Schleichendes Vergessen

In Deutschland sind heute fast 1,5 Millionen Menschen an Demenz erkrankt. Nach wie vor kann die Krankheit nicht geheilt werden, einige Vorbeugungsmaß-nahmen sind aber bekannt.

Am 25. November 1901 wurde Auguste Deter in die städtische Irrenanstalt Frankfurt am Main eingeliefert. Sie wurde als „völlig verblödet" beschrieben. Eine drastische Beschreibung, die zu der damaligen Zeit in Medizinerkreisen durchaus üblich war. Die Frau erweckte das Interesse des Psychiaters Alois Alzheimer. Dieser erforschte seinerzeit die organischen Ursachen von Hirnleistungsstörungen. Auguste Deter verstarb. Alzheimer sezierte ihr Gehirn und entdeckte Eiweißablagerungen und tote Nervenzellen. Er deutete dies als Auslöser der seltsamen Symptome. Die Alzheimer–Erkrankung war entdeckt, die mit Abstand häufigste Form der **Demenz**.

Alzheimer verläuft in drei Stadien, die unterschiedlich lange – durchschnittlich jeweils drei Jahre – andauern. Zunächst lässt das Kurzzeitgedächtnis nach, die Betroffenen vergessen beispielsweise zuvor Gesagtes sehr schnell. Ihr Wort-

Links: Einfache Symbole sollen den Bewohnern eines Pflegeheims die **Orientierung im Alltag** erleichtern.
Rechts: **Omega-3-Fettsäuren**, die vor allem in Kaltmeerfischen wie Lachs vorkommen, wirken wahrscheinlich vorbeugend.

schatz wird kleiner und ehemalige Hobbys interessieren sie nicht mehr. Im mittleren Stadium finden sich die Patienten in ihrer gewohnten Umgebung nicht mehr zurecht. Längere Konzentrationsphasen – wie sie etwa beim Autofahren nötig sind – werden so gut wie unmöglich.

Vor allem im Spätstadium wird deutlich, dass der Erkrankte seine Orientierung verloren hat. Selbst vertraute Personen werden jetzt nicht mehr erkannt. Die Kontrolle über körperliche Funktionen geht verloren. Der Betroffene wird zum Pflegefall. Mit dem Alter nimmt die Zahl der Demenzerkrankungen dramatisch zu: Bei den 70-Jährigen liegt ihr Anteil noch bei fünf Prozent, bei den 90-Jährigen dagegen schon bei fast 50 Prozent. Da wir immer älter werden, wird auch die Zahl

der Demenzerkrankten steigen, prognostizieren Experten.

Kann man Demenz vorbeugen?

Bis heute ist Demenz nicht heilbar. Ein Medikament ist nicht in Sicht. Lediglich die Symptome lassen sich zum Teil medikamentös aufhalten. Vielversprechend ist indes die Demenzprävention. Man selbst kann einiges tun, um sein Demenzrisiko zu minimieren – oder zumindest den Ausbruch der Erkrankung hinauszögern. Ernährung spielt eine wichtige Rolle, wie unter anderem Forscher am Deutschen Institut für Demenzprävention an der Universität des Saarlands herausgefunden haben. Omega-3-Fettsäuren verhindern sehr wahrscheinlich die typischen Eiweißablagerungen im Gehirn der Betroffenen. Studien haben gezeigt: Erhalten Patienten mit beginnender

Bewegungsprogramm zur Vorbeugung

Jeder weiß, dass regelmäßiges Ausdauertraining gegen Herz-Kreislauf-Erkrankungen hilft. Was viele aber nicht wissen: Bewegung hilft auch gegen Demenz. Untersuchungen haben gezeigt, dass Gefäßerkrankungen die Anfälligkeit sowohl für die Alzheimerkrankheit als auch für vaskuläre Demenz erhöhen. Von vaskulärer Demenz sprechen Ärzte, wenn das Gehirn – oder wesentliche Teile davon – nicht ausreichend durchblutet werden – und es dadurch zu den typischen Demenzsymptomen kommt. Vor allem Ausdauersportarten wie Schwimmen, Joggen, Radfahren und Nordic Walking eignen sich, um die Durchblutung zu verbessern. So beugt man einerseits Gefäßerkrankungen vor – andererseits dem Abbau von geistiger Leistungsfähigkeit.

Alzheimer Krankheit über sechs Monate hinweg täglich ein Omega-3-Nahrungsergänzungsmittel, kann der „geistige Verfall" teilweise aufgehalten werden. Für eine gute Versorgung mit Omega-3-Fettsäuren werden wöchentlich zwei bis drei Fischmahlzeiten empfohlen. Ungesättigte Fettsäuren indes, wie sie in Butter- oder Schweineschmalz enthalten sind, fördern den Ausbruch einer Demenz-Erkrankung. Will man ihr vorbeugen, sollten die Cholesterinwerte im „normalen" Bereich liegen. Das LDL-Cholesterin sollte 160 Milligramm pro Deziliter (mg/dl) nicht übersteigen. Wahre Cholesterinsenker sind Ballaststoffe, denn sie fangen im Darm Gallensäure ab, die der Körper für die Cholesterinbildung benötigt. Mandeln, Trockenobst oder Vollkornprodukte enthalten viele Ballaststoffe.

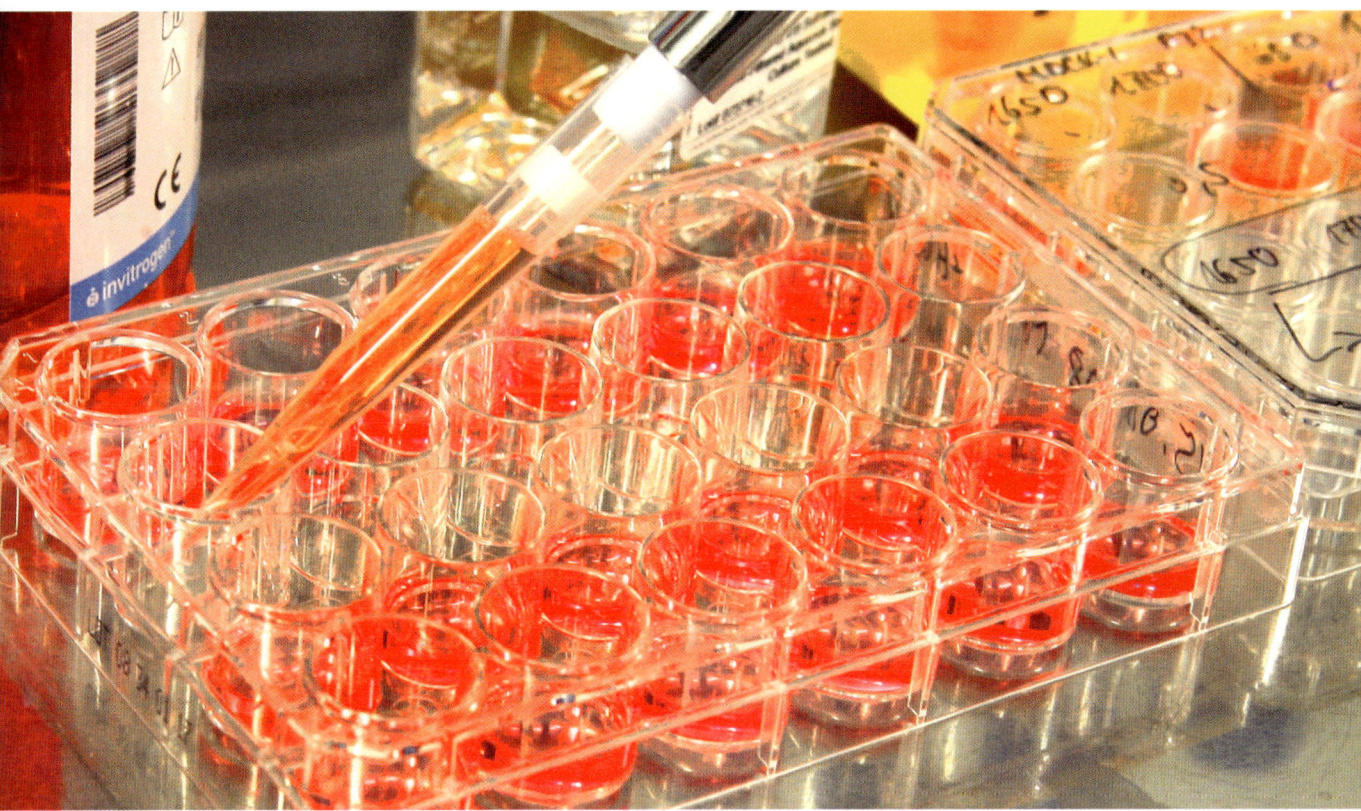

Mit einem neuartigen experimentellen **Wirkstoff** haben Forscher in Halle an der Saale erfolgreich Alzheimersymptome bei Versuchstieren in Schach gehalten. Das Mittel bremste die Entstehung der typischen Eiweißablagerungen im Hirn von Labormäusen um 80 Prozent. Ob daraus ein Medikament für Menschen entstehen kann, ist noch unklar.

Geeignete „Demenz-Vorbeugemittel" sind höchstwahrscheinlich auch die Vitamine C und E sowie einige B-Vitamine (Folsäure, Vitamin B6 und B12): Wissenschaftler vermuten, dass sie zelluläre Abbauprozesse im Gehirn verhindern. Vitamin C ist in fast allen Obst- und Gemüsesorten enthalten, die B-Vitamine beispielsweise in Linsen, Rosenkohl und Feldsalat, Vitamin E in Sonnenblumenöl und in Haselnüssen.

Unterschiedliche Demenzerkrankungen

Es gibt verschiedene Arten von Demenzerkrankungen. Am häufigsten ist der Typ **Alzheimer**: Im Gehirn lassen sich Eiweißablagerungen nachweisen, sogenannte Amyloidplaques. Sie erschweren die Informationsübertragung der Nervenzellen untereinander. Die betroffenen Zellen sterben mit der Zeit ab, insbesondere in den Regionen, die für Gedächtnis, Orientierung und Sprache zuständig sind. Die zweithäufigste Ursache einer Demenz sind Durchblutungsstörungen im Gehirn. Diese auch als „**vaskuläre Demenz**" bekannte Erkrankung kann soweit führen, dass Gehirnzellen nicht mehr ausreichend mit Sauerstoff versorgt werden und ebenfalls absterben. Die seltene **Lewy-Körperchen-Demenz** ist eine Mischform aus Alzheimerdemenz und der Parkinsonkrankheit. Das Gehirn wird hier durch kleine Eiweißpartikel, die sogenannten Lewy-Körperchen, geschädigt. Die **Frontotemporale Demenz (Morbus Pick)** hemmt nur einen kleinen Teil des Gehirns, besonders den Stirn- und Schläfenlappenbereich.

Zebrafische haben eine Eigenschaft, die sie für die Hirnforschung interessant macht: Im Gegensatz zum Menschen können sie den Verlust von Nervenzellen durch die **Bildung neuer Nervenzellen** ausgleichen. Nun müht sich die Forschung, dieses Wachstum auch im menschlichen Gehirn zu ermöglichen.

Das Blatt bleibt leer, stattdessen übt sich dieser Junge in Bleistiftakrobatik – wenn ein solches Verhalten typisch ist, liegt der Verdacht auf **ADHS** nahe.

ADHS

Unaufmerksam, impulsiv und ständig in Bewegung – das sind drei charakteristische Verhaltensweisen, die mit ADHS verbunden sind. Meist tritt diese Störung bei Kindern auf, aber auch Erwachsene sind betroffen.

„Er gaukelt und schaukelt, er trappelt und zappelt auf dem Stuhle hin und her..." – so beschrieb der Autor und deutsche Nervenarzt Heinrich Hoffmann im Jahr 1848 in dem Kinderbuchklassiker „Struwwelpeter" ein ungewöhnlich bewegungsaktives Kind und damit das „Zappelphilippsyndrom". Heute würde man wohl sagen, Struwwelpeter sei hyperaktiv, möglicherweise würde man bei ihm ADHS diagnostizieren. Das Kürzel, das heute alle Eltern kleinerer Kinder kennen,

steht für Aufmerksamkeits-Defizit-Hyperaktivitäts-Störung. Gestörte Aufmerksamkeit gepaart mit Hyperaktivität ist also kein Phänomen unserer Zeit. Bereits vor über 150 Jahren wurde sie bei Kindern beobachtet.

Hyperaktivität tritt vor allem bei Jungen in Erscheinung. Bei Mädchen zeigt sich ADHS vor allem in Schwierigkeiten, sich zu konzentrieren – oft werden diese Kinder als „Träumsusen" beschrieben. In

Deutschland sind schätzungsweise fünf Prozent der Kinder und Jugendlichen zwischen 6 und 18 Jahren betroffen. Insgesamt drei Untergruppen unterscheiden Fachleute bei ADHS: Kinder mit vorwiegend hyperaktiv-impulsivem Verhalten, also die typischen **„Zappelphilippe"**, Kinder, denen es an Aufmerksamkeit mangelt, also die **„Träumsusen"**, und zudem einen **Mischtyp** aus beidem.

Die betroffenen Kinder haben Probleme, die Mimik und Gestik anderer Menschen zu verstehen. Schnell fühlen sie sich deshalb provoziert, was sie mitunter zu Handlungen verleitet, die von ihren Mitmenschen als aggressiv gedeutet werden.

ADHS bei Erwachsenen

ADHS gibt es nicht nur bei Kindern – schätzungsweise 2,4 bis 4 Prozent der Erwachsenen sind betroffen. Ihre Probleme sind nicht so offensichtlich wie die der kleinen Patienten, allerdings haben auch sie Schwierigkeiten, ihren Alltag zu meistern: Auch ihnen fällt es schwer, sich beim Lesen eines Textes oder in Gesprächen auf das Wesentliche zu konzentrieren. Sie verlieren gewissermaßen den roten Faden. Auch sie lassen sich leicht ablenken. Wichtige Dinge, die eigentlich schnell zu erledigen wären, schieben sie vor sich her. Hyperaktivität äußert sich bei ihnen in einem starken Bewegungsdrang: Sie wippen mit dem Fuß, spielen mit den Fingern umher. Viele leiden zudem unter Stimmungsschwankungen. Allerdings leidet nicht gleich jeder an ADHS, der mal unkonzentriert ist oder einen starken Bewegungsdrang verspürt. Die Diagnose muss letztlich ein Arzt stellen.

Sie lassen sich außerdem schnell von Unwichtigem ablenken. Oder sie verlieren wichtige Dinge, die sie beispielsweise bräuchten, um ihre Hausaufgaben zu erledigen. Eines fällt den Kindern allerdings leicht: kreativ sein. Sie haben gute Ideen, können spannend erzählen.

Gestörte Informationsübertragung

Was aber spielt sich in ihren Gehirnen ab? Derzeit vermuten Neurowissenschaftler, dass bei ADHS die Informationsübermittlung im Gehirn aus dem Gleichgewicht geraten ist. Genauer gesagt: Die Botenstoffe Dopamin und Noradrenalin arbeiten nicht korrekt. Noradrenalin ist eher an Informationswegen beteiligt, die für Aufmerksamkeit sorgen. Dopamin indes spielt eine Rolle, wenn sich das Gehirn motiviert etwas zu tun – Dopamin ist, wie wir wissen, Teil des Belohnungssystems. Von beiden Botenstoffen steht zu wenig zur Verfügung. Deshalb entwickelt sich ADHS. So lautet zumindest die gegenwärtig gängige Theorie.

Was ADHS auslöst – dafür haben Psychologen mehrere Erklärungen: Enge Wohnverhältnisse könnten eine Rolle spielen oder eine hektische, von Stress gekennzeichnete, nicht gut organisierte Umgebung. Auch eine Erziehung, die keine strikten Regeln vorgibt, steht unter Verdacht. Zu wenig Zuwendung könne ADHS verstärken, meinen Psychologen. Genetische Aspekte spielen ebenfalls eine Rolle: ADHS tritt familiär gehäuft auf. So kann es sein, dass Menschen, die als Kinder selbst unter ADHS zu leiden hatten, auch Kinder mit ADHS bekommen.

Depressionen

Traurigkeit ist eine wichtige Emotion: Sie zwingt uns, aus Fehlern zu lernen. Die Depression jedoch ist eine Krankheit, bei der sich sehr wahrscheinlich der Hirnstoffwechsel verändert. Unter anderem mangelt es am Botenstoff Serotonin.

Bei Sonnenlicht steigt die Stimmung. An dunklen, regnerischen Tagen indes fühlt man sich niedergeschlagen und traurig. Das ergeht jedem Menschen so – und hat einen einfachen Grund: Sonnenstrahlen aktivieren die Serotoninproduktion im Gehirn. Und **Serotonin** sorgt nicht nur dafür, dass wir morgens wach werden, sondern ist auch ein Stimmungsaufheller. Kein Wunder also, dass in der dunklen Jahreszeit, wenn von der Sonne nicht viel zu sehen ist, oft von

„November-Blues" oder auch von Winterdepressionen die Rede ist.

Ausgelöst werden Depressionen von vielen Dingen: Vom Tod eines geliebten Menschen, von Stress, von Misserfolgen … Die Symptome sind vielfältig: Schlafstörungen, Interessensverlust, Abbau von sozialen Kontakten, mangelndes Selbstvertrauen und ein geringer oder übermäßiger Appetit. In schweren Fällen werden Depressionen medikamentös behandelt, etwa mit

Ein Therapieansatz gegen Depressionen, insbesondere die Winterdepression, ist die **Lichttherapie**.

Frühjahrsmüdigkeit

Im Frühling, mit den ersten Sonnenstrahlen, steigt die körpereigene Serotoninproduktion. Dann liefert sich der Stimmungsaufheller im Gehirn eine „Schlacht" mit dem Schlafhormon Melatonin. Der Schlaf-wach-Rhythmus gerät aus dem Lot. Der Körper ist geschwächt. Die Folge ist die typische Frühjahrsmüdigkeit, die fast alle Menschen nach Ende der dunklen Jahreszeit befällt. Dann hilft nur eines: viel Zeit draußen verbringen und die Sonnenstrahlen genießen. Der Biorhythmus wird neu justiert. Und das große Gähnen kommt erst am Abend.

sogenannten selektiven Serotoninwiederaufnahmehemmern (kurz SSRI für Selective Serotonin Reuptake Inhibitor). Diese Antidepressiva sorgen dafür, dass das „Glückshormon" Serotonin, das im Gehirn ausgeschüttet wird, länger wirkt.

Aber auch andere Maßnahmen können die Verfügbarkeit von Serotonin verbessern: Manchen Menschen mit Depressionen hilft eine Lichttherapie: Hierbei kurbeln Lampen mit einer Leuchtkraft von mindestens 2500 Lux die körpereigene Serotoninproduktion an. Übrigens: Die Produktion des Glückshormons steigt auch beim Verzehr von kakaohaltiger Schokolade und beim Sport. Kein Wunder also, dass diese „Mittel" immer wieder als Stimmungsaufheller eingesetzt werden.

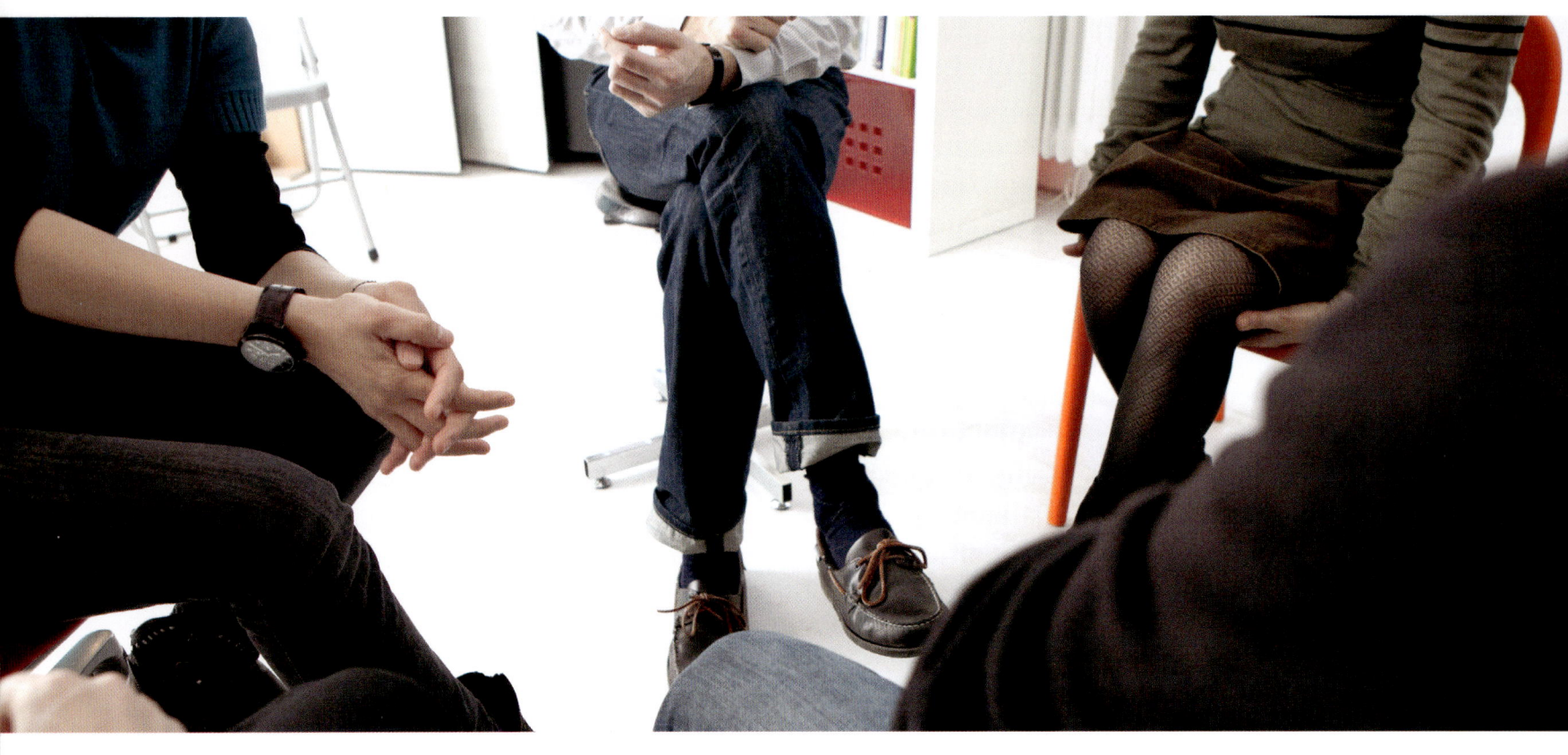

Psychotrauma

Das griechische Wort Trauma heißt Verletzung. Als Psychotrauma wird eine seelische Verletzung bezeichnet, die im Ergebnis schwerer seelischer und emotionaler Belastungen eintritt.

E s gibt Menschen, bei denen lösen an sich vollkommen harmlose Dinge wie vielleicht ein Bild oder ein Geruch, sehr heftige Reaktionen aus: Herzrasen, Zittern, Angstschweiß, Atemnot, Übelkeit und sogar Ohnmachtsanfälle. Vielen der Betroffenen ist nicht bewusst, dass solche Reaktionen durch ein früher erlittenes Psychotrauma hervorgerufen werden. Solche seelischen Verletzungen können der Verlust einer vertrauten Person sein, sexueller Missbrauch, Mobbing,

soziale Ausgrenzung, ein Unfall oder eine am eigenen Leib erlebte Naturkatastrophe. Traumatisiert kann man aber auch sein, wenn man Zeuge von Folter oder gar einem Mord wurde. Betroffene berichten übereinstimmend, dass sie sich in einer solchen Situation den Geschehnissen hilflos ausgeliefert fühlten.

Traumatisierte Menschen neigen dazu, das Geschehene zu verdrängen. Manchmal kommt es jedoch zu sogannannten „Flash-

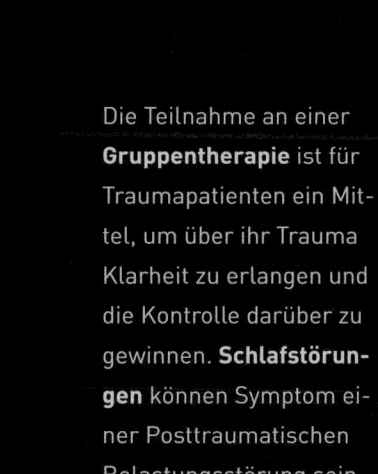

Die Teilnahme an einer **Gruppentherapie** ist für Traumapatienten ein Mittel, um über ihr Trauma Klarheit zu erlangen und die Kontrolle darüber zu gewinnen. **Schlafstörungen** können Symptom einer Posttraumatischen Belastungsstörung sein.

backs" – plötzlich tauchen die Erinnerungen wieder auf. Etwa, wenn jemand, der einen Hausbrand nur knapp überlebt hat, Feuer riecht. Der Körper schüttet dann Stresshormone aus. Die Folge: Puls, Atemfrequenz und Blutdruck steigen. Solche Flashbacks sind Symptom einer **Posttraumatischen Belastungsstörung**. Diese äußert sich auch anhand von Schlafstörungen, viele Betroffene ziehen sich aus sozialen Beziehungen zurück, greifen zu Drogen oder leiden unter Angstattacken.

Starke Emotionen, wenig Worte

Untersuchungen haben gezeigt, dass – vereinfacht gesagt – bei der Erinnerung an ein traumatisches Erlebnis im Gehirn vor allem die **Amygdala** aktiv ist, die Gehirnregion, die für Emotionen und also auch für die Angst zuständig ist. Das Broca-Areal indes ist unterdurchschnitt-

lich aktiv – also die Region, die für die Sprache verantwortlich ist. Das könnte der Grund sein, weshalb man über das Geschehene manchmal jahrelang nicht sprechen kann. Nicht umsonst sagt man oft über einen Betroffenen „ihm fehlen die Worte."

Menschen mit Posttraumatischer Belastungsstörung finden Hilfe bei speziell geschulten Psychotherapeuten – den Psychotraumatologen. Unter anderem eine Verhaltenstherapie kann den Patienten helfen, die belastenden Erinnerungen zu verarbeiten.

„Wer über gewisse Dinge den Verstand nicht verliert, der hat keinen zu verlieren."

Gotthold Ephraim Lessing (1729–1781)

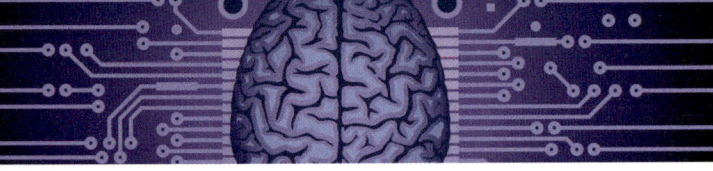

So ticken Psychopathen

Einerseits verlogen und selbstherrlich, andereseits sehr charmant – das sind Eigenschaften, die Psychopathen kennzeichnen. Das entscheidende Charakteristikum
aber ist: Mitleid empfinden sie nur im Eigeninteresse.

Markus M. steht vor Gericht. Ihm wird vorgeworfen, eine 18-Jährige zusammengeschlagen, verschleppt und mehrmals vergewaltig zu haben. Zwei Tage war die junge Frau in seiner Gewalt, bevor er sie schließlich tötete. Markus M. gesteht die Tat. Zum Schluss sagt er, es tue ihm Leid, was er seinem Opfer ange-tan hat. So richtig abnehmen will ihm das aber niemand im Gerichtssaal. Markus M. ist ein Psychopath – er leidet unter einer schweren Persönlichkeitsstö-rung. Lange waren Psychologen der Ansicht, Psychopathen fehle es an Empa-thie, also der Fähigkeit, Mitgefühl zu empfinden. Allerdings scheint diese These nicht ganz zu stimmen, wie eine Studie der Universität Groningen in den Niederlanden im Jahr 2013 zeigte: Die Forscher analysierten die Gehirnaktivität von 18 Gefängnisinsassen, bei denen Psy-chopathie diagnostiziert worden war. Par-allel dazu analysierten sie, zum Vergleich, das Gehirn von Menschen, die nicht unter

Psychopathie leiden. Während das Gehirn der Probanden gescannt wurde, schauten sich diese kurze Videofilme an. In den Filmen war zu sehen, wie zwei Menschen miteinander über ihre Hände interagierten: liebevolle, schmerzhafte oder neutrale Berührungen wurden gezeigt.

Der Unterschied im Gehirn

Beim Anblick einer schmerzhaften Interaktion waren bei den „normalen" Versuchsteilnehmern Schmerzzentren im Gehirn aktiv. Sogenannte Spiegelneuronen im Gehirn sind dafür verantwortlich, dass wir Mitgefühl empfinden. Sie sorgen dafür, dass wir zurücklachen, lacht uns jemand an. Und sehen wir, wie jemandem Schmerzen zugefügt werden, so können wir nachempfinden, was derjenige fühlt. Das scheint bei Psychopathen zunächst nicht der Fall zu sein. Allein der Anblick von Schmerz aktivierte ihre Schmerzzentren nicht. Als die niederländischen Forscher sie jedoch aufforderten, sich bewusst in das Opfer des Videofilms hineinzuversetzen, wurde auch ihr Gehirn aktiv – in den Regionen, in denen sich auch bei normalen Menschen Schmerzempathie nachweisen lässt. Psychopathen können ihr Empathieempfinden also bewusst anknipsen.

Das könnte der Grund sein, weshalb Psychopathen ihren Opfern einerseits die schlimmsten Dinge antun und dabei vollkommen mitleidlos sind, in anderen Situationen jedoch einfühlsam wirken, vielleicht dann, wenn sie sich ihrem Opfer nähern, es zum Mitkommen überreden und dabei durchaus sehr charmant vorgehen können.

So wird der Psychopath zum Chef

Experten schätzen, dass etwa vier bis fünf Prozent aller Menschen Psychopathen sind. Längst nicht jeder wird zum Mörder oder Vergewaltiger. Viele führen ein normales Leben, haben Familie, einen Beruf. Sie machen Karriere, möglicherweise hilft ihnen ihre Veranlagung sogar dabei. Denn sie können im entscheidenden Moment rücksichtslos sein, Freunde oder Kollegen hintergehen, sind risikobereit und zielgerichtet. Eigenschaften, die sie mitunter in Führungspositionen katapultieren.

Ein übersteigert arbeitendes Belohnungssystem könnte eine weitere Erklärung für das Verhalten von Psychopathen sein. Darauf deuten zumindest Untersuchungen der Vanderbilt University in den USA aus dem Jahr 2010 hin. Dort stellten Forscher fest, dass das Gehirn eines Psychopathen große Mengen des „Belohnungsstoffs" Dopamin ausschüttet – das Vierfache dessen, was bei einem normalen Menschen ausgeschüttet wird. Das könnte die Erklärung dafür sein, weshalb Psychopathen, ähnlich wie Süchtige, sich von nichts abhalten lassen, sobald ein entsprechender Reiz lockt – etwa eine Beförderung oder viel Geld. In einem solchen Moment verhalten sie sich kalt und rücksichtslos, nehmen sich, was sie wollen, ohne an die Konsequenzen zu denken. Ihr Gehirn giert nach der übergroßen Belohnung.

„Alle sind Irre; aber wer seinen Wahn zu analysieren versteht, wird Philosoph genannt."

Ambrose Bierce (1842–1914)

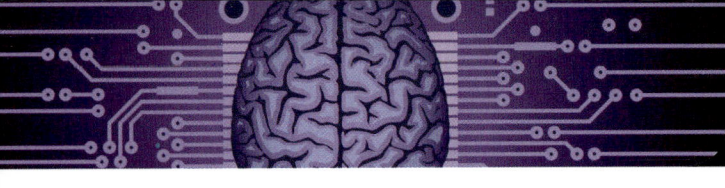

Viele Schizophrenie-kranke leiden unter **Wahrnehmungsstörungen**. Manche berichten, Gesichter oder Figuren seltsam verzerrt zu sehen.

Schizophrenie

Etwa ein Prozent der Bevölkerung leidet unter Schizophrenie. Betroffene hören fremde Stimmen, leiden unter Verfolgungswahn und Realitätsverlust. Oft dauert es lange, bis die Krankheit erkannt wird.

„Ich höre immer diese Stimmen im Kopf" erklärt Thomas E. „Stimmen, die mir sagen, dass alles, was ich tue, Blödsinn ist." Thomas E. leidet an Schizophrenie, einer schweren psychischen Erkrankung. Wahrnehmungsstörungen sind eines der Symptome. Was Thomas E. beschreibt, sind **akustische Halluzinationen**. Innere Stimmen können den Betroffenen ganz unterschiedliche Dinge sagen, wie „Du bist auserwählt, die Welt zu retten" – oder auch zu aggressiven Handlungen anstiften. Auch Geräusche können sich im Kopf der Betroffenen bemerkbar machen. Geräusche, die eigentlich gar nicht da sind – ein Knacken oder auch ein Rauschen.

Andere Menschen mit Schizophrenie leiden unter **visuellen Halluzinationen**. Sie sehen Dinge oder Menschen, die nicht anwesend sind. Der Betroffene kann nicht mehr zwischen der Realität und seinen Wahnvorstellungen unterscheiden: Man-

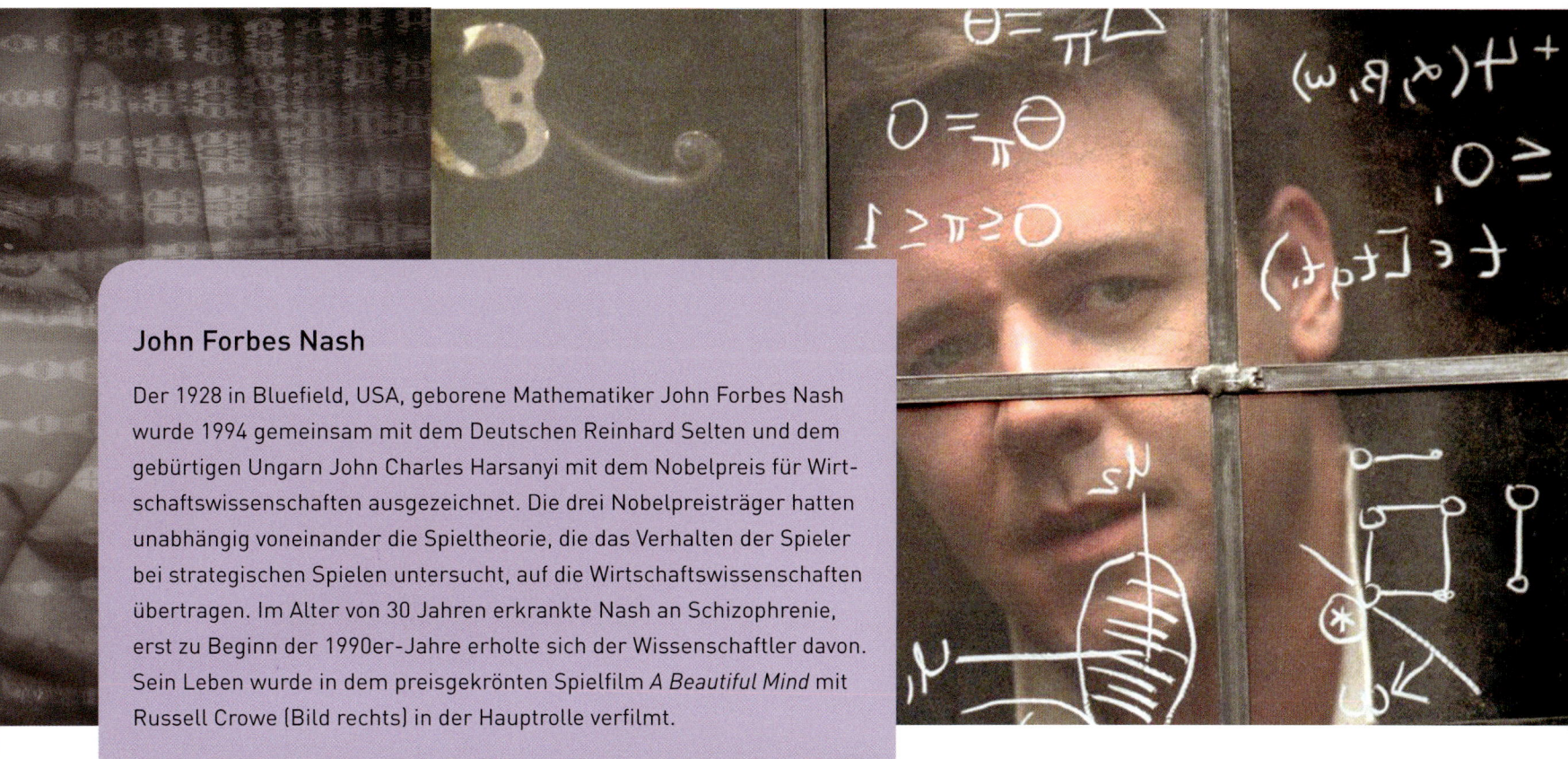

John Forbes Nash

Der 1928 in Bluefield, USA, geborene Mathematiker John Forbes Nash wurde 1994 gemeinsam mit dem Deutschen Reinhard Selten und dem gebürtigen Ungarn John Charles Harsanyi mit dem Nobelpreis für Wirtschaftswissenschaften ausgezeichnet. Die drei Nobelpreisträger hatten unabhängig voneinander die Spieltheorie, die das Verhalten der Spieler bei strategischen Spielen untersucht, auf die Wirtschaftswissenschaften übertragen. Im Alter von 30 Jahren erkrankte Nash an Schizophrenie, erst zu Beginn der 1990er-Jahre erholte sich der Wissenschaftler davon. Sein Leben wurde in dem preisgekrönten Spielfilm *A Beautiful Mind* mit Russell Crowe (Bild rechts) in der Hauptrolle verfilmt.

che glauben, Kontakt zu Außerirdischen zu haben – oder mit Göttern sprechen zu können. Auf ihre Mitmenschen wirkt das Verhalten von Schizophrenen meist sehr befremdlich. Insgesamt gewinnt man den Eindruck, bei den Erkrankten seien Denkprozesse verlangsamt. Sie wirken unbeteiligt, regelrecht „gefühlsarm". Auch die Bewegungen sind verändert: Schizophrene bewegen sich mitunter sehr eingeschränkt oder erstarren vollkommen. Hinzu kommen Depressionen und Antriebsmangel. Behandelt werden Schizophrene unter anderem mit Antipsychotika, welche die Halluzinationen lindern sollen.

Ursachen

Die Ursachen der Erkrankung sind noch nicht im Detail erforscht. Neurowissenschaftler und Psychiater gehen davon aus, dass verschiedene Faktoren eine Schizophrenie begünstigen. So könnte Vererbung eine Rolle spielen: Die Wahrscheinlichkeit, an Schizophrenie zu erkranken, steigt, wenn es in der Familie bereits einen Betroffenen gibt oder gegeben hat. Diskutiert werden weitere Ursachen wie Drogenkonsum, Sauerstoffmangel während der Geburt und Infektionen im Kindesalter, die die Entwicklung des Gehirns gestört haben könnten. Tatsächlich lassen sich im Gehirn von Betroffenen Unstimmigkeiten feststellen: Teilweise sind Nervenverbindungen im Bereich der Amygdala, im Hippocampus oder auch im Temporallappen reduziert. Allerdings finden sich solche Veränderungen nicht bei allen Schizophrenen. Warum die Wahrnehmung tatsächlich entgleist, muss also noch erforscht werden.

Anhang

Glossar

Acetylcholin ist ein sogenannter Neurotransmitter, ein Botenstoff, der Nervenimpulse überträgt. Er wird in den synaptischen Spalt ausgeschüttet.

afferente Nervenfasern leiten Nervenimpulse aus der Peripherie, also von den Sinnesorganen, zum Zentralen Nervensystem (ZNS), also zu Gehirn und Rückenmark.

Alzheimer ist eine Form der Demenzerkrankungen. Eiweiß-Ablagerungen im Gehirn erschweren die Informationsübertragung. Gedächtnisverlust, Schwierigkeiten bei der Orientierung und der Sprache sind die Folgen.

Amygdala Als Teil des limbischen Systems ist die Amygdala, auch Mandelkern genannt, ein Gebiet im Gehirn, das an der Verarbeitung von Emotionen beteiligt ist. Die Emotion Angst entsteht in der Amygdala. Ist die Amygdala zerstört, gehen Furcht- und Aggressionsempfinden verloren.

Astrozyten Ein Typ der Gliazellen, der das Nervengewebe stützt, die Neuronen mit Nährstoffen versorgt und ihre Abfallprodukte abtransportiert. Ihr Name bedeutet sternförmige Zellen.

Axon Das Axon ist der lange Fortsatz einer Nervenzelle, an dessen Ende befindet sich die Synapse.

Balken Die wichtigste Verbindung zwischen den beiden Großhirnhälften ist der sogenannte Balken, Corpus callosium – ein dicker Strang Nervenzellfortsätze, der für einen regen Informationsaustausch sorgt.

Basalganglien liegen unterhalb der Großhirnrinde – in jeder Hirnhälfte. Sie spielen eine wichtige Rolle bei der Bewegungskoordination. Verletzungen im Bereich der Basalganglien führen zu Bewegungsstörungen, sogenannten Dyskinesien, wie beispielsweise bei der Parkinson-Krankheit.

Belohnungssystem Der Nucleus accumbens im Vorderhirn ist der Sitz des menschlichen Belohnungssystems. Dieses wird von Zellen im ventralen Tegmentum, einer Struktur im Mittelhirn, mit dem Botenstoff Dopamin stimuliert – unter anderem beim Essen. Hat das „Glückshormon" Dopamin an den Nucleus accumbens angedockt, empfinden wir ein Gefühl der Freude und Zufriedenheit. Deshalb bringen die meisten Menschen Essen mit Lust und Genuss in Verbindung.

Blut-Hirn-Schranke Eine Barriere, die den Blutkreislauf vom Zentralnervensystem trennt.

Broca-Areal Dieses Gehirnareal ist aktiv, wenn wir selbst sprechen. Es ist für die Bildung von Wörtern zuständig – und auch für die „Grundstruktur" der Sprache, die Grammatik. Auch die Sprachmotorik, also die Steuerung der Muskeln in Mund und Kiefer sowie die Lautbildung und die Aussprache, fallen in den Aufgabenbereich. Ob wir schnell oder langsam reden entscheidet ebenfalls das Broca-Areal.

Brücke Neben Mittelhirn und verlängertem Mark der dritte Abschnitt des Hirnstamms.

circadiane Rhythmen Teilweise unterliegen biologische Prozesse im Körper tageszeitabhängigen Schwankungen. Der Hypothalamus reguliert diese circadianen Rhythmen. Der Tagesrhythmus pendelte sich auf einen 25-Stunden-Tag ein. Unsere innere Uhr geht also etwas langsamer als die „normale" Uhr mit ihrem 24-Stunden-Tagesrhythmus. Deshalb heißt der biologische Tagesrhythmus „circadian" (von „circum" – etwa, und „dies" – der Tag).

Cochlea Dieser auch „Schnecke" genannte Teil des Innenohrs beherbergt das Hörorgan mit den Sinnesrezeptoren.

Computertomografie gehört zu den sogenannten bildgebenden Untersuchungsverfahren. Dabei wird der Patient in ein röhrenförmiges Gerät hineingeschoben – in den Computertomografen. Schnitt- oder Schichtbilder von Körperteilen werden hergestellt. Die Computertomografie (CT) gilt als wichtigste Methode zur Untersuchung des Gehirns.

Cortex cerebri (kurz: Cortex) siehe Großhirnrinde

Demenz Unter Demenz werden Erkrankungsbilder zusammengefasst, die mit einem Verlust von geistigen Funktionen einhergehen, wie Denken, Erinnern, Orientierung und der Verknüpfen von Denkinhalten. Zu den Demenzerkrankungen zählen die Alzheimer-Demenz, die Vaskuläre Demenz, Morbus Pick und weitere Formen. Das Erkrankungsrisiko steigt mit dem Alter. Aktuelle Studien weisen darauf hin, dass eine bestimmte Ernährung, regelmäßige Bewegung und soziale Kontakte das Voranschreiten der Erkrankung zumindest hinauszögern können.

Dendriten Nebenfortsätze des Zellkörpers einer Nervenzelle, die Verbindung zu anderen Nervenzellen aufnehmen und Signale von dort an den Zellkörper weiterleiten

Dopamin ist ein sogenannter Neurotransmitter, ein Botenstoff, der Nervenimpulse überträgt. Er ist zuständig für Motivation, Antrieb und wichtig für das Empfinden von Glück. Ein Dopaminmangel bewirkt einen Leistungsabfall, der zu Depressionen führen kann.

efferente Nervenfasern leiten, im Gegensatz zu afferenten Fasern, Nervenimpulse vom ZNS in die Peripherie.

Elektroenzephalogramm (EEG) Aufzeichnung der Gehirnströme, um eine Übersicht der Gehirnaktivität zu erstellen. Mehrere Elektroden an der Schädeloberfläche registrieren dabei Spannungsschwankungen. Nachweisen lassen sich so die Gehirnwellen (Alpha-, Beta-, Gamma-, Theta- oder Deltawellen).

enterisches Nervensystem Geflecht aus Nervenzellen, das nahezu den gesamten Verdauungsapparat durchzieht

Epithalamus Teil des Zwischenhirns, der am Thalamus sitzt. Er ist für den Schlaf-Wach-Rhythmus zuständig.

Frontallappen Auch Stirnlappen genannt. Ist für intellektuelle Leistungen wie die Planung von Handlungen zuständig.

Gliazellen Neben den Neuronen der zweite Zelltyp im Nervengewebe. Sie halten die Gehirnzellen zusammen und ernähren die Neuronen. Zu den Gliazellen gehören die Astrozyten.

Großhirn Es steuert alle bewussten Gedanken und Handlungen – hier sitzt gewissermaßen die Persönlichkeit eines Menschen. Es ist in zwei weitgehend symmetrische Hälften (Hemisphären) geteilt, die jeweils wiederum aus mehreren Lappen bestehen.

Großhirnfurche Hirnfurchen werden die zwischen den Hirnwindungen gelegenen Einziehungen bzw. Furchen der Großhirnrinde genannt.

Großhirnrinde Die Oberfläche unsers Großhirns, also die graue Substanz, bezeichnet man als Großhirnrinde. Sie ist etwa 5 mm dick.

Hinterhauptslappen Er wird auch Okzipitallappen genannt und ist an der Verarbeitung von Lichtreizen beteiligt.

Hippocampus Der Hippocampus im Temporallappen der Großhirnrinde spielt eine entscheidende Rolle bei der Orientierung.

Hirnhäute Neben dem knöchernen Schädel schützen diese Membranen in drei Schichten (Dura mater, Arachnoidea und Pia mater) das Gehirn. Sie werden auch „Meningen" genannt – daher der Name „Meningitis" für eine Entzündung einer dieser Häute.

Hirnstamm Der Hirnstamm hat unterstützende Aufgaben. Er ist beteiligt an der Steuerung von unbewussten Vorgängen im Körper (z. B. Blutdruck und Atmung).

Er besteht aus Mittelhirn, Brücke und verlängertem Mark (medulla oblongata).

Hypophyse Die Hirnanhangsdrüse ist mit dem Hypothalamus verbunden und reguliert, von diesem gesteuert, die Ausschüttung von Hormonen.

Hypothalamus Über den Hypothalamus kontrolliert das Gehirn überlebenswichtige Körperfunktionen. Er ist über Nervenverbindungen mit anderen Gehirnzentren verbunden, produziert Hormone und steuert das vegetative Nervensystem.

Inselrinde Sie ist ein Teil der Großhirnrinde. Ihre Aufgaben sind noch nicht im Detail erforscht. Wissenschaftler nehmen an, dass sie u.a. beteiligt ist am Geruchs-, Geschmacks- und Gleichgewichtssinn. Sie wird auch als Insellappen bezeichnet.

Insellappen siehe Inselrinde

Kleinhirn Es sitzt zwischen Hirnstamm und Großhirn und koordiniert die Bewegungsabläufe.

Kurzzeitgedächtnis Hier werden wichtige Informationen nur kurzzeitig – maximal einige Minuten – aufbewahrt. Wenn sie als wichtig eingestuft werden, werden sie an das Langzeitgedächtnis, das in der Großhirnrinde sitzt, weitergeleitet.

Längsfurche Sie unterteilt das Großhirn in zwei Hälften.

Langzeitgedächtnis Sein Sitz ist die Großhirnrinde. Es bezieht wichtige Informationen vom Kurzzeitgedächtnis und speichert sie ab – für nur einige Stunden oder bis zum Tod.

Lappen Die Großhirnrinde wird in mehrere Lappen (lat. Lobus) eingeteilt: Stirnlappen, Scheitellappen, Hinterhauptslappen, Schläfenlappen. Einige Experten zählen auch den Insellappen und den Limbischen Lappen dazu.

Limbisches System Zum limbischen System gehören die Amygdala (der Mandelkern), der Hippocampus und ein Teil des Thalamus. Einige Wissenschaftler rechnen weitere Gehirnareale dazu. Dieses Gehirngebiet ist u.a. für die Produktion von Emotionen zuständig – aber auch an der Entstehung von Triebverhalten beteiligt.

Magnetoenzephalografie (MEG) Diese Untersuchungsmethode stellt die Magnetfelder dar, die durch Hirnaktivität entstehen, und identifiziert deren Veränderungen während verschiedener Aktivitäten des Gehirns.

Magnetresonanztomografie (MRT) Wie die Computertomografie erzeugt diese Technik Schnittbilder des

Gehirns. Die Bilder sind jedoch detaillierter. Die Magnetresonanztomografie wird auch Kernspintomografie genannt – und arbeitet mit Magnetfeldern und Radiowellen.

Markscheide Fetthaltige Isolierschichten (auch Myelinschicht genannt), die die Axone ummanteln. Sie beschleunigen die Übertragung der Nervensignale.

Medulla oblongata Neben Mittelhirn und Brücke Teil des Hirnstamms

Melatonin Hormon, das für die Regulierung des Tag-Nacht-Rhythmus' mitverantwortlich ist.

Metathalamus Bereich des Thalamus im Zwischenhirn.

Mittelhirn Es leitet Informationen vom Rückenmark ans Großhirn weiter und ist mitverantwortlich für die Bewegungen von Kopf, Augen und Rumpf.

Motoneuron Nervenzelle, die zu den Muskelfasern führt

Myelinscheide siehe Markscheide

parasympathisches Nervensystem Es führt den Körper aus einem Anspannungs- in den Normalzustand zurück, wirkt also konträr zum sympathischen Nervensystem.

Ranvier-Schnürringe Lücken in der Markscheide des Nervenfortsatzes (Axon). Die Nervensignale springen von Lücke zu Lücke (saltatorische Erregungsleitung).

Scheitel-Hinterhauptsfurche Sie trennt den Hinterhauptslappen von Scheitel- und Schläfenlappen.

Scheitellappen Der Scheitellappen im oberen Bereich der Großhirnrinde, auch Parietallappen genannt, verarbeitet Empfindungen. Dort kommen Informationen einiger Sinnesorgane an, etwa wenn uns jemand berührt, wenn das Essen salzig schmeckt, wir Schmerzen empfinden oder auch wenn die Haut merkt, dass sich die Temperatur verändert.

Schläfenlappen Der Schläfenlappen, auch Temporallappen genannt, liegt in der Nähe der Schläfen. Er ist wichtig für das Hören und Riechen und sorgt z. B. für das Wiedererkennen von Personen.

somatisches Nervensystem Im Gegensatz zum vegetativen Nervensystem steuert das somatische Nervensystem Körperaktionen, die uns bewusst sind: So nimmt es Informationen der Sinnesorgane auf oder steuert die Skelettmuskulatur.

Stirnlappen Der Stirnlappen, auch Frontallappen genannt, liegt im vorderen

Hirnbereich und ist u.a. für Bewegung und Verhalten verantwortlich. Hier vermutet man den Sitz des Bewusstseins.

sympathisches Nervensystem Es zählt zu den unbewussten Systemen des Körpers und stellt ihn z.B. auf Gefahren und Stress ein. Es sorgt auch für typische Nervositätserscheinungen wie erhöhten Puls und Schweißausbrüche.

Synapsen Verbindung zwischen Nervenzelle und Nervenzelle oder einer anderen Zelle. Hier werden Informationen entweder elektrisch oder chemisch weitergeleitet.

synaptischer Spalt Zwischenraum zwischen einer Nervenzelle und einer weiteren Zelle, z.B. Nervenzelle, Muskel- oder Drüsenzelle. Chemische Synapsen werden mithilfe von Neurotransmittern überbrückt, das elektrische Signal wird also in ein chemisches verwandelt.

Thalamus Der Thalamus im Zwischenhirn ist die wichtigste Station auf dem Informationsweg von den Sinnesorganen zum Großhirn. Hier werden Informationen bewertet, die von den Sinnesorganen kommen – und hier wird entschieden, ob diese wichtig genug sind, um an die Großhirnrinde weitergeleitet zu werden.

vegetatives Nervensystem Es steuert unwillkürliche Funktionen wie

Atmung, Kreislauf und Verdauung – und passt alle Körperfunktionen an ihren jeweiligen Bedarf an. Durch den Willen lässt es sich kaum beeinflussen.

Wernicke-Areal Es ist aktiv, wenn wir Sprache hören und das Gesprochene zu verstehen versuchen. In diesem Bereich werden die Logik und Zusammenhänge von Gesagtem analysiert.

Zentralfurche Sie trennt Stirn- und Scheitellappen.

Zirbeldrüse Sie schüttet das Hormon Melatonin aus, das mit dafür verantwortlich ist, den Tag-Nacht-Rhythmus zu regulieren. Sie wird auch Epiphyse genannt.

Zwischenhirn Es beherbergt Gehirnregionen, die unbewusst ablaufende Körperfunktionen steuern. Dazu gehören Epithalamus, Subthalamus, Metathalamus, Thalamus und Hypothalamus.

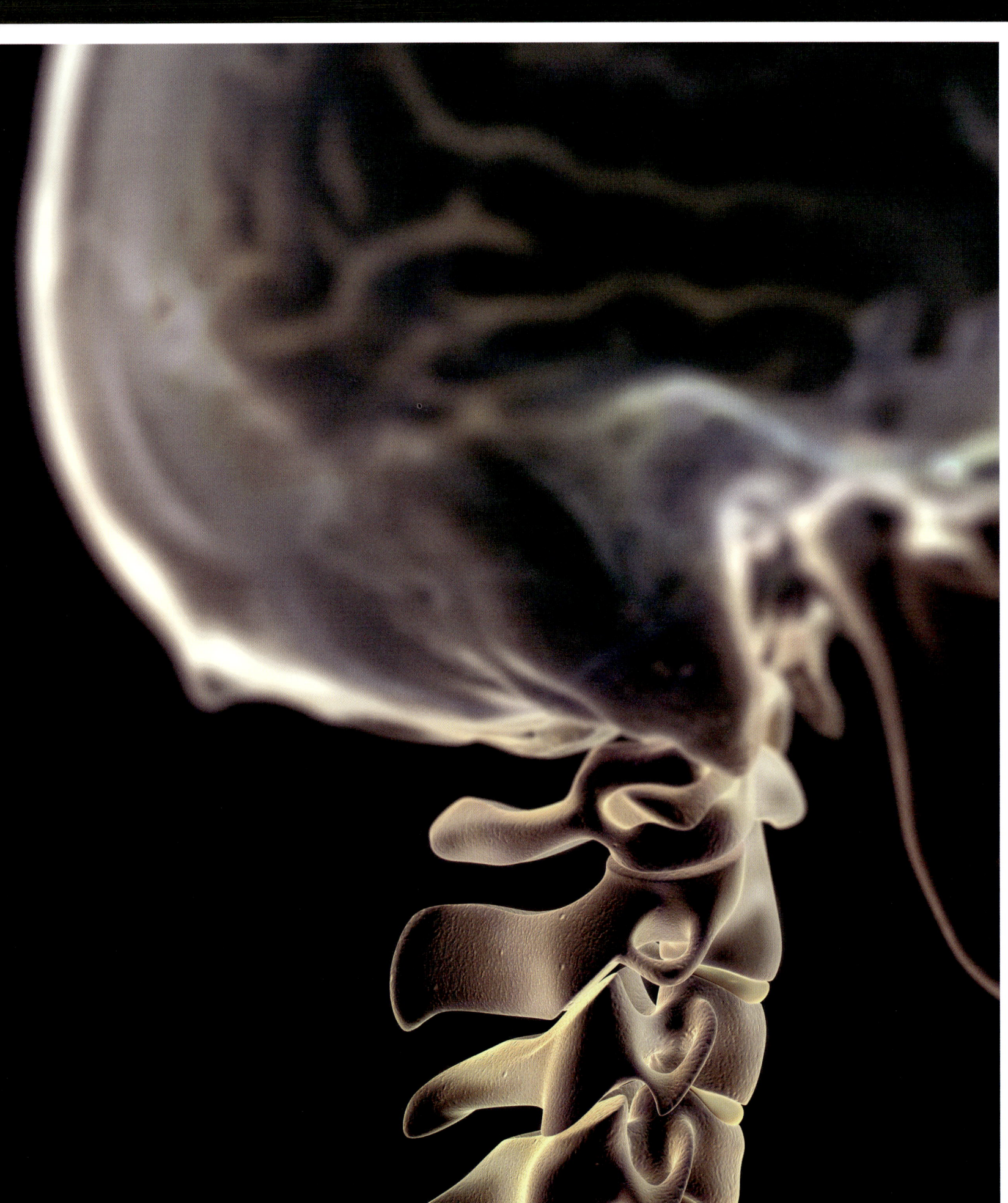

Literatur

Birbaumer, Niels; Zittlau, Jörg
Dein Gehirn weiß mehr, als du denkst: Neueste Erkenntnisse aus der Hirnforschung
Ullstein, 2014

Beck, Henning
Biologie des Geistesblitzes – Speed up your mind!
Springer Spektrum, 2013

Bräuer, Juliane
Klüger als wir denken: Wozu Tiere fähig sind
Springer Spektrum, 2014

Carter, Rita
Das Gehirn: Anatomie, Sinneswahrnehmung, Gedächtnis, Bewusstsein, Störungen
Dorling Kindersley Verlag, 2014

Dehaene, Stanislas (Autor); Reuter, Helmut (Übersetzer)
Denken: Wie das Gehirn Bewusstsein schafft
Albrecht Knaus Verlag, 2014

Doidge, Norman (Autor); Neubauer, Jürgen (Übersetzer)
Neustart im Kopf: Wie sich unser Gehirn selbst repariert
Campus Verlag, 2008

Fischer, Ernst Peter
Das große Buch der Evolution
Fackelträger, 2008

Frings, Stephan; Müller, Frank
Biologie der Sinne: Vom Molekül zur Wahrnehmung
Springer Spektrum, 2014

Gay, Jutta; Menkhoff, Inga
Der Mensch – Grundlagen unseres Daseins
Fackelträger, 2014

Hatt, Hanns; Dee, Regine
Das kleine Buch vom Riechen und Schmecken
Albrecht Knaus Verlag, 2012

Hüther, Gerald
Was wir sind und was wir sein könnten: Ein neurobiologischer Mutmacher
FISCHER Taschenbuch, 2013

Hüther, Gerald
Etwas mehr Hirn, bitte: Eine Einladung zur Wiederentdeckung der Freude am eigenen Denken und der Lust am gemeinsamen Gestalten
Vandenhoeck & Ruprecht, 2015

Koch, Christof (Autor); Niehaus-Osterloh, Monika; Wissmann, Jorunn (Übersetzer)
Bewusstsein: Bekenntnisse eines Hirnforschers
Springer Spektrum, 2013

Küstenmacher, Werner Tiki; Karolyi, Gilles; Grawe, Susanne und Winkelmann, Helmut
Limbi: Der Weg zum Glück führt durchs Gehirn
Campus Verlag, 2014

Madeja, Michael
Das kleine Buch vom Gehirn: Reiseführer in ein unbekanntes Land
Deutscher Taschenbuch Verlag, 2012

Michelon, Pascale
Gedächtnistraining. Das Fitnessprogramm mit 200 Übungen
Dorling Kindersley Verlag, 2012

Peters, Achim
**Das egoistische Gehirn: Warum unser Kopf Diäten sabotiert
und gegen den eigenen Körper kämpft**
Ullstein, 2012

Schuster, Martin; Koch-Hillebrecht, Manfred
Wodurch Bilder wirken. Psychologie der Kunst
DuMont Buchverlag, 2011

Seung, Sebastian (Autor), Niehaus-Osterloh, Monika
(Übersetzerin)
**Das Konnektom – Erklärt der Schaltplan des Gehirns
unser Ich?**
Springer Spektrum, 2013

Stenger, Christiane
**Lassen Sie Ihr Hirn nicht unbeaufsichtigt!:
Gebrauchsanweisung für Ihren Kopf**
Campus Verlag, 2014

Thomashoff, Hans-Otto
**Ich suchte das Glück und fand die Zufriedenheit:
Eine spannende Reise in die Welt von Gehirn und Psyche**
Ariston, 2014

Thompson, Richard (Autor); Held, Andreas (Übersetzer)
Das Gehirn: Von der Nervenzelle zur Verhaltenssteuerung
Spektrum Akademischer Verlag, 2010

Tomasello, Michael (Autor); Schröder, Jürgen (Übersetzer)
Eine Naturgeschichte des menschlichen Denkens
Suhrkamp Verlag, 2014

Die Autorin

Christine Pauli, geboren 1977 in Mainz, aufgewachsen in Ingelheim am Rhein, arbeitete nach ihrem Biologie-Studium an der Universität Marburg zunächst drei Jahre als wissenschaftliche Mitarbeiterin in der biomedizinischen Forschung.

Parallel dazu absolvierte sie eine journalistische Ausbildung. Denn ihr eigentliches berufliches Ziel sah sie darin, medizinische und (natur-) wissenschaftliche Themen interessant, allgemeinverständlich, korrekt – aber auch hinterfragend –, einer breiten Öffentlichkeit darstellen zu können. 2006 gelang ihr der Einstieg in den Wissenschaftsjournalismus. Seitdem schreibt sie als freie Autorin beispielsweise für die Saarbrücker Zeitung, verschiedene Gesundheitsratgeber oder auch Fach- und Schulbuchverlage. Zudem unterstützt sie Forschungseinrichtungen bei der Wissenschaftskommunikation und Öffentlichkeitsarbeit.

Register

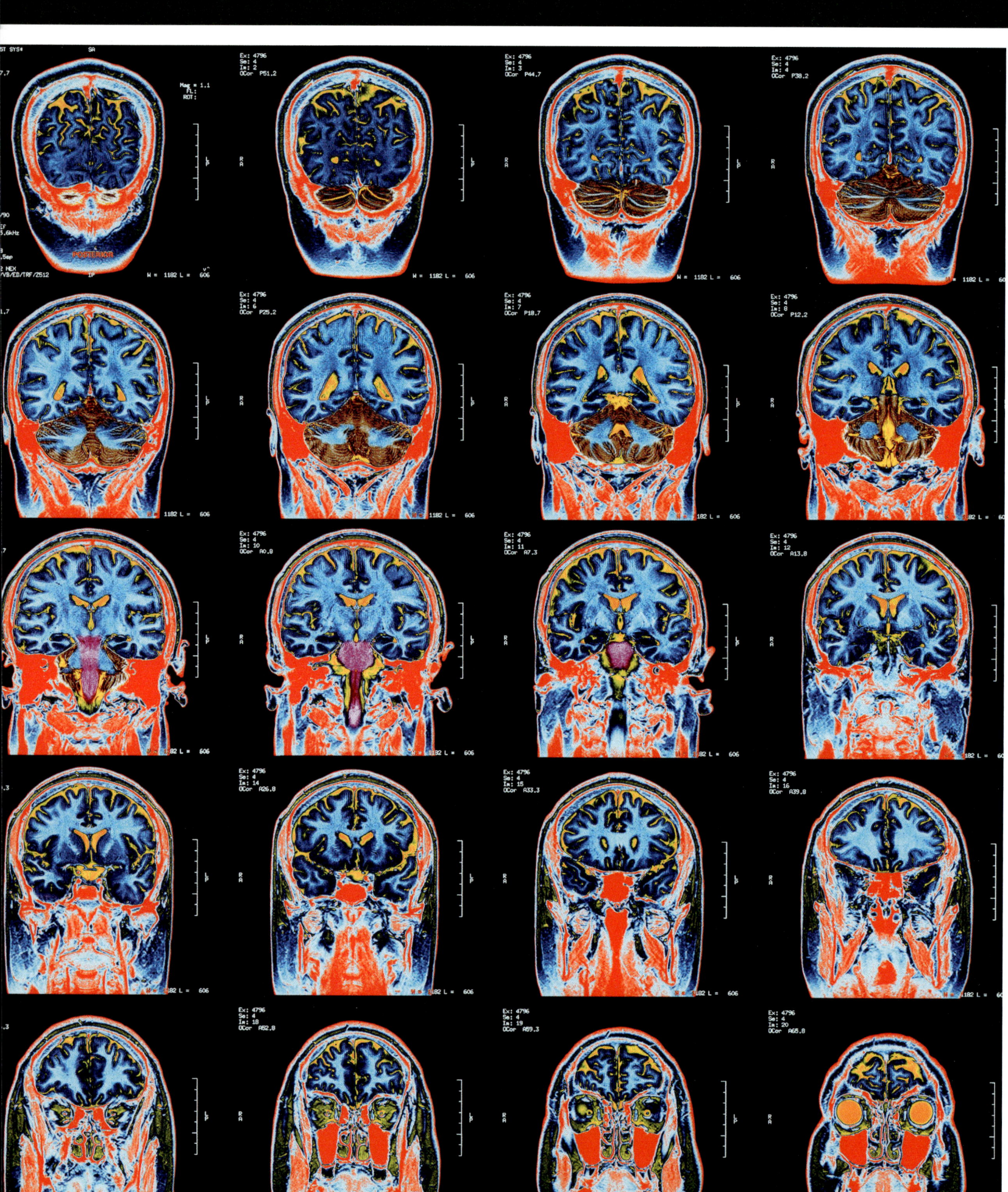

Bildnachweis

Fotolia.com:
Seite 18 o. – 262 o. (© Robert Voight), 19 (© chaoss), 32 (© oneinchpunch), 54 (© Sashkin), 82 (© Xavier), 83 (© Serhiy Kobyakov), 84 (© Olesia Bilkei), 86 (© Oleg Seleznev), 112/113 (© Irina Schmidt), 122 (© Styfouphoto), 168/169 (© Miramiska), 199 u. (© fovito), 209 (© Africa Studio), 226 (© nito), 228 (© Minerva Studio), 234 (© Andrzej Wilusz), 249 (© emmi), 250 (© Halfpoint)

HENNING ARZNEIMITTEL, Flörsheim am Main: Seite 133 l.

Interfoto, München:
Seite 6/7 (Danita Delimont/Howie Garber), 31 o. (Mary Evans/Natural History Museum), 152 l. (SuperStock/David David Gallery), 282/283 (KAGE Mikrofotografie)

iStockphoto.com:
Seite 16/17 (© Sashkinw), 20 (© decade3d), 25 (© adventtr), 26 (© Issam Khriji), 33 o. (© Photolyric), 50 (© JPeragine), 51 (© Henrik5000), 53 (© sgame), 61 r. (© Ugreen), 62 (© Elena_P), 67 (© Charles Schmidt), 182 (© Floortje), 190 M. (© Issam Khriji), 191 (© shironosov), 194/195 (© pixonaut), 196 (© Nikada), 200/201 (© AleksandarNakic), 203 (© ozgurdonmaz), 211 (© Wavebreak), 212 (© erikwoning), 213 (© STEEX), 219 (© YourNikonMan), 229 (© RyanJLane), 262 (© IG_Royal)

mauritius images, Mittenwald:
Vorsatz (Science Picture Co.), Seite 4/5 (Science Source), 31 u. (Alamy), 36/37 (Cultura), 40 (imagebroker/Michael Weber), 46/47 (Novarc), 59 o. (Image Source), 60, 69 und 70/71 (Alamy), 80/81 (Robert Harding), 85, 93 und 94 (Alamy), 98/99 (Robert Harding), 107 (Image Source), 110, 111 und 114/115 (Alamy), 116 (corbis), 126 (Alamy), 136/137 (age), 140 (corbis), 142/143 (Cultura), 145 (corbis), 146 (Alamy), 150 und 151 (Science Photo Library), 163 (Science Faction), 170 (ClassicStock), 173 (Cultura), 176/177 (Fancy), 179 (Markus Mitterer), 180/181 (Alamy), 185 (Tetra Images), 189 (Alamy), 193 (Science Source), 204 (United Archives), 210 (Westend61), 218 (Alamy), 222/223 (Flirt), 224 (imagebroker/Philipp Hympendahl), 225 und 230 (Phototake), 231 (Cultura), 232 (Phototake), 233 (Science Photo Library), 236 (Alamy), 237 (imagebroker/Jochen Tack), 238/239 (Science Source), 240 und 242/243 (Alamy), 246 (BSIP), 247 (Phototake), 256 und 258 (BSIP), 272 (Science Picture Co.), 286/287 (Alamy), Nachsatz (Science Source)

Christine Pauli, Saarbrücken: Seite 275

picture-alliance, Frankfurt am Main:
Cover (Estiot Veronique/Oredia), Seite 15 (dpa), 18 u. (BSIP), 22 (Science Photo Library), 23 (dpa), 38 r. und 56/57 (BSIP), 58 und 66 (Science Photo Library), 73 (WaterFrame/Borut Furlan), 75 (WaterFrame/Franco Banfi), 78 (landov), 79 (dieKLEINERT), 81 (dpa), 88 (Mary Evans), 88/89 (BSIP), 90/91, 100 und 101 (dpa), 104/105 (PhotoAlto), 106 l. (BSIP), 118/119 (Wildlife/A. Mertiny), 124/125 (Science Photo Library/Pasieka), 127 und 129 (BSIP), 144 (Science Photo Library), 152 r. (CPA Media Co.), 154 (Heritage Images/Fine Art Images), 155 (The Advertising Archives), 156, 158/159 (dpa), 160 (Revierfoto), 166, 167 und 174 (dpa), 175 (Universität Jena), 184 (Science Photo Library/Laguna Design), 202 und 204/205 (dpa), 206/207 (Citypress24), 208 (Blickwinkel/McPhoto), 216/217 (ZB), 221 (Science Photo Library/Pixologicstudio), 235 (allOver), 244/245 (BSIP), 248 und 251 (ZB), 252/253 (Wildlife/G. Czepluch), 260, 263, 280 (Science Photo Library)

Shutterstock.com:
Vorsatz/Seite 1 (Robsonphoto), 2/3 (oneinchpunch), 8/9 (Sebastian Kaulitzki), 10/11 (Maya2008), 13 (Jose Luis Calvo), 20/21 (Sebastian Kaulitzki), 21 (Henrik Larsson), 24 (Mila May), 28 (Featureflash), 28/29 (Joseph Sohm), 30 (Tyler Olson), 33 u. (gutsulyak), 34 (CLIPAREA l Custom media), 35 (pio3), 38 l. (Sebastian Kaulitzki), 39 (lzf), 41 (enciktat), 42 (Spectral-Design), 43 (Maya2008), 48 (Bohbeh), 49 (wavebreakmedia), 52 (Monika Wisniewska), 55 (Andrea Danti), 59 u. (BlueRingMedia), 63 (My Good Images), 64/65 (Alexey Losevich), 72 (Jorg Hackemann), 74 (Maryna Pleshkun), 76/77 (Tomatito), 87 (d13), 92/93 (LDprod), 95 (BlueRingMedia), 97 (Rihardzz), 102 (Andrey_Popov), 106 r. (Peter Bernik), 108 (EMS-DOP), 117 (bimka), 119 (eastern light photography), 120/121 (Photick), 123 (M. Pellinni), 128 (Ferenc Szelepcsenyi), 130/131 (Eliks), 131 (J5M), 132 (Chepko Danil Vitalevich), 133 r. (Matej Kastelic), 134 (Elena Shashkina), 134/135 (g-stockstudio), 135 (Luna2631), 138 (Shaiith), 139 (Olga Miltsova), 141 (Jorge Salcedo), 148/149 (Hung Chung Chih), 153 (Michele Alfieri), 161 (dipego), 162/163 (hunthomas), 164/165 (plazas i subiros), 171 (Dragon Images), 172 (PHOTOCREO Michal Bednarek), 178 (Stanislaw Tokarski), 183 (Joshua Resnick), 186/187 (UGREEN 3S), 188 (Isuaneye), 190 o. l. (Evgenia Sh.), 190 o. r. (Africa Studio), 190 u. (DUSAN ZIDAR), 192 (iordani), 197 (Jule_Berlin), 198 (Photographee.eu), 199 o. (CLIPAREA l Custom media), 205 (Artoptimum), 214 (Petrenko Andriy), 215 (ehtesham), 227 (Photographee.eu), 241 (dwphotos), 254 (Suzanne Tucker), 257 (Olga Danylenko), 259 (MitarArt), 264/265 (Stokkete), 284/285 (bikeriderlondon), 288/Nachsatz (IM_photo)

Anette Vogt, Stuttgart: Seite 27, 44/45, 61 l. 109, 157, 162

Bildstrecke zu Beginn des Buches: Synapse; Schultafel mit mathematischen Aufgaben; verliebtes Paar im Park; myelinisiertes Axon; Drahtseilakrobat, Utah (USA); aktive Nervenzelle; Gehirn (Röntgenaufnahme); Teil der Hirnrinde; gesundes Gehirn und Gehirn mit Alzheimer Erkrankung
Bildstrecke am Ende des Buches: Studentin in der Bibliothek; Schädel und Wirbelsäule; Autorin Christine Pauli; Magnetresonanztomografie eines gesunden Gehirns; Neuron mit Dendriten (Rasterelektronenmikroskopie); Synchronschwimmerinnen; Arzt vor Magnetresonanztomografien eines Gehirns; Snowboarder; Neuron

Lösungen von Seite 109

A c

B 1 a 2 c 3 d 4 d

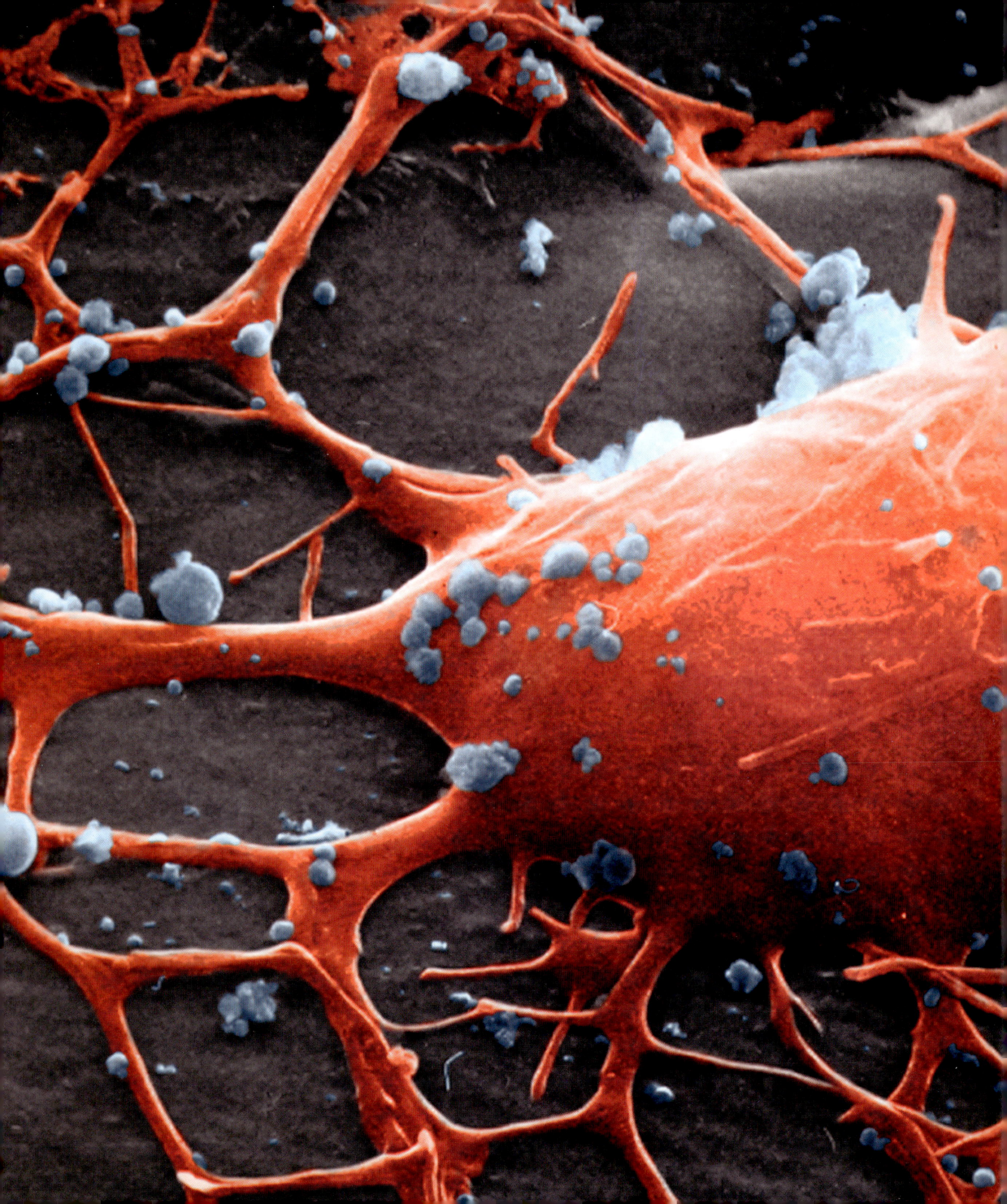

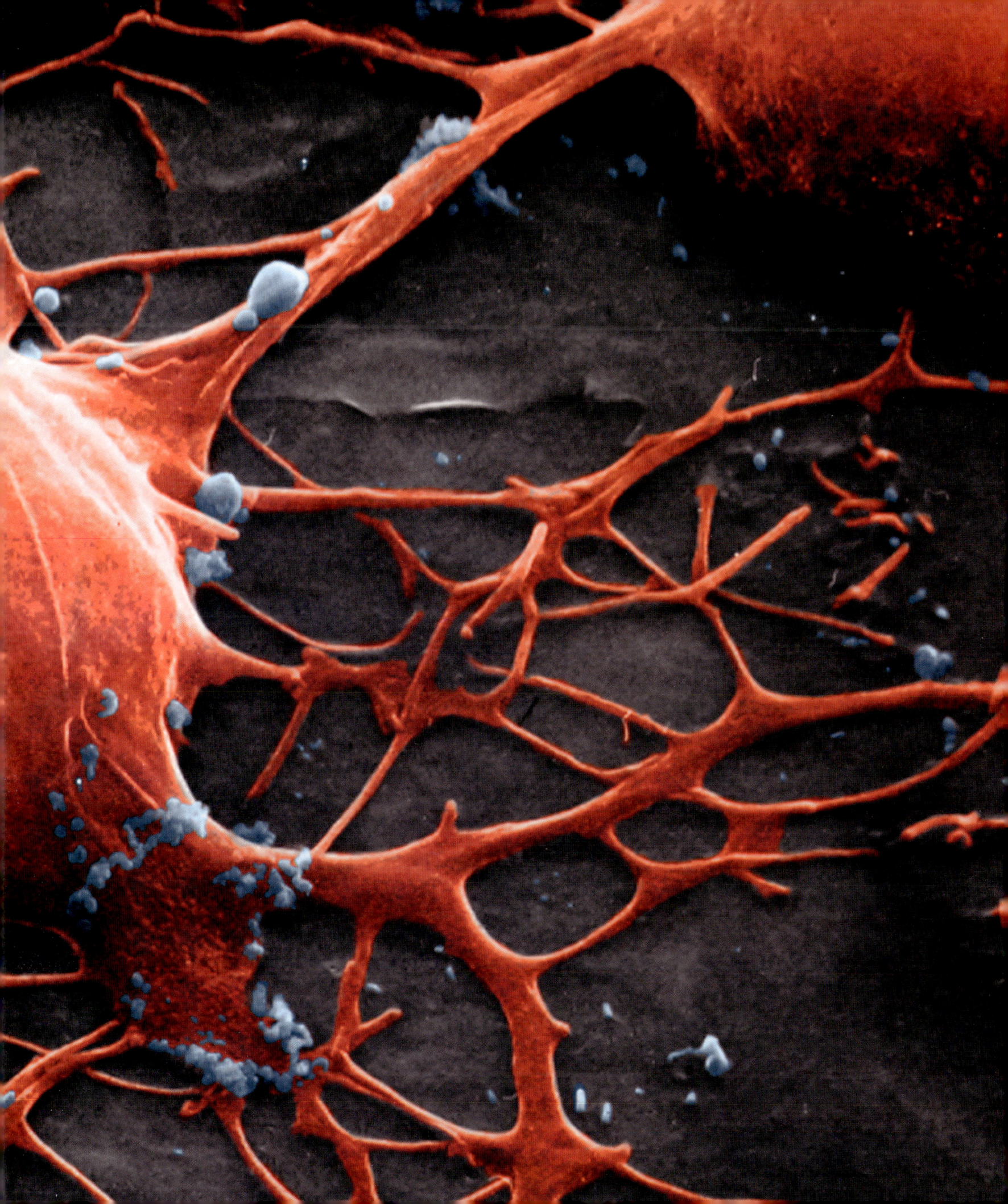

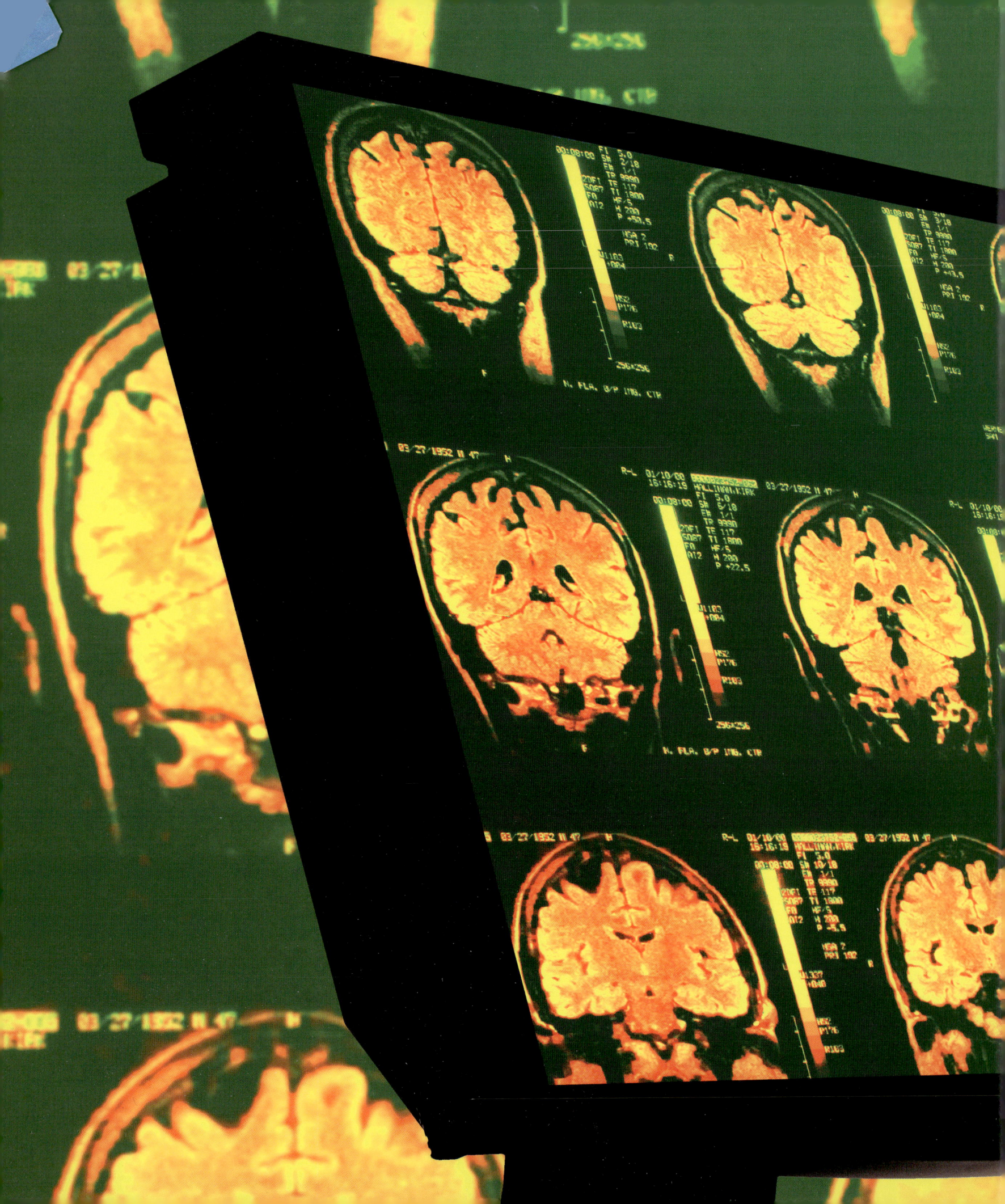